"十四五"职业教育国家规划教材

职业教育**数字媒体应用**人才培养系列教材

电子活页微课版

Photoshop
实例教程

Photoshop 2021
·第·2·版·

周建国 ◎主编

人民邮电出版社

北 京

图书在版编目（CIP）数据

Photoshop实例教程 : Photoshop 2021 : 电子活页
微课版 / 周建国主编. -- 2版. -- 北京 : 人民邮电出
版社，2024.5
职业教育数字媒体应用人才培养系列教材
ISBN 978-7-115-63956-1

Ⅰ. ①P… Ⅱ. ①周… Ⅲ. ①图像处理软件－职业教
育－教材 Ⅳ. ①TP391.413

中国国家版本馆CIP数据核字(2024)第054081号

内 容 提 要

本书全面、系统地介绍 Photoshop 2021 的基本操作方法和图形图像处理技巧，包括图像处理基础知识、初识 Photoshop、绘制和编辑选区、绘制图像、修饰图像、编辑图像、绘制图形与路径、调整图像的色彩与色调、图层的应用、文字的使用、通道的应用、蒙版的使用、滤镜效果、动作的应用和综合设计实训等内容。

本书主要章的内容以课堂案例为主线，每个案例都有详细的操作步骤，学生通过实际操作可以快速熟悉软件功能并领会设计思路；软件功能解析能使学生深入学习软件功能和操作技巧。主要章的最后还安排了课堂练习和课后习题，可以提升学生对软件的实际应用能力。第 15 章综合设计实训可以帮助学生快速掌握商业图形图像的设计理念和设计元素，顺利达到实战水平。

本书可作为高等院校数字媒体艺术类专业课程的教材，也可供初学者自学参考。

◆ 主　编　周建国
责任编辑　马　媛
责任印制　王　郁　焦志炜
◆ 人民邮电出版社出版发行　　　北京市丰台区成寿寺路 11 号
邮编　100164　电子邮件　315@ptpress.com.cn
网址　https://www.ptpress.com.cn
三河市君旺印务有限公司印刷
◆ 开本：787×1092　1/16
印张：17.25　　　　　　　　2024 年 5 月第 2 版
字数：492 千字　　　　　　　2025 年 6 月河北第 8 次印刷
定价：59.80 元
读者服务热线：(010)81055256　印装质量热线：(010)81055316
反盗版热线：(010)81055315

前言

Photoshop 是由 Adobe 公司开发的图形图像处理和编辑软件。它功能强大、易学易用，深受图形图像处理爱好者和平面设计人员的喜爱，已经成为平面设计领域流行的软件之一。目前，我国很多高职高专院校的数字媒体艺术类专业都将"Photoshop"作为一门重要的专业课程。为了帮助高职高专院校的教师全面、系统地讲授这门课程，使学生能够熟练地使用 Photoshop 进行创意设计，我们组织长期在高职高专院校从事Photoshop教学工作的教师和专业平面设计公司中经验丰富的设计师，共同编写了本书。

本书全面贯彻党的二十大精神，以社会主义核心价值观为引领，传承中华优秀传统文化，坚定文化自信，使内容能更好地体现时代性、把握规律性、富于创造性。

本书主要章按照"课堂案例—软件功能解析—课堂练习—课后习题"这一思路进行编排，力求通过课堂案例演练，使学生快速熟悉软件功能和艺术设计思路；通过软件功能解析，使学生深入学习软件功能和制作特色；通过课堂练习和课后习题，提升学生的实际应用能力。在内容编写方面，本书力求细致全面、重点突出；在文字叙述方面，本书言简意赅、通俗易懂；在案例选取方面，本书强调案例的针对性和实用性。

本书配套资源中包含书中所有案例的素材及效果文件。另外，为方便教师教学，本书配备了详尽的课堂练习和课后习题的操作步骤及 PPT 课件、教学大纲等丰富的教学资源，任课教师可到人邮教育社区（www.ryjiaoyu.com）免费下载使用。本书的参考学时为 64 学时，其中实训环节为 36 学时，各章的参考学时参见下面的学时分配表。

前言

章	课程内容	学时分配	
		讲授	实训
第 1 章	图像处理基础知识	1	—
第 2 章	初识 Photoshop	2	—
第 3 章	绘制和编辑选区	2	2
第 4 章	绘制图像	1	2
第 5 章	修饰图像	2	4
第 6 章	编辑图像	2	2
第 7 章	绘制图形与路径	2	2
第 8 章	调整图像的色彩与色调	2	4
第 9 章	图层的应用	2	2
第 10 章	文字的使用	2	2
第 11 章	通道的应用	1	4
第 12 章	蒙版的使用	2	4
第 13 章	滤镜效果	2	2
第 14 章	动作的应用	1	2
第 15 章	综合设计实训	4	4
学时总计		28	36

本书所涉及的颜色，如"灰色（104、104、104）"，括号中的数值分别表示其 R、G、B 的值。

由于编者水平有限，书中难免存在不妥之处，敬请广大读者批评指正。

编 者

2024 年 3 月

Photoshop 教学辅助资源及配套教辅

名称	数量	名称	数量
教学大纲	1 套	课堂案例	44 个
电子教案	15 章	课堂练习	14 个
PPT 课件	15 个	课后习题	14 个

配套视频列表

章	微课视频	章	微课视频
第 3 章 绘制和编辑选区	制作时尚彩妆类电商 Banner	第 9 章 图层的应用	制作摄影展海报
	制作沙发详情页主图		制作生活摄影公众号首页次图
	制作装饰画	第 10 章 文字的使用	制作家装网站首页 Banner
	制作橙汁海报		制作霓虹字
第 4 章 绘制图像	制作美好生活公众号封面次图		制作餐厅招牌面宣传单
	制作浮雕画		制作文字海报
	制作应用商店类 UI 图标		制作服饰类 App 主页 Banner
	制作女装活动页 H5 首页	第 11 章 通道的应用	制作婚纱摄影类公众号运营海报
	制作欢乐假期宣传海报插画		制作活力青春公众号封面首图
	绘制时尚装饰画		制作女性健康公众号首页次图
第 5 章 修饰图像	修复人物照片		制作婚纱摄影类公众号封面首图
	为茶具添加水墨画	第 12 章 蒙版的使用	制作化妆品类公众号封面次图
	制作头戴式耳机海报		制作摄影摄像类公众号封面首图
	修复人物生活照		制作饰品类公众号封面首图
	制作美妆教学类公众号封面首图		制作服装类 App 主页 Banner
第 6 章 编辑图像	制作室内空间装饰画		制作化妆品网站详情页主图
	制作音量调节器		制作家电类网站首页 Banner
	为产品添加标识	第 13 章 滤镜效果	制作汽车销售类公众号封面首图
	制作旅游公众号首图		制作淡彩钢笔画
	制作房地产类公众号信息图		制作文化传媒类公众号封面首图
第 7 章 绘制图形与路径	制作箱包类促销 Banner		制作美妆护肤类公众号封面首图
	制作箱包 App 主页 Banner		制作彩妆网店详情页主图
	制作食物宣传卡	第 14 章 动作的应用	制作娱乐类公众号封面首图
	制作端午节海报		制作文化类公众号封面首图
	制作中秋节海报		制作阅读生活公众号封面次图
第 8 章 调整图像的色彩与色调	修正详情页主图中偏色的图像		制作影像艺术公众号封面首图
	制作休闲生活类公众号封面首图	第 15 章 综合设计实训	制作时钟图标
	调整过暗的图像		制作旅游类 App 首页
	调整图像的色彩与明度		制作空调扇 Banner
	制作节气海报		制作美妆类图书封面
	制作旅游出行公众号封面首图		制作果汁饮料包装
	制作传统美食公众号封面次图		制作中式茶叶官网首页
	制作数码影视公众号封面首图		设计女包类 App 主页 Banner
第 9 章 图层的应用	制作家电网站首页 Banner		设计摄影类图书封面
	制作计算器图标		设计冰激凌包装
	制作化妆品网店详情页主图		设计中式茶叶官网详情页

扩展知识扫码阅读

设计基础

认识形体　　　透视原理

认识设计　　　认识构成

形式美法则　　点线面

基本型与骨骼　认识色彩

认识图案　　　图形创意

版式设计　　　字体设计

>>> >>> >>>

设计应用

创意绘画　　　图标设计

装饰设计　　　VI设计

UI设计　　　　UI动效设计

标志设计　　　包装设计

广告设计　　　文创设计

网页设计　　　H5页面设计

电商设计　　　MG动画设计

网店美工设计　新媒体美工设计

目 录

CONTENTS

CONTENTS

目 录

CONTENTS

目录

01

第 1 章
图像处理基础知识

本章介绍

　　本章主要介绍 Photoshop 图像处理的基础知识，包括位图和矢量图、分辨率、图像的色彩模式、常用的图像文件格式等。通过本章的学习，学习者可以快速掌握这些基础知识，从而更快、更准确地处理图像。

学习目标

- 了解位图、矢量图和分辨率。
- 熟悉图像的不同色彩模式。
- 熟悉常用的图像文件格式。

技能目标

- 掌握位图和矢量图的分辨方法。
- 掌握图像的色彩模式。

素养目标

- 培养主动分析图像特征、结构和内容的意识。
- 培养能够有效执行计划并灵活改动方案的能力。
- 培养良好的视觉审美能力。

1.1　位图和矢量图

图像可以分为两大类：位图和矢量图。在绘制或处理图像的过程中，这两种类型的图像可以转换使用。

1.1.1　位图

位图也叫点阵图，是由许多单独的小方块组成的，这些小方块称为像素。每个像素都有特定的位置和颜色值，位图的显示效果与像素是紧密联系在一起的，不同颜色的像素组合在一起构成了一幅色彩丰富的图像。像素越多，图像的分辨率越高，图像文件的数据量就越大。

一幅位图的原始效果如图 1-1 所示，使用"缩放"工具将其放大到一定程度后，可以清晰地看到像素，效果如图 1-2 所示。

图 1-1 　　　　　　　　　　　　图 1-2

位图与分辨率有关，如果在屏幕上以较大的倍数放大显示位图，或以低于创建时的分辨率打印位图，位图就会出现锯齿状的边缘，并且会丢失部分细节。

1.1.2　矢量图

矢量图也叫向量图，它是一种基于图形的几何特性来描述的图像。矢量图中的各种图形元素称为对象，每个对象都是独立的个体，都具有大小、颜色、形状和轮廓等属性。

矢量图与分辨率无关，随意调整矢量图的大小，其清晰度不变，也不会出现锯齿状的边缘。矢量图在任何分辨率下显示或打印，都不会丢失细节。一幅矢量图的原始效果如图 1-3 所示，使用"缩放"工具将其放大后，其清晰度不变，效果如图 1-4 所示。

矢量图的数据量较小，这种图形的缺点是无法像位图那样精确地展现各种绚丽的图像。

图 1-3　　　　　　　　　　图 1-4

1.2　图像的分辨率

在 Photoshop 中，图像中每单位长度的像素数目称为图像的分辨率，其单位为"像素/英寸"或"像素/厘米"。

在尺寸相同的两幅图像中，高分辨率的图像包含的像素比低分辨率的图像包含的像素多。例如，一幅尺寸为 1 英寸×1 英寸的图像，其分辨率为 72 像素/英寸，那么这幅图像包含 5184（72×72=

5184）个像素；同样尺寸，分辨率为 300 像素/英寸的图像包含 90000 个像素。相同尺寸下，分辨率为 72 像素/英寸的图像效果如图 1-1 所示。分辨率为 10 像素/英寸的图像效果如图 1-5 所示。由此可见，在相同尺寸下，较高的分辨率更能清晰地表现图像内容。（注：1 英寸≈2.54 厘米。）

图 1-5

> **提示**
>
> 如果一幅图像所包含的像素数量是固定的，那么增大图像尺寸会降低图像的分辨率。

1.3　图像的色彩模式

　　Photoshop 提供了多种色彩模式，这些色彩模式正是作品能够在屏幕和印刷品上成功表现的重要保障。在这些色彩模式中，经常使用的有 CMYK 模式、RGB 模式及灰度模式。另外，还有索引模式、Lab 模式、HSB 模式、位图模式、双色调模式和多通道模式等。这些模式都可以在"图像>模式"子菜单中选取，每种色彩模式都有相应的色域，并且各个模式可以相互转换。下面将介绍主要的色彩模式。

1.3.1　CMYK 模式

　　CMYK 代表印刷用的 4 种油墨颜色：C 代表青色，M 代表洋红色，Y 代表黄色，K 代表黑色。CMYK 模式下的"颜色"控制面板如图 1-6 所示。

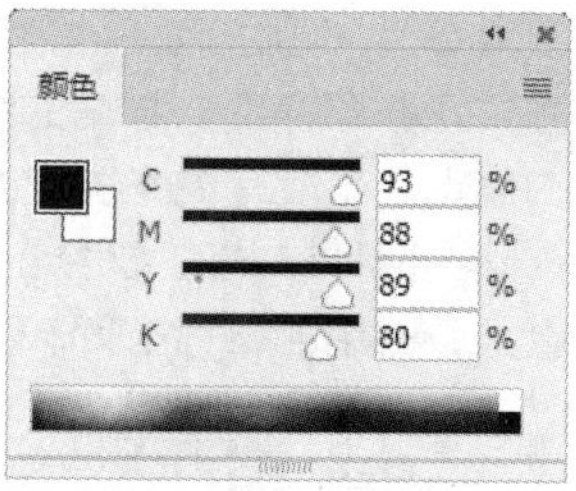

　　CMYK 模式在印刷时应用了色彩学中的减法混合原理，即减色色彩模式，是图像、插图和其他 Photoshop 作品常用的印刷模式。因为在印刷中通常都要先进行四色分色，出四色胶片，再进行印刷。

图 1-6

1.3.2　RGB 模式

　　与 CMYK 模式不同的是，RGB 模式是一种加色模式，通过红、绿、蓝 3 种色光相叠加形成更多的颜色。一幅 24 位的 RGB 图像有 3 个色彩信息通道：红色（R）、绿色（G）和蓝色（B）。RGB 模式下的"颜色"控制面板如图 1-7 所示。

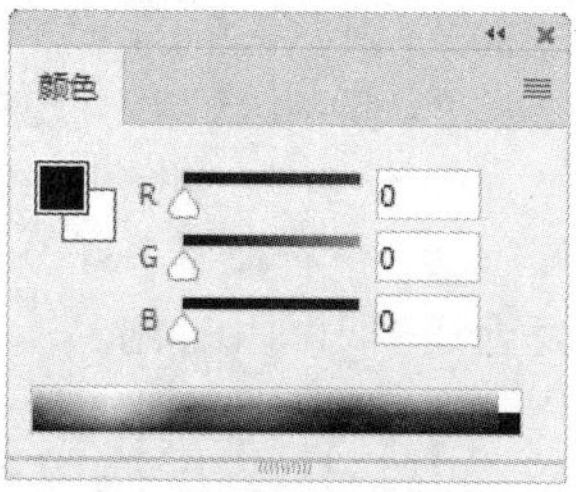

　　每个通道都有 8 位的色彩信息，即一个 0～255 的亮度值色域。也就是说，每一种色彩都有 256 个亮度水平级。3 种色彩相叠加，可以产生 $256 \times 256 \times 256 = 16777216$ 种颜色。这么多种颜色足以表现绚丽多彩的世界。

图 1-7

在 Photoshop 中编辑图像时，RGB 模式应是较好的选择，因为它可以提供全屏幕的多达 24 位的色彩范围，一些计算机领域的色彩专家称之为"True Color"（真彩色）模式。

1.3.3　灰度模式

灰度图又叫 8 位深度图。每个像素用 8 个二进制位表示，能产生 2^8（即 256）级灰色调。当一个彩色文件被转换为灰度模式的文件时，文件中所有的颜色信息都将丢失。尽管 Photoshop 允许将一个灰度模式文件转换为彩色文件，但不可能将原来的颜色完全还原。所以，当要将图像转换为灰度模式时，应先做好图像的备份。

与黑白照片一样，灰度模式的图像只有明暗信息，没有色相和饱和度这两种颜色信息。灰度模式下的"颜色"控制面板如图 1-8 所示，其中的 K 值用于衡量黑白的程度，0%代表全白，100%代表全黑。

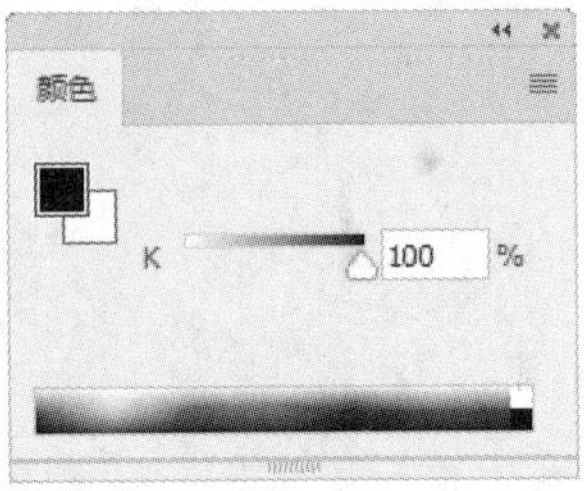

图 1-8

> **提示**
>
> 将彩色模式的图像转换为双色调（Duotone）模式或位图（Bitmap）模式时，必须先将其转换为灰度模式，再从灰度模式转换为双色调模式或位图模式。

1.4　常用的图像文件格式

用 Photoshop 制作或处理好一幅图像后，就需要进行存储。这时，选择一种合适的文件格式就显得十分重要。Photoshop 中有 20 多种文件格式可以选择。在这些文件格式中，既有 Photoshop 的专用格式，也有用于应用程序交换的文件格式，还有一些比较特殊的格式。下面将介绍几种常用的文件格式。

1.4.1　PSD 格式和 PDD 格式

PSD 格式和 PDD 格式是 Photoshop 的专用文件格式，能够支持从位图到 CMYK 模式的所有图像类型，但由于在一些图形处理软件中不能得到很好的支持，所以其通用性不强。PSD 格式和 PDD 格式能够保存图像数据的细微部分，如图层、蒙版、通道等使用 Photoshop 对图像进行特殊处理的信息。在没有最终决定图像存储的格式前，最好先以这两种格式存储。另外，Photoshop 打开和存储这两种格式的文件比其他格式快。但是这两种格式也有缺点，就是它们所存储的图像文件数据量大，占用的磁盘空间较大。

1.4.2　TIFF

TIFF（Tag Image File Format，标记图像文件格式）对具有颜色通道的图像来说是比较通用的格式，具有很强的可移植性，可以用于 Microsoft Windows、macOS 及 UNIX 工作站 3 大平台，是这 3 大平台上使用广泛的绘图格式之一。

使用 TIFF 存储图像时应考虑到文件的数据量大小，因为 TIFF 的结构较复杂。TIFF 支持 24 个通道，能存储多于 4 个通道的图像文件；支持 Photoshop 中的复杂工具和滤镜特效。TIFF 非常适合用于印刷和输出。

1.4.3　BMP 格式

BMP 是 Bitmap（位图）的缩写。它可以用于 Windows 中绝大多数的应用程序。

BMP 格式使用索引色彩。BMP 格式支持黑白图、灰度图和 RGB 图像等，这种格式的图像具有极为丰富的色彩。此格式一般在多媒体演示、视频输出等情况下使用，但不能在 macOS 的应用程序中使用。在存储 BMP 格式的图像文件时，还可以进行无损压缩，这样能够节省磁盘空间。

1.4.4 GIF

GIF（Graphics Interchange Format，图像交互格式）图像文件容量比较小，是一种压缩的 8 位图像文件。正因为这样，一般用这种格式的文件来缩短图形的加载时间。在网络中传输图像文件时，GIF 图像文件的传输速度要比其他格式的图像文件快得多。

1.4.5 JPEG 格式

JPEG（Joint Photographic Experts Group，联合图像专家组）既是 Photoshop 支持的一种文件格式，也是一种压缩方案。JPEG 格式是压缩格式中的"佼佼者"。与 TIFF 采用的无损压缩相比，JPEG 的压缩比例更大，但 JPEG 使用的有损压缩会丢失部分数据。用户可以在存储前选择图像的质量，以控制数据的损失程度。

1.4.6 EPS 格式

EPS（Encapsulated Post Script）格式常用于 Illustrator 和 Photoshop 之间交换数据。用 Illustrator 制作出来的流畅曲线、简单图形和专业图像一般都存储为 EPS 格式。在 Photoshop 中可以打开 EPS 格式的文件；也可以把其他图形文件存储为 EPS 格式，以便在排版类的 PageMaker 和绘图类的 Illustrator 等其他软件中使用。

1.4.7 选择合适的图像文件格式

可以根据工作任务的需要选择图像文件存储格式。下面根据图像的不同用途介绍适宜选择的图像文件存储格式。

印刷：TIFF、EPS。

出版物：PDF。

Internet 图像：GIF、JPEG。

Photoshop 工作：PSD、PDD、TIFF。

02

第 2 章
初识 Photoshop

本章介绍

　　本章主要对 Photoshop 的功能特色进行讲解。通过本章的学习，学习者可以对 Photoshop 的工作界面有大体的了解，从而可以在制作图像的过程中快速地定位，并应用相应的知识点完成图像的制作任务。

学习目标

- 熟练掌握软件的工作界面和基本操作。
- 掌握图像显示效果的设置方法。
- 掌握参考线和网格线的设置方法。
- 熟练掌握图像和画布尺寸的调整方法。
- 掌握图层的基本操作。
- 熟练掌握恢复操作的应用。

技能目标

- 熟练掌握图像文件的新建、打开、保存和关闭方法。
- 掌握标尺、参考线和网格线的应用。
- 熟练掌握图像和画布尺寸的调整技巧。

素养目标

- 培养主动学习并合理制订学习计划的意识。
- 培养发现问题和分析问题的意识。
- 培养自主进行软件练习的意识。

2.1 工作界面的介绍

2.1.1 菜单栏及其快捷方式

熟悉工作界面是学习 Photoshop 的基础。掌握工作界面的内容，有助于初学者日后得心应手地使用 Photoshop。Photoshop 的工作界面主要由菜单栏、属性栏、工具箱、状态栏和控制面板组成，如图 2-1 所示。

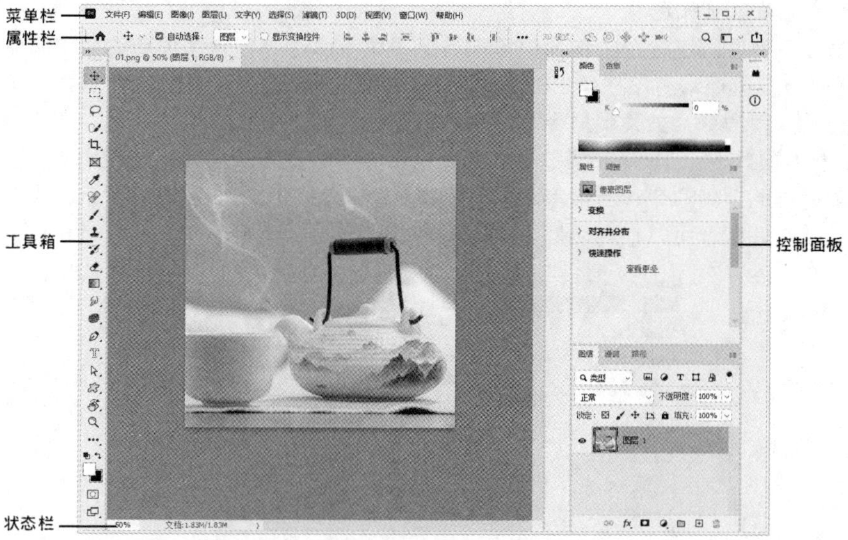
菜单栏
属性栏
工具箱
状态栏
控制面板

图 2-1

菜单栏：菜单栏共包含 11 个菜单。利用菜单命令可以完成编辑图像、调整色彩和添加滤镜效果等操作。

属性栏：属性栏是工具箱中各个工具的功能扩展。通过在属性栏中设置不同的选项，可以快速地完成多样化的操作。

工具箱：工具箱中包含多个工具。利用不同的工具可以完成对图像的绘制、观察和测量等操作。

控制面板：控制面板是 Photoshop 的重要组成部分。通过不同的功能面板，可以完成填充颜色、设置图层和添加样式等操作。

状态栏：状态栏可以显示当前文件的显示比例、文档大小、当前工具和暂存盘大小等提示信息。

1．**菜单分类**

Photoshop 的菜单栏包含“文件”菜单、“编辑”菜单、“图像”菜单、“图层”菜单、“文字”菜单、“选择”菜单、“滤镜”菜单、“3D”菜单、“视图”菜单、“窗口”菜单及“帮助”菜单，如图 2-2 所示。

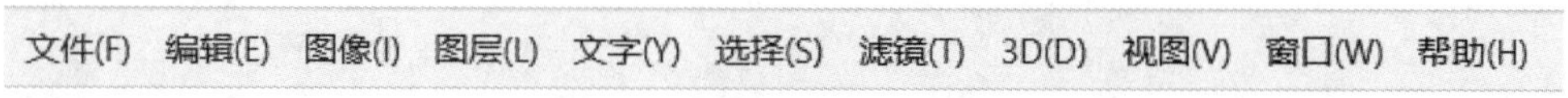
文件(F) 编辑(E) 图像(I) 图层(L) 文字(Y) 选择(S) 滤镜(T) 3D(D) 视图(V) 窗口(W) 帮助(H)

图 2-2

“文件”菜单：包含新建、打开、存储、置入等文件的操作命令。

“编辑”菜单：包含还原、剪切、复制、填充、描边等文件的编辑命令。

“图像”菜单：包含修改图像模式、调整图像颜色、改变图像大小等编辑图像的命令。

"图层"菜单：包含图层的新建、编辑和调整等命令。

"文字"菜单：包含文字的创建、编辑和调整等命令。

"选择"菜单：包含选区的创建、选取、修改、存储和载入等命令。

"滤镜"菜单：包含对图像进行各种艺术化处理的命令。

"3D"菜单：包含创建 3D 模型、编辑 3D 属性、调整纹理及编辑光线等命令。

"视图"菜单：包含对图像视图的校样、显示和辅助信息的设置等命令。

"窗口"菜单：包含排列、设置工作区及显示或隐藏控制面板的操作命令。

"帮助"菜单：提供了各种帮助信息和技术支持。

2．菜单命令的不同状态

子菜单命令：有些菜单命令中包含更多相关的子菜单命令，包含子菜单的菜单命令的右侧会显示黑色的三角形▶，选择带有该三角形的菜单命令，就会显示其子菜单，如图 2-3 所示。

不可执行的菜单命令：当菜单命令不符合运行的条件时，就会显示为灰色，即不可执行状态。例如，在 CMYK 模式下，"滤镜"菜单中的部分菜单命令将变为灰色，不能使用。

可弹出对话框的菜单命令：当菜单命令后面显示有"…"时，如图 2-4 所示，表示单击此菜单能够弹出相应的对话框，可以在对话框中进行设置。

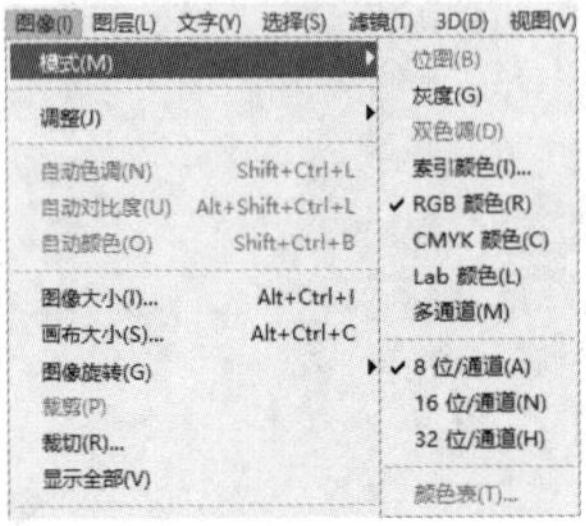

图 2-3 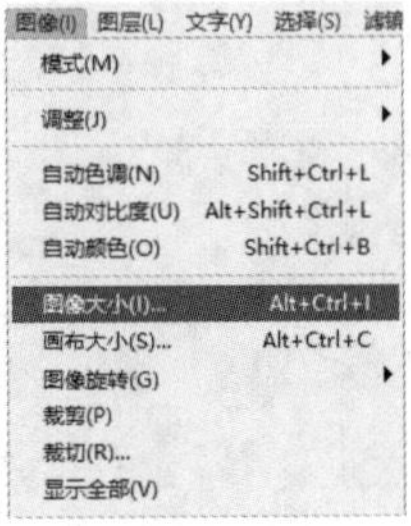　　　　　　　　　　　图 2-4

3．显示或隐藏菜单命令

可以根据操作需要显示或隐藏指定的菜单命令。不经常使用的菜单命令可以暂时隐藏。选择"窗口 > 工作区 > 键盘组合键和菜单"命令，弹出"键盘组合键和菜单"对话框，如图 2-5 所示。

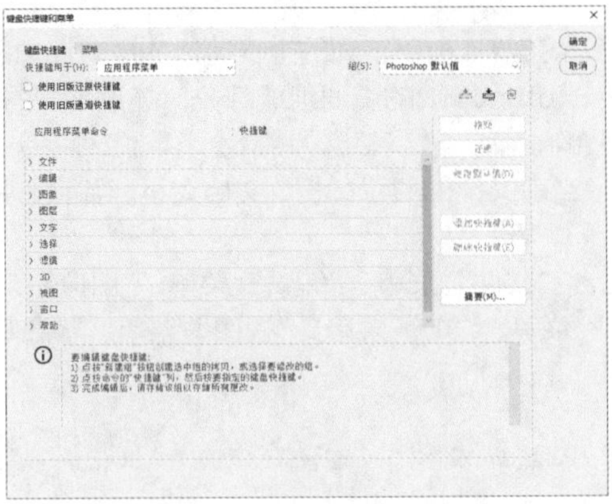

图 2-5

选择"菜单"选项卡，单击"应用程序菜单命令"栏中命令左侧的箭头按钮 ❯，将展开详细的菜单命令，如图 2-6 所示。单击"可见性"栏中的眼睛图标 👁，可将对应的菜单命令隐藏，如图 2-7 所示。

图 2-6 图 2-7

设置完成后，单击"存储对当前菜单组的所有更改"按钮，保存当前的设置。也可单击"根据当前菜单组创建一个新组"按钮，将当前的修改创建为一个新组。隐藏菜单命令前后的菜单分别如图 2-8 和图 2-9 所示。

图 2-8 图 2-9

4. 突出显示菜单命令

为了突出显示需要的菜单命令，可以为其设置颜色。选择"窗口 > 工作区 > 键盘组合键和菜单"命令，弹出"键盘组合键和菜单"对话框，在要突出显示的菜单命令后面单击"无"下拉按钮，在弹出的下拉列表中可以选择需要的颜色标注命令，如图 2-10 所示。可以为不同的菜单命令设置不同的颜色，如图 2-11 所示。设置好颜色后，菜单命令的效果如图 2-12 所示。

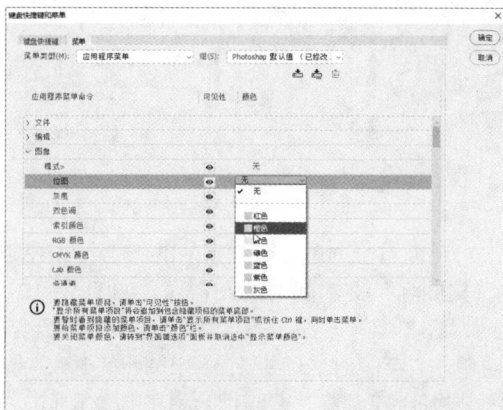

图 2-10

图 2-11
    图 2-12

> **提示**
>
> 　　如果要暂时取消显示菜单命令的颜色，可以选择"编辑 > 首选项 > 界面"命令，在弹出的对话框中取消勾选"显示菜单颜色"复选框。

5. 键盘快捷方式

使用键盘快捷方式：当要选择菜单命令时，可以使用菜单命令旁标注的键盘快捷方式。例如，要选择"文件 > 打开"命令，直接按 Ctrl+O 组合键即可。

按住 Alt 键的同时，按菜单名称后面括号中的字母键，可以打开相应的菜单；再按菜单命令后括号中的字母键，即可执行相应的命令。例如，要打开"选择"命令，按 Alt+S 组合键即可，要想选择该菜单中的"色彩范围"命令，再按 C 键即可。

自定义键盘快捷方式：为了更方便地使用常用的命令，Photoshop 提供了自定义键盘快捷方式和保存键盘快捷方式的功能。

选择"窗口 > 工作区 > 键盘组合键和菜单"命令，弹出"键盘组合键和菜单"对话框，选择"键盘组合键"选项卡，如图 2-13 所示。对话框下面的信息栏中说明了组合键的设置方法。在"组合键用于"下拉列表中可以选择需要设置组合键的菜单或工具，在"组"下拉列表中可以选择要设置组合键的组合，再在下面的选项区域中选择需要设置的命令或工具进行设置，如图 2-14 所示。

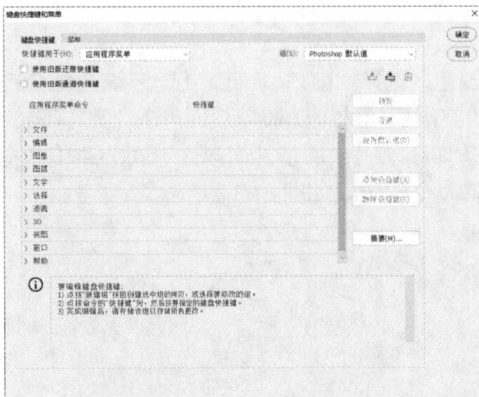

图 2-13
    图 2-14

设置新的组合键后，单击对话框右上方的"根据当前的组合键组创建一组新的组合键"按钮，弹出"另存为"对话框，在"文件名"文本框中输入名称，如图 2-15 所示。单击"保存"按钮即可存储新的组合键设置。这时，在"组"下拉列表中即可选择新的组合键设置，如图 2-16 所示。

更改组合键设置后，需要单击"存储对当前组合键组的所有更改"按钮对当前设置进行存储，单击"确定"按钮，应用更改的组合键设置。要将组合键的设置删除，可以单击"删除当前的组合键组合"按钮，Photoshop 会自动还原为默认设置。

图 2-15 　　　　　　　　　　　　　　　图 2-16

> **提示**
>
> 在为控制面板或菜单命令定义组合键时，这些组合键必须包括 Ctrl 键或一个功能键；在为工具箱中的工具定义组合键时，必须使用 A 到 Z 之间的字母键。

2.1.2　属性栏

当选择某个工具后，会出现相应的工具属性栏，可以通过属性栏对工具进行进一步的设置。例如，当选择"魔棒"工具 时，工作界面的上方会出现相应的"魔棒"工具属性栏，可以应用属性栏中的各个命令对工具做进一步的设置，如图 2-17 所示。

图 2-17

2.1.3　工具箱

Photoshop 的工具箱包括选框工具、绘图工具、填充工具、编辑工具、颜色选择工具、屏幕视图工具和快速蒙版工具等，如图 2-18 所示。想要了解每个工具的具体用法、名称和功能，可以将鼠标指针放置在具体工具上，此时会出现演示框，框内会显示该工具的具体用法、名称和功能，如图 2-19 所示。工具名称后面括号中的字母代表选择此工具的组合键，只要在键盘上按该字母键，就可以快速切换为相应的工具。

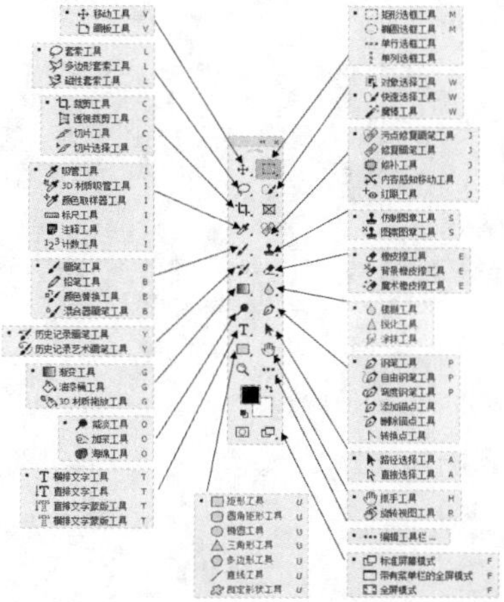

图 2-18 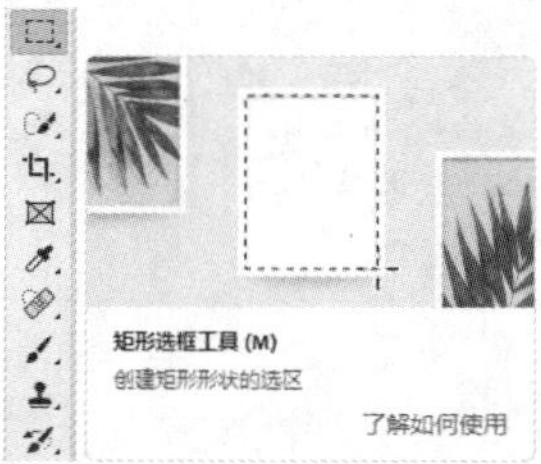　　　　　　　　　　　　　　　图 2-19

切换工具箱的显示状态：Photoshop 的工具箱可以根据需要在单栏与双栏之间自由切换。当工具箱显示为单栏时，如图 2-20 所示。单击工具箱上方的双箭头图标 ▶▶，切换为双栏显示，如图 2-21 所示。

图 2-20

图 2-21

显示隐藏的工具：在工具箱中，部分工具图标的右下方有一个黑色的小三角形 ◢，表示在该工具下还有隐藏的工具。单击工具箱中有小三角形的工具图标并按住鼠标左键不放，即可显示隐藏的工具，如图 2-22 所示。将鼠标指针移动到需要的工具图标上，单击即可选择该工具。

恢复工具的默认设置：要想恢复工具默认的设置，可以选择该工具后，在相应的工具属性栏中用鼠标右键单击工具图标，在弹出的快捷菜单中选择"复位工具"命令，如图 2-23 所示。

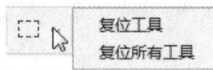

图 2-22

图 2-23

鼠标指针的显示状态：当选择工具箱中的工具后，鼠标指针就变为工具图标。例如，选择"裁剪"工具 ⛏，图像窗口中的鼠标指针也随之显示为"裁剪"工具的图标，如图 2-24 所示。选择"画笔"工具 ✎，鼠标指针显示为"画笔"工具的对应图标，如图 2-25 所示。按 Caps Lock 键，鼠标指针转换为十字形图标，如图 2-26 所示。

图 2-24

图 2-25

图 2-26

2.1.4　状态栏

打开一幅图像时，图像的下方会出现该图像的状态栏，如图 2-27 所示。状态栏的左侧显示当前图像的缩放比例。在显示比例区的文本框中输入数值可改变图像的显示比例。

　　状态栏的中间部分显示当前图像的文件信息，单击箭头图标 ⟩，在弹出的菜单中可以选择显示当前图像的相关信息，如图 2-28 所示。

120%	文档:333.9K/333.9K	⟩

✓ 文档大小
文档配置文件
文档尺寸
测量比例
暂存盘大小
效率
计时
当前工具
32 位曝光
存储进度
智能对象
图层计数

显示比例区——120%　　　文档:333.9K/333.9K　　　⟩——图像信息区

图 2-27 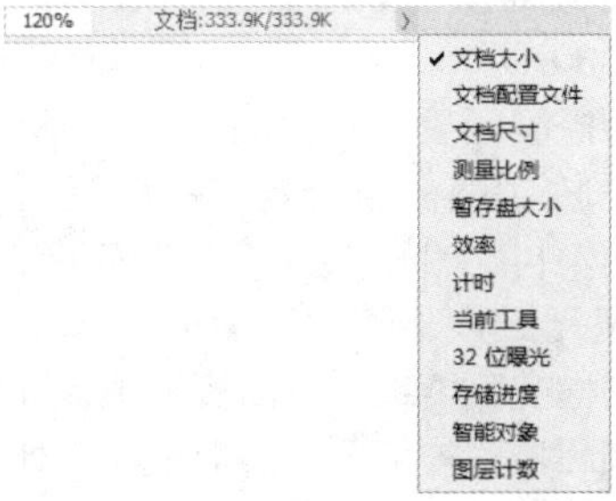　　　　　　　　　　　　　　　　　　　　　　　图 2-28

2.1.5　控制面板

　　控制面板是处理图像时不可或缺的部分。Photoshop 为用户提供了多个控制面板组。

　　收缩与展开控制面板：控制面板可以根据需要进行收缩与展开。面板的展开状态如图 2-29 所示。单击控制面板上方的双箭头图标 ⟩⟩，可以收缩控制面板，如图 2-30 所示。如果要展开某个控制面板，可以直接单击其标签，相应的控制面板会自动弹出，如图 2-31 所示。

图 2-29 　　　　　　　　　　　　　　　　　　　　　　　图 2-30

图 2-31

拆分控制面板：若需要单独拆分出某个控制面板，可选中该控制面板的选项卡并向工作区拖曳，如图 2-32 所示，选中的控制面板将被单独地拆分出来，如图 2-33 所示。

组合控制面板：可以根据需要将两个或多个控制面板组合到一个面板组中，节省操作的空间。要组合控制面板，可以用鼠标选中外部控制面板的选项

图 2-32　　　　　　　　图 2-33

卡，将其拖曳到要组合的面板组中，面板组周围出现蓝色的边框，如图 2-34 所示。此时，释放鼠标，控制面板将被组合到面板组中，如图 2-35 所示。

控制面板弹出式菜单：单击控制面板右上方的 ☰ 图标，会弹出一个菜单，其中包含控制面板的相关命令，如图 2-36 所示。这些命令可以提高控制面板的功能性。

图 2-34　　　　　　　　图 2-35　　　　　　　　图 2-36

隐藏与显示控制面板：按 Tab 键，可以隐藏工具箱和控制面板；再次按 Tab 键，可以显示隐藏的部分。按 Shift+Tab 组合键，可以隐藏控制面板；再次按 Shift+Tab 组合键，可以显示隐藏的部分。

> **提示**　按 F5 键可以显示或隐藏"画笔设置"控制面板；按 F6 键可以显示或隐藏"颜色"控制面板；按 F7 键可以显示或隐藏"图层"控制面板；按 F8 键可以显示或隐藏"信息"控制面板。按 Alt+F9 组合键可以显示或隐藏"动作"控制面板。

自定义工作区：可以根据操作习惯自定义工作区、存储控制面板及设置工具的排列方式，设计出个性化的 Photoshop 界面。

设置完工作区后，选择"窗口 > 工作区 > 新建工作区"命令，弹出"新建工作区"对话框，如图 2-37 所示。输入工作区名称，单击"存储"按钮，即可存储自定义的工作区。

如果要使用自定义工作区，可以在"窗口 > 工作区"子菜单中选择新保存的工作区名称。如果要恢复使用 Photoshop 默认的工作区，可以选择"窗口 > 工作区 > 复位基本功能"命令。选择"窗口 > 工作区 > 删除工作区"命令，可以删除自定义的工作区。

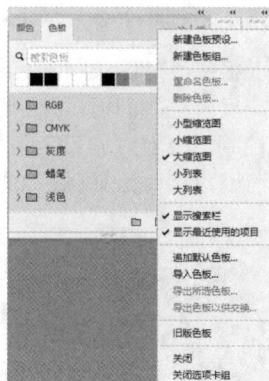

图 2-37

2.2 图像文件的基本操作

掌握图像文件的基本操作是设计和制作作品所必需的技能。下面具体介绍 Photoshop 中图像文件的基本操作方法。

2.2.1 新建图像文件

新建图像文件是使用 Photoshop 进行设计的第一步。如果要在一个空白的图像上绘图，就要在 Photoshop 中新建一个图像文件。

选择"文件 > 新建"命令，或按 Ctrl+N 组合键，弹出"新建文档"对话框，如图 2-38 所示。

根据需要单击上方的类别选项卡，选择需要的预设；或在右侧的选项中修改图像的名称、宽度、高度、分辨率和颜色模式等预设数值，单击图像名称右侧的下按钮，新建文档预设。设置完成后单击"创建"按钮，即可完成新建图像文件，如图 2-39 所示。

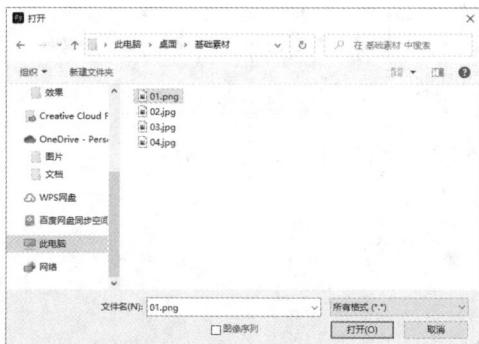

图 2-38　　　　　　　　　　　　　　　　　　　图 2-39

2.2.2 打开图像文件

如果要对照片或图片进行修改和处理，就要在 Photoshop 中打开所需的图像。

选择"文件 > 打开"命令，或按 Ctrl+O 组合键，弹出"打开"对话框，在对话框中找到需要打开的图像文件，确认图像文件类型和名称，如图 2-40 所示，单击"打开"按钮，或直接双击图像文件，即可打开所需的图像文件，如图 2-41 所示。

图 2-40　　　　　　　　　　　　　　　　　　　图 2-41

> **提示**　　在"打开"对话框中，可以同时打开多个文件，只需在文件列表中将所需的多个文件选中，单击"打开"按钮。在"打开"对话框中选择文件时，按住 Ctrl 键的同时单击，可以选择不连续的多个文件；按住 Shift 键的同时单击，可以选择连续的多个文件。

2.2.3　保存图像文件

编辑和制作完图像后，就需要将图像文件进行保存，以便于下次打开继续操作。

选择"文件 > 存储"命令，或按 Ctrl+S 组合键，可以存储图像文件。设计好的作品进行第一次存储时，选择"文件 > 存储"命令，弹出"保存在您的计算机上或保存到云文档"对话框。单击"保存到云文档"按钮，可以将文件保存到云文档中；单击"保存在您的计算机上"按钮，弹出"另存为"对话框，如图 2-42 所示。在对话框中输入文件名、选择保存类型后，单击"保存"按钮，即可将图像文件保存到计算机上。

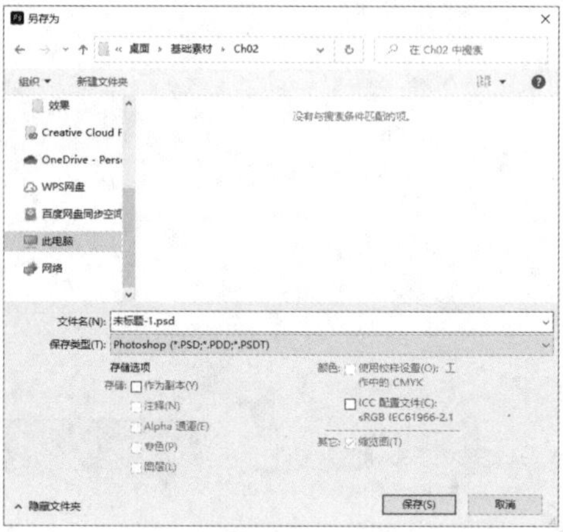

图 2-42

> **提示**　　当对已经存储过的图像文件进行各种编辑操作后，选择"存储"命令，将不再弹出"另存为"对话框，计算机会直接保存最终确认的结果，并覆盖原始文件。

2.2.4　关闭图像文件

将图像文件进行存储后，可以将其关闭。选择"文件 > 关闭"命令，或按 Ctrl+W 组合键，可以关闭图像文件。关闭图像文件时，若当前图像文件被修改过或是新建的文件，则会弹出提示对话框，如图 2-43 所示。单击"是"按钮即可存储并关闭图像；单击"否"按钮，不存储文件但关闭图像；单击"取消"按钮，取消存储和关闭操作。

图 2-43

2.3　图像的显示效果

使用 Photoshop 编辑和处理图像时，可以通过改变图像的显示比例，使工作更便捷、高效。

2.3.1 100%显示图像

100%显示图像的效果，如图 2-44 所示。在此状态下可以对文件进行精确编辑。

图 2-44

2.3.2 放大显示图像

选择"缩放"工具 ，图像窗口中鼠标指针变为放大工具图标 ，每单击一次，图像就会放大。当图像以 100%的比例显示时，在图像窗口中单击一次，图像则以 200%的比例显示，效果如图 2-45 所示。

当要放大一个指定的区域时，可在此区域按住鼠标左键不放，选中的区域会放大显示，当放大到需要的大小后释放鼠标左键。取消勾选"细微缩放"复选框，可以在图像上框选出矩形选区，如图 2-46 所示，从而将选中的区域放大，如图 2-47 所示。

按 Ctrl+ + 组合键，可逐渐放大图像。例如，从 100%的显示比例放大到 200%、300%、400%。

图 2-45  图 2-46  图 2-47

2.3.3 缩小显示图像

缩小显示图像，一方面可以用有限的屏幕空间显示出更多的图像，另一方面可以看到较大图像的全貌。

选择"缩放"工具 ，在图像中鼠标指针变为放大工具图标 ，按住 Alt 键不放，鼠标指针变为缩小工具图标 。每单击一次鼠标，图像将缩小显示。缩小显示前效果如图 2-48 所示。按 Ctrl+ − 组合键，可逐渐缩小图像，如图 2-49 所示。

也可在缩放工具属性栏中单击"缩小"按钮 ，如图 2-50 所示，则鼠标指针变为缩小工具图标 ，每单击一次，图像将缩小显示。

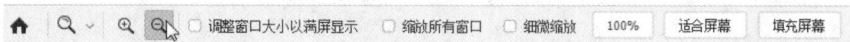

图 2-48 图 2-49

图 2-50

2.3.4　全屏显示图像

若要将图像窗口放大到填满整个屏幕，可以在缩放工具属性栏中单击"适合屏幕"按钮 适合屏幕 ，再勾选"调整窗口大小以满屏显示"复选框，如图 2-51 所示。这样在调整图像时，图像窗口就会和屏幕的尺寸相适应，效果如图 2-52 所示。单击"100%"按钮 100% ，图像将以实际像素比例显示。单击"填充屏幕"按钮 填充屏幕 ，图像会自动缩放以适合屏幕。

图 2-51

图 2-52

2.3.5　图像窗口的显示

当打开多个图像文件时，会出现多个图像窗口，这就需要对图像窗口进行布置和摆放。

同时打开多幅图像，如图 2-53 所示。按 Tab 键，隐藏工作界面中的工具箱和控制面板，如图 2-54 所示。

图 2-53

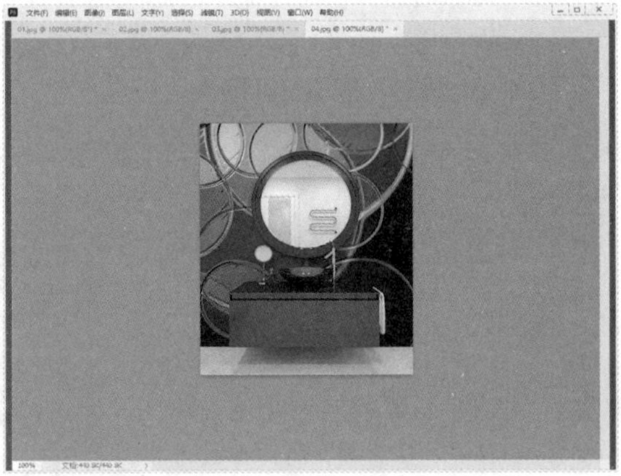

图 2-54

选择"窗口 > 排列 > 全部垂直拼贴"命令，图像窗口的排列效果如图 2-55 所示。选择"窗口 > 排列 > 全部水平拼贴"命令，图像窗口的排列效果如图 2-56 所示。

选择"窗口 > 排列 > 双联水平"命令，图像窗口的排列效果如图 2-57 所示。选择"窗口 > 排列 > 双联垂直"命令，图像窗口的排列效果如图 2-58 所示。

图 2-55

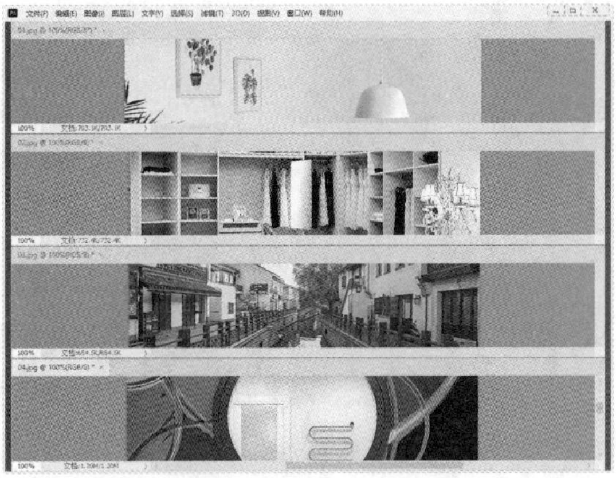

图 2-56

图 2-57

图 2-58

选择"窗口 > 排列 > 三联水平"命令，图像窗口的排列效果如图 2-59 所示。选择"窗口 >
排列 > 三联垂直"命令，图像窗口的排列效果如图 2-60 所示。

图 2-59

图 2-60

选择"窗口 > 排列 > 三联堆积"命令，图像窗口的排列效果如图 2-61 所示。选择"窗口 >
排列 > 四联"命令，图像窗口的排列效果如图 2-62 所示。

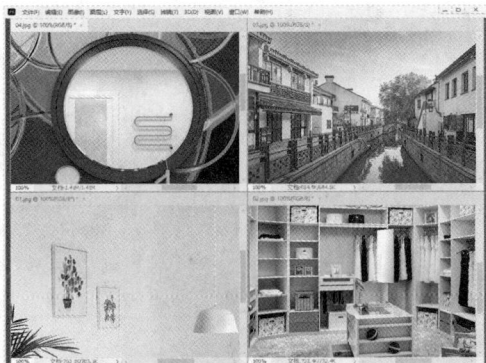

图 2-61　　　　　　　　　　　　　　图 2-62

选择"窗口 > 排列 > 将所有内容合并到选项卡中"命令，图像的排列效果如图 2-63 所示。选择"窗口 > 排列 > 在窗口中浮动"命令，图像的排列效果如图 2-64 所示。

图 2-63　　　　　　　　　　　　　　图 2-64

选择"窗口 > 排列 > 使所有内容在窗口中浮动"命令，图像窗口的排列效果如图 2-65 所示。选择"窗口 > 排列 > 层叠"命令，图像窗口的排列效果与图 2-65 所示相同。选择"窗口 > 排列 > 平铺"命令，图像窗口的排列效果如图 2-66 所示。

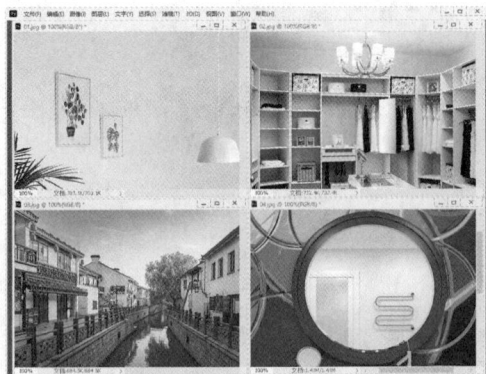

图 2-65　　　　　　　　　　　　　　图 2-66

"匹配缩放"命令可以将所有图像窗口都匹配到与当前图像窗口相同的缩放比例。如图 2-67 所示，将 01 素材图像放大到 130%显示，再选择"窗口 > 排列 > 匹配缩放"命令，所有图像窗口都将以 130%显示图像，如图 2-68 所示。

图 2-67

图 2-68

"匹配位置"命令可以将所有图像窗口都匹配到与当前图像窗口相同的显示位置。如图 2-69 所示，调整 04 素材图像的显示位置，选择"窗口 > 排列 > 匹配位置"命令，所有图像窗口显示相同的位置，如图 2-70 所示。

图 2-69

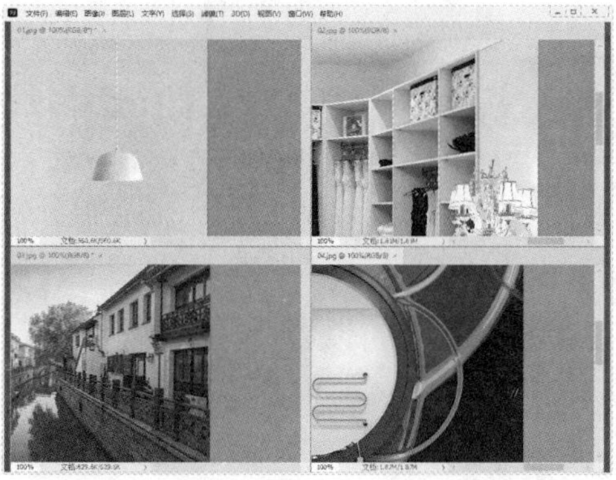

图 2-70

"匹配旋转"命令可以将所有图像窗口的视图旋转角度都匹配到与当前图像窗口相同。在工具箱中选择"旋转视图"工具 ，将 02 素材图像的视图旋转，如图 2-71 所示。选择"窗口 > 排列 > 匹配旋转"命令，所有图像窗口都以相同的角度旋转，如图 2-72 所示。

图 2-71

图 2-72

"全部匹配"命令可以将所有图像窗口的缩放比例、图像显示位置、视图旋转角度与当前图像窗口进行匹配。

2.3.6　观察放大的图像

选择"抓手"工具 ，在图像窗口中鼠标指针变为 形状，按住鼠标左键拖曳图像可以观察图像的每个部分，效果如图 2-73 所示。直接拖曳图像周围垂直和水平滚动条，也可观察图像的每个部分，效果如图 2-74 所示。如果正在使用其他的工具进行操作，按住 Spacebar（空格）键，可以快速切换到"抓手"工具 。

图 2-73

图 2-74

2.4　标尺、参考线和网格线的设置

标尺、参考线和网格线的设置可以使图像处理更加精确。实际设计任务中的许多问题都需要使用标尺、参考线和网格线来解决。

2.4.1　标尺的设置

选择"编辑 > 首选项 > 单位与标尺"命令，弹出相应的对话框，如图 2-75 所示，可以对相关参数进行设置。

单位：用于设置标尺和文字的显示单位，有不同的显示单位可以选择。新文档预设分辨率：用于设置新建文档的预设分辨率。列尺寸：用于设置导入到排版软件的图像所占据的列宽度和装订线的尺寸。点/派卡大小：用于选择打印所使用的点数，包括 PostScript（72 点/英寸）或传统（72.27 点/英寸）。

选择"视图 > 标尺"命令，可以显示或隐藏标尺，如图 2-76 和图 2-77 所示。

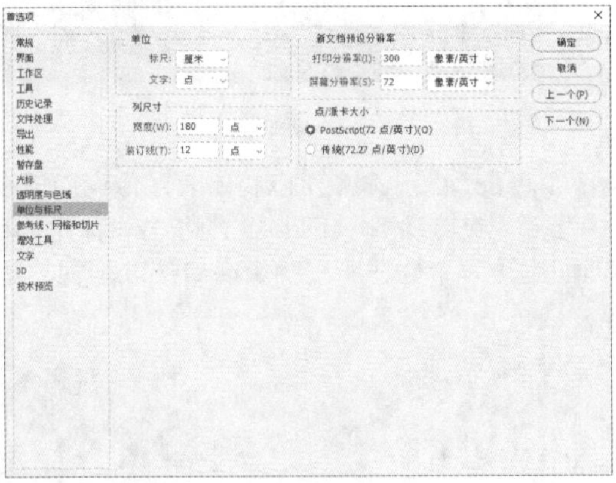

图 2-75

图 2-76

图 2-77

将鼠标指针放在标尺 x 和 y 轴的 0 点处，如图 2-78 所示。按住鼠标左键不放，向右下方拖曳鼠标到适当的位置，如图 2-79 所示。释放鼠标左键，标尺的 x 和 y 轴的 0 点就变为鼠标指针移动后的位置，如图 2-80 所示。

图 2-78 　　　　　　　　　图 2-79 　　　　　　　　　图 2-80

2.4.2　参考线的设置

设置参考线：将鼠标指针放在水平标尺上，按住鼠标左键不放，向下拖曳出水平的参考线，如图 2-81 所示。将鼠标指针放在垂直标尺上，按住鼠标左键不放，向右拖曳出垂直的参考线，如图 2-82 所示。

图 2-81 　　　　　　　　　　　　图 2-82

显示或隐藏参考线：选择"视图 > 显示 > 参考线"命令，可以显示或隐藏参考线。此命令只有存在参考线时才能使用。

移动参考线：选择"移动"工具 ⊕，将鼠标指针放在参考线上，鼠标指针变为 ÷ 时，按住鼠标左键拖曳，可以移动参考线。

新建、锁定、清除参考线：选择"视图 > 新建参考线"命令，弹出"新建参考线"对话框，如图 2-83 所示，设置后单击"确定"按钮，图像中会出现新建的参考线。选择"视图 > 锁定参考线"命令或按 Alt +Ctrl+；组合键，可以将参考线锁定，参考线锁定后不能被移动。选择"视图 > 清除参考线"命令，可以将参考线清除。

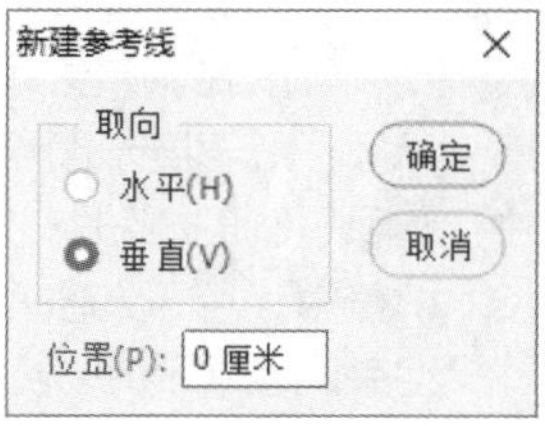

图 2-83

2.4.3　网格线的设置

选择"编辑 > 首选项 > 参考线、网格和切片"命令，弹出相应的对话框，如图 2-84 所示。

参考线：用于设置参考线的颜色和样式。网格：用于设置网格的颜色、样式、网格线间隔和子网格等。切片：用于设置切片的颜色和显示切片的编号。路径：用于设置路径的选定颜色。控件：用于设置控件的颜色。

选择"视图 > 显示 > 网格"命令，可以显示或隐藏网格，如图 2-85 和图 2-86 所示。

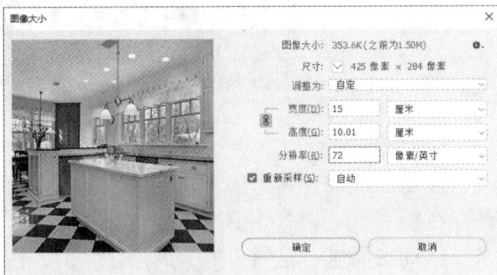

图 2-84　　　　　　　　　图 2-85　　　　　　　　　图 2-86

> **提示**　按 Ctrl+R 组合键可以显示或隐藏标尺。按 Ctrl+; 组合键，可以显示或隐藏参考线。按 Ctrl+' 组合键，可以显示或隐藏网格。

2.5　图像尺寸和画布尺寸的调整

根据制作过程中不同的需求，可以随时调整图像与画布的尺寸。

2.5.1　图像尺寸的调整

打开一幅图像，选择"图像 > 图像大小"命令，弹出"图像大小"对话框，如图 2-87 所示。

图像大小：用于通过改变"宽度""高度""分辨率"选项的数值，改变图像的文档大小，图像的尺寸也会相应改变。

缩放样式 ✿：单击此按钮，在弹出的下拉列表中选择"缩放样式"选项后，若在图像操作中添加了图层样式，可以在调整大小时自动缩放样式。

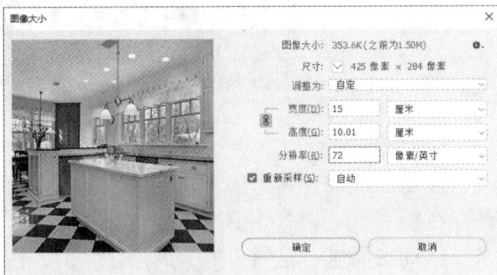

图 2-87

尺寸：用于显示图像的宽度和高度值，单击"尺寸"选项右侧的按钮，可以改变计量单位。

调整为：用于选取预设以调整图像大小。

约束比例 ⧉：单击"宽度"和"高度"选项左侧的锁链图标 ⧉，表示改变其中一个参数时，另一个参数会成比例地同时改变。

分辨率：指位图中的细节精细度，计量单位是像素/英寸。每英寸的像素越多，分辨率越高。

重新采样：不勾选此复选框，尺寸的数值将不会改变，"宽度""高度""分辨率"选项左侧将出现锁链图标 ⧉，改变其中一项数值时，另外 2 项会相应改变，如图 2-88 所示。

在"图像大小"对话框中可以改变选项数值的计量单位，在选项右侧的下拉列表中进行选择，如

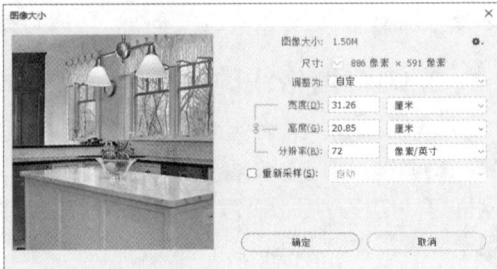

图 2-88

图 2-89 所示。单击"调整为"选项右侧的 ☑ 按钮，在弹出的下拉列表中选择"自动分辨率"选项，弹出"自动分辨率"对话框，系统将自动调整图像的分辨率和品质，如图 2-90 所示。

图 2-89

图 2-90

2.5.2 画布尺寸的调整

画布尺寸是指当前图像周围工作空间的大小。选择"图像 > 画布大小"命令，弹出"画布大小"对话框，如图 2-91 所示。

当前大小：显示的是当前文件的大小和尺寸。

新建大小：用于重新设置图像画布的大小。

定位：用于调整图像在新画布中的位置，可偏左、居中或在右上角等，如图 2-92 所示。

图 2-91

图 2-92

不同定位下图像调整后的效果如图 2-93 所示。

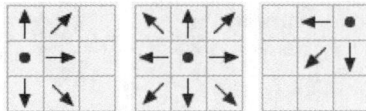

（a）偏左

图 2-93

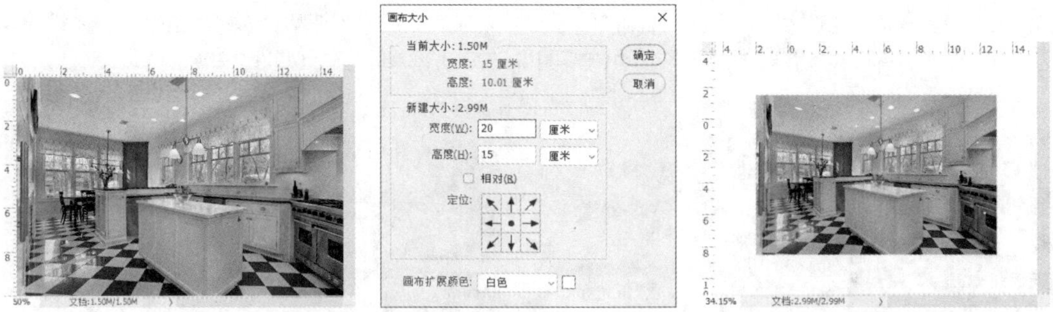

（b）居中

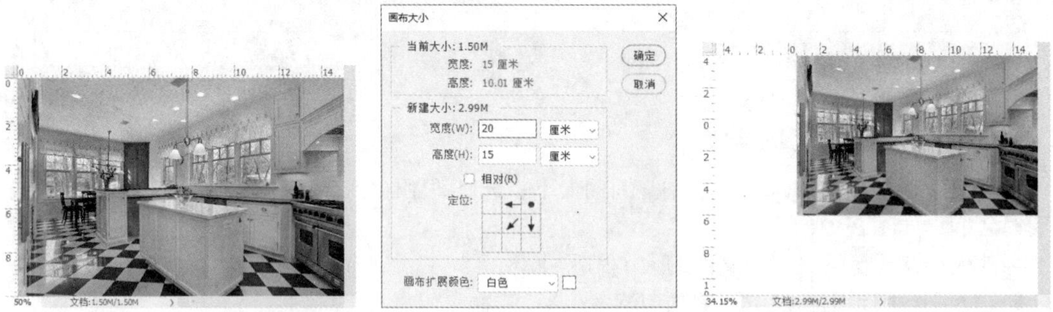

（c）右上角

图 2-93（续）

画布扩展颜色：用于设置填充图像周围扩展部分的颜色，在其下列表中可以选择前景色、背景色或 Photoshop 中的默认颜色，也可以自定义所需颜色。

在"画布大小"对话框中进行设置，如图 2-94 所示，单击"确定"按钮，效果如图 2-95 所示。

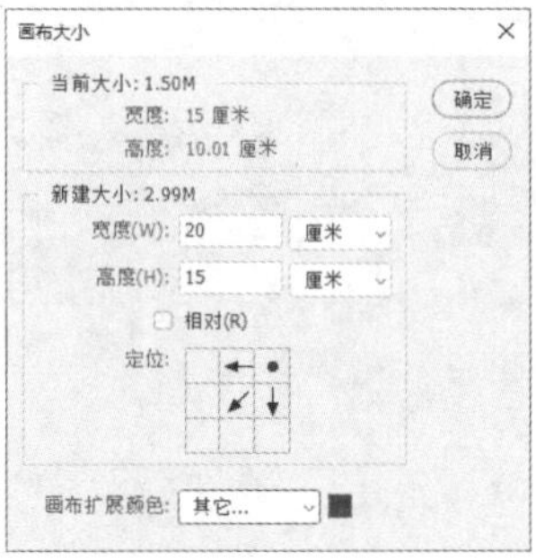

图 2-94 　　　　　　　　　　　　图 2-95

2.6　图像的移动

打开一幅图像。选择"磁性套索"工具 ，在要移动的区域绘制选区，如图 2-96 所示。选择"移动"工具 ，将鼠标指针放在选区中，指针变为 图标，如图 2-97 所示。按住鼠标左键，拖曳鼠标指针到适当的位置，移动选区内的图像，原来的选区位置被背景色填充，效果如图 2-98 所示。按 Ctrl+D 组合键，取消选区。

打开一幅图像。将选区中的图像拖曳到另一幅打开的图像中，鼠标指针变为 图标，如图 2-99 所示。释放鼠标左键，选区中的图像被移动到打开的图像窗口中，效果如图 2-100 所示。

| 图 2-96 | 图 2-97 | 图 2-98 |

图 2-99   图 2-100

2.7　设置绘图颜色

在 Photoshop 中可以使用"拾色器"对话框、"颜色"控制面板和"色板"控制面板对图像进行色彩的设置。

2.7.1　使用"拾色器"对话框设置颜色

单击工具箱中的"设置前景色/设置背景色"图标，弹出"拾色器"对话框，在色带上单击或拖曳两侧的三角形滑块，如图 2-101 所示，可以使颜色的色相产生变化。

左侧的颜色选择区：可以选择颜色的明度和饱和度，垂直方向表示明度的变化，水平方向表示饱和度的变化。

右侧上方的颜色框：显示所选择的颜色，下方是所选颜色的 HSB、RGB、Lab 和 CMYK 值，选择好颜色后，单击"确定"按钮，所选择的颜色将变为工具箱中的前景色或背景色。

右侧下方的数值框：可以输入 HSB、RGB、Lab、CMYK 的颜色值，以得到所需的颜色。

只有 Web 颜色：勾选此复选框，颜色选择区中会出现供网页使用的颜色，如图 2-102 所示，在右侧的数值框 # 000000 中，显示的是网页颜色的数值。

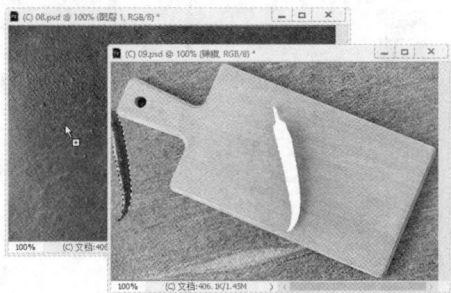

图 2-101   图 2-102

在"拾色器"对话框中单击 `颜色库` 按钮，弹出"颜色库"对话框，如图 2-103 所示。在对话框中，"色库"下拉列表中是一些常用的印刷颜色体系，如图 2-104 所示，其中"TRUMATCH"是为印刷设计提供服务的印刷颜色体系。

图 2-103 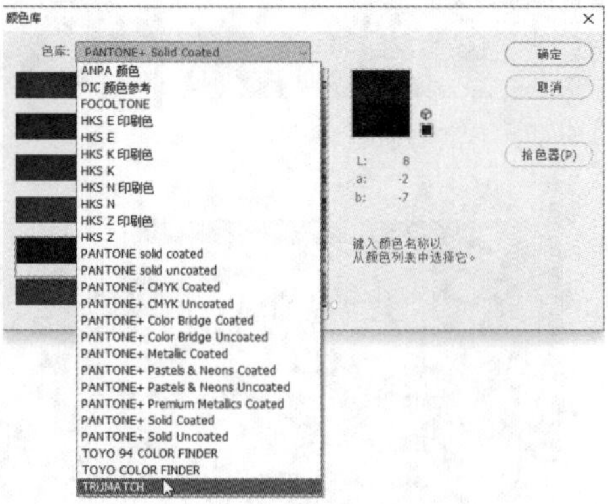   图 2-104

在"颜色库"对话框中，单击或拖曳色相区域内两侧的三角形滑块，可以使颜色的色相产生变化。在颜色选择区中选择带有编码的颜色，在对话框右侧上方的颜色框中会显示出所选择的颜色，右侧下方是所选择颜色的色值。

2.7.2 使用"颜色"控制面板设置颜色

选择"窗口 > 颜色"命令，弹出"颜色"控制面板，如图 2-105 所示，在该面板中可以改变前景色和背景色。

单击左侧的设置前景色或设置背景色图标█，确定所调整的是前景色还是背景色；然后拖曳三角形滑块或在色带中选择所需的颜色，或直接在颜色的数值框中输入数值调整颜色。

单击"颜色"控制面板右上方的☰图标，弹出"面板"菜单，如图 2-106 所示，此菜单用于设定"颜色"控制面板中显示的颜色模式，可以在不同的颜色模式中调整颜色。

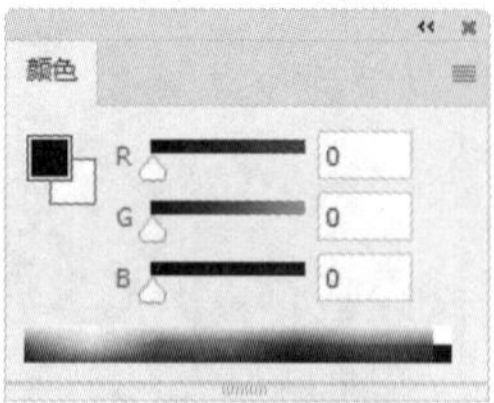

图 2-105 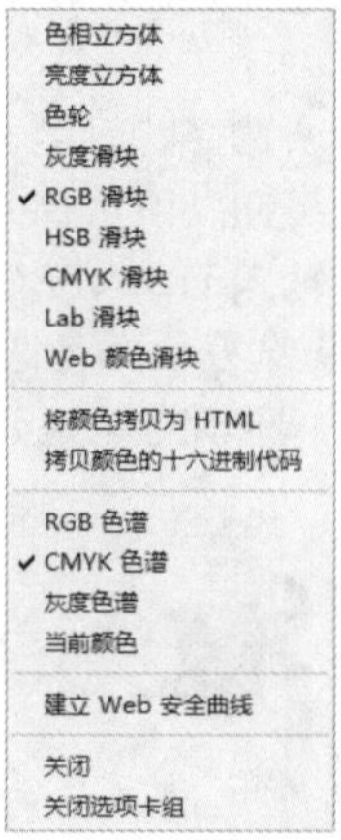   图 2-106

2.7.3 使用"色板"控制面板设置颜色

选择"窗口 > 色板"命令，弹出"色板"控制面板，如图 2-107 所示，可以选取一种颜色来改变前景色或背景色。单击"色板"控制面板右上方的 ▤ 图标，弹出"面板"菜单，如图 2-108 所示。

新建色板预设：用于新建色板。新建色板组：用于新建色板组。重命名色板：用于重命名色板。删除色板：用于删除色板。小型缩览图：用于使控制面板显示最小型图标。小/大缩览图：用于使控制面板显示为小/大图标。小/大列表：用于使控制面板显示为小/大列表。显示搜索栏：用于显示搜索栏。显示最近使用的项目：用于显示最近使用的颜色。恢复默认色板：用于恢复系统的初始设置状态。导入色板：用于向"色板"控制面板中添加色板文件。导出所选色板：用于将当前"色板"控制面板中的色板文件存入硬盘。导出色板以供交换：用于将当前"色板"控制面板中的色板文件存入硬盘并供交换使用。旧版色板：用于使用旧版的色板。

图 2-107    图 2-108

在"色板"控制面板中，单击"创建新色板"按钮 ▫，如图 2-109 所示，弹出"色板名称"对话框，如图 2-110 所示，单击"确定"按钮，即可将当前的前景色添加到"色板"控制面板中，如图 2-111 所示。

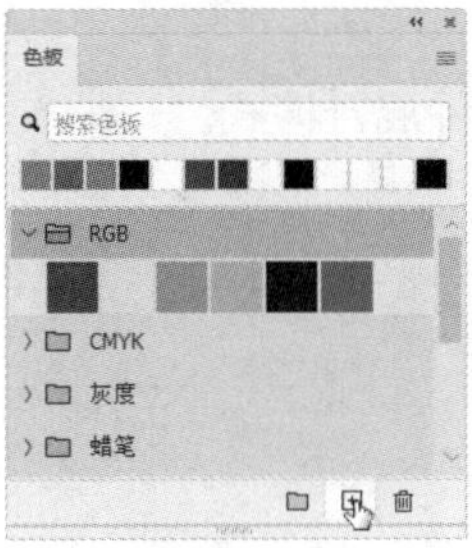

图 2-109 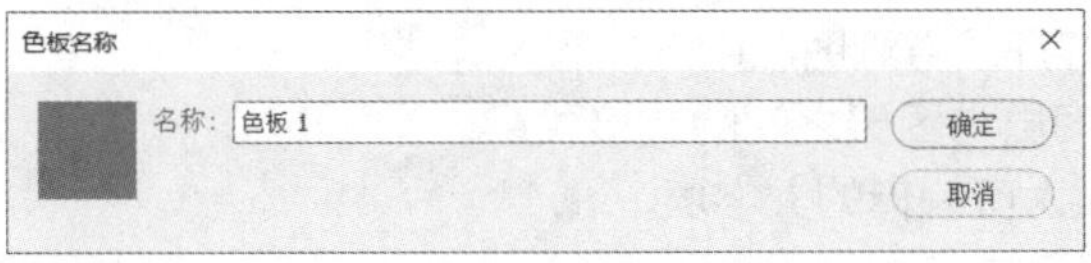   图 2-110 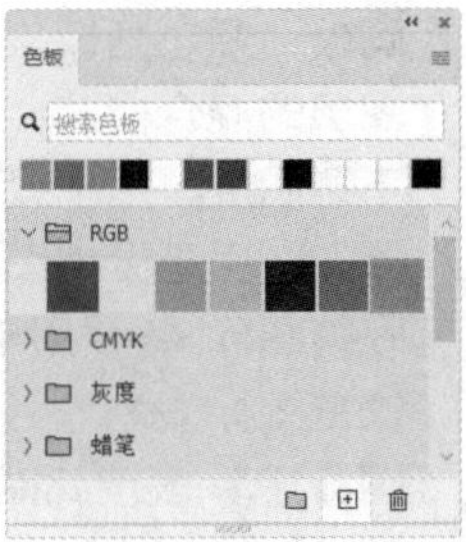   图 2-111

在"色板"控制面板中，将鼠标指针移到色标上，鼠标指针变为吸管 ✐ 形状，此时单击鼠标左键，将设置吸取的颜色为前景色。

2.8 图层的基本操作

使用图层可在不影响图像中其他图像元素的情况下处理某一图像元素。可以将图层想象成一张张叠起来的硫酸纸。可以透过图层的透明区域看到下面的图层。通过更改图层的堆叠顺序和属性改变图像的合成效果。图 2-112 所示的图像效果，其图层原理图如图 2-113 所示。

图 2-112   图 2-113

2.8.1 "图层"控制面板

"图层"控制面板列出了图像中的所有图层、组和图层效果，如图 2-114 所示。可以使用"图层"控制面板来搜索图层、显示和隐藏图层、创建新图层及处理图层组，还可以在"图层"控制面板的弹出式菜单中设置其他命令和选项。

图 2-114

图层搜索功能：在 ⌕ 类型 中可以选取 9 种不同的搜索方式。

类型：可以通过单击"像素图层过滤器"按钮 ▣ 、"调整图层过滤器"按钮 ◑ 、"文字图层过滤器"按钮 T 、"形状图层过滤器"按钮 ▯ 和"智能对象过滤器"按钮 ▣ 来搜索需要的图层类型。

名称：可以通过在右侧输入框中输入图层名称来搜索图层。

效果：通过图层应用的图层样式来搜索图层。

模式：通过图层设定的混合模式来搜索图层。

属性：通过图层的可见性、锁定、链接、混合和蒙版等属性来搜索图层。

颜色：通过不同的图层颜色来搜索图层。

智能对象：通过图层中不同智能对象的链接方式来搜索图层。

选定：通过选定的图层来搜索图层。

画板：通过画板来搜索图层。

图层的混合模式 正常 ：用于设置图层的混合模式，共包含 27 种混合模式。

不透明度：用于设置图层的不透明度。

填充：用于设定图层的填充百分比。

眼睛图标 ◉ ：用于打开或隐藏图层中的内容。

锁链图标 ＧＤ ：表示图层与图层之间的链接关系。

图标 T ：表示此图层为可编辑的文字层。

图标 fx ：表示为图层添加了样式。

在"图层"控制面板的上方有 5 个工具按钮，如图 2-115 所示。

锁定：▣ ✎ ✛ ▯ 🔒
图 2-115

"锁定透明像素"按钮 ▣ ：用于锁定当前图层中的透明区域，使透明区域不能被编辑。

"锁定图像像素"按钮 ✎ ：用于使当前图层和透明区域不能被编辑。

"锁定位置"按钮 ✛ ：用于使当前图层不能被移动。

"防止在画板和画框内外自动嵌套"按钮 ▯ ：用于锁定画板在画布上的位置，防止在画板内部或外部自动嵌套。

"锁定全部"按钮 🔒 ：用于使当前图层或序列完全被锁定。

在"图层"控制面板的下方有 7 个工具按钮，如图 2-116 所示。

ＧＤ fx ▣ ◐ ▢ ⊞ 🗑
图 2-116

"链接图层"按钮 ∞ ：用于使所选图层和当前图层成为一组，当对一个链接图层进行操作时，将影响一组链接图层。

"添加图层样式"按钮 fx ：用于为当前图层添加图层样式效果。

"添加图层蒙版"按钮 ▣ ：用于在当前图层上创建蒙版。在图层蒙版中，黑色代表隐藏的图像，白色代表显示的图像。可以使用画笔等绘图工具对蒙版进行绘制，还可以将蒙版转换成选区。

"创建新的填充或调整图层"按钮 ◐ ：用于对图层进行颜色填充和效果调整。

"创建新组"按钮 ▢ ：用于新建文件夹，可在其中放入图层。

"创建新图层"按钮 ⊞ ：用于在当前图层的上方创建新图层。

"删除图层"按钮 🗑 ：用于将不需要的图层拖曳到此处进行删除。

2.8.2 "面板"菜单

单击"图层"控制面板右上方的☰图标，弹出"面板"菜单，如图 2-117 所示。

图 2-117

2.8.3 新建图层

使用控制面板弹出式菜单：单击"图层"控制面板右上方的☰图标，弹出"面板"菜单，选择"新建图层"命令，弹出"新建图层"对话框，如图 2-118 所示。

名称：用于设置新图层的名称，可以选择与前一图层创建剪贴蒙版。颜色：用于设置新图层的颜色。模式：用于设置当前图层的模式。不透明度：用于设置当前图层的不透明度值。

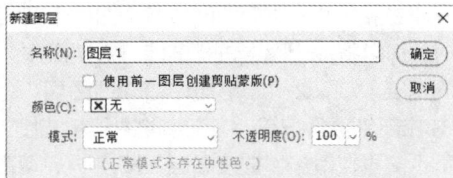

图 2-118

使用控制面板按钮或组合键：单击"图层"控制面板下方的"创建新图层"按钮▣，可以创建一个新图层。按住 Alt 键的同时，单击"创建新图层"按钮▣，将弹出"新建图层"对话框，创建一个新图层。

使用"图层"菜单命令或组合键：选择"图层 > 新建 > 图层"命令，或按 Shift+Ctrl+N 组合键，弹出"新建图层"对话框，可以创建一个新图层。

2.8.4 复制图层

使用控制面板弹出式菜单：单击"图层"控制面板右上方的☰图标，弹出"面板"菜单，选择"复制图层"命令，弹出"复制图层"对话框，如图 2-119 所示。

为：用于设置复制图层的名称。文档：用于设置复制图层的文件来源。

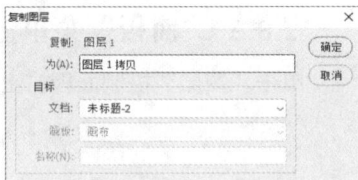

使用控制面板按钮：将需要复制的图层拖曳到控制面板下方的"创建新图层"按钮 上，可以将所选的图层复制为一个新图层。

使用菜单命令：选择"图层 > 复制图层"命令，弹出"复制图层"对话框，复制图层。

图 2-119

使用拖曳鼠标的方法复制不同图像之间的图层：打开目标图像和需要复制的图像，将需要复制的图像中的图层直接拖曳到目标图像的图层中，图层复制完成。

2.8.5 删除图层

使用控制面板弹出式菜单：单击"图层"控制面板右上方的 图标，弹出"面板"菜单，选择"删除图层"命令，弹出提示对话框，如图 2-120 所示，单击"是"按钮，删除图层。

使用控制面板按钮：选中要删除的图层，单击"图层"控制面板下方的"删除图层"按钮 ，即可删除图层。也可以将需要删除的图层直接拖曳到"删除图层"按钮 上进行删除。

图 2-120

使用菜单命令：选择"图层 > 删除 > 图层"命令，即可删除图层。

2.8.6 图层的显示和隐藏

单击"图层"控制面板中任意图层左侧的眼睛图标 ，可以隐藏或显示这个图层。

按住 Alt 键的同时，单击"图层"控制面板中的任意图层左侧的眼睛图标 ，此时，图层控制面板中将只显示这个图层，其他图层被隐藏。

2.8.7 图层的选择、链接和排列

选择图层：单击"图层"控制面板中的任意一个图层，可以选择这个图层。

选择"移动"工具 ，用鼠标右键单击窗口中的图像，弹出一组供选择的图层选项，选择需要的图层即可。

链接图层：当要同时对多个图层中的图像进行操作时，可以将多个图层进行链接，方便操作。选中要链接的图层，如图 2-121 所示，单击"图层"控制面板下方的"链接图层"按钮 ，选中的图层被链接，如图 2-122 所示。再次单击"链接图层"按钮 ，可取消链接。

排列图层：单击"图层"控制面板中的任意图层并按住鼠标左键不放，拖曳鼠标可将其调整到其他图层的上方或下方。

选择"图层 > 排列"命令，弹出"排列"命令的子菜单，选择其中的排列方式即可。

图 2-121　　　　图 2-122

> **提示**
>
> 按 Ctrl+ [组合键，可以将当前图层向下移动一层；按 Ctrl+] 组合键，可以将当前图层向上移动一层；按 Shift+Ctrl+ [组合键，可以将当前图层移动到除了背景图层以外的所有图层的下方；按 Shift +Ctrl+] 组合键，可以将当前图层移动到所有图层的上方。背景图层不能随意移动，可以将其转换为普通图层后再移动。

2.8.8　合并图层

"向下合并"命令用于向下合并图层。单击"图层"控制面板右上方的 ▤ 图标，在弹出的菜单中选择"向下合并"命令，或按 Ctrl+E 组合键即可完成操作。

"合并可见图层"命令用于合并所有可见图层。单击"图层"控制面板右上方的 ▤ 图标，在弹出的菜单中选择"合并可见图层"命令，或按 Shift+Ctrl+E 组合键即可完成操作。

"拼合图像"命令用于合并所有的图层。单击"图层"控制面板右上方的 ▤ 图标，在弹出的菜单中选择"拼合图像"命令即可完成操作。

2.8.9　图层组

当编辑多层图像时，为了方便操作，可以将多个图层放在一个图层组中。单击"图层"控制面板右上方的 ▤ 图标，在弹出的菜单中选择"新建组"命令，弹出"新建组"对话框，单击"确定"按钮，新建一个图层组，如图 2-123 所示。选中要放置到图层组中的多个图层，如图 2-124 所示。将其拖曳到图层组中，选中的图层被放置在图层组中，如图 2-125 所示。

图 2-123 　　　　　　　图 2-124 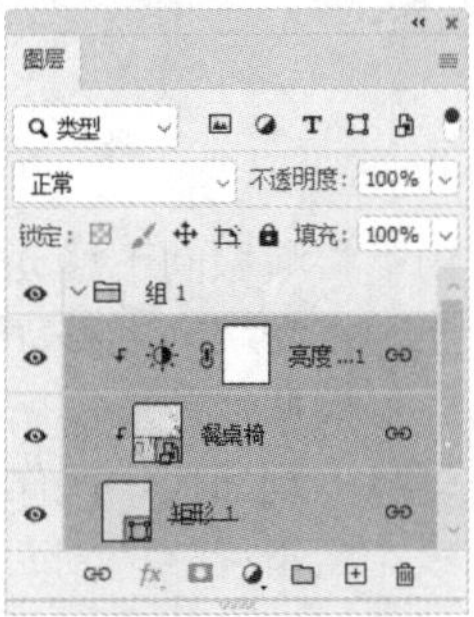　　　　　　　图 2-125

> **提示**
>
> 单击"图层"控制面板下方的"创建新组"按钮 ▢，或选择"图层 > 新建 > 组"命令，可以新建图层组。还可选中要放置在图层组中的所有图层，按 Ctrl+G 组合键自动生成新的图层组。

2.9　恢复操作

在绘制和编辑图像的过程中，经常会错误地执行一个步骤或对制作的一系列效果不满意。当希望恢复到上一步或原来的图像效果时，可以使用恢复操作命令。

2.9.1　恢复到上一步的操作

在编辑图像的过程中可以随时将操作返回到上一步，也可以还原图像到下一步的效果。选择"编辑 > 还原"命令，或按 Ctrl+Z 组合键，可以恢复到图像的上一步操作。如果想还原图像到下一步的效果，再按 Shift+Ctrl+Z 组合键即可。

2.9.2　中断操作

当 Photoshop 正在进行图像处理时，如果想中断正在进行的操作，可以按 Esc 键中断正在进行的操作。

2.9.3 恢复到操作过程中的任意步骤

"历史记录"控制面板可以用来将进行过多次操作的图像恢复到任一步操作时的状态，即所谓的"多次恢复功能"。选择"窗口 > 历史记录"命令，弹出"历史记录"控制面板，如图 2-126 所示。

控制面板下方的按钮从左至右依次为"从当前状态创建新文档"按钮 、"创建新快照"按钮 和"删除当前状态"按钮 。

单击控制面板右上方的 图标，弹出"面板"菜单，如图 2-127 所示。

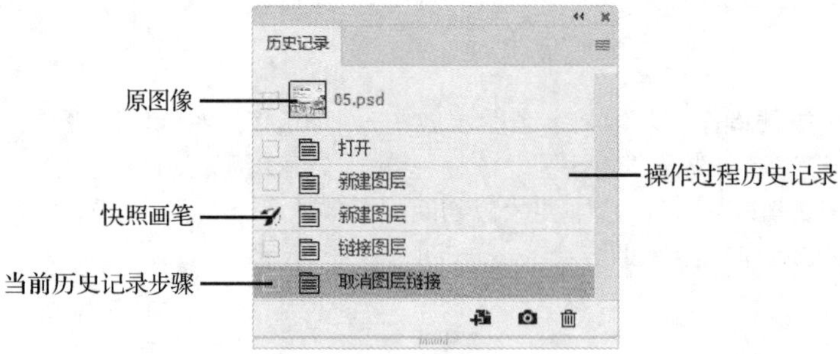

图 2-126 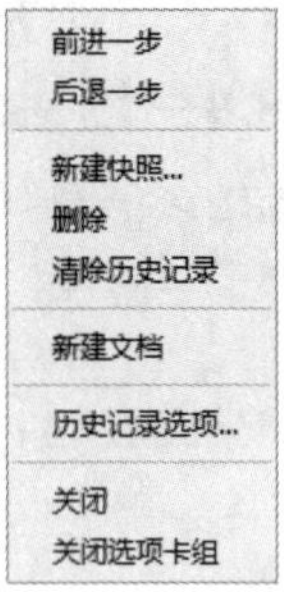　　　　　　　　　　　　图 2-127

前进一步：用于将滑块向下移动一步。

后退一步：用于将滑块向上移动一步。

新建快照：用于根据当前操作所指的操作记录建立新的快照。

删除：用于删除控制面板中操作所指的操作记录。

清除历史记录：用于清除控制面板中除最后一条记录外的所有记录。

新建文档：用于根据当前状态或者快照建立新的文件。

历史记录选项：用于设置"历史记录"控制面板。

"关闭"和"关闭选项卡组"：分别用于关闭"历史记录"控制面板和"历史记录"控制面板所在的选项卡组。

03

第 3 章
绘制和编辑选区

本章介绍

　　本章将主要介绍 Photoshop 中绘制选区的方法及编辑选区的技巧。通过本章的学习，学习者可以快速地绘制规则与不规则的选区，并对选区进行移动、反选、羽化等调整操作。

学习目标

- 熟练掌握选框工具的使用方法。
- 掌握选区的操作技巧。

技能目标

- 掌握"时尚彩妆类电商 Banner"的制作方法。
- 掌握"沙发详情页主图"的制作方法。

素养目标

- 培养独立思考和善于分析的能力。
- 培养能够不断改进学习方法的自主学习能力。
- 培养勇于探索、敢于创新的意识。

3.1 选框工具的使用

图像编辑前要进行选择图像的操作。能够快捷、精确地选择图像是提高处理图像效率的关键。

3.1.1 课堂案例——制作时尚彩妆类电商 Banner

案例学习目标

学习使用不同的选框工具来选择不同外形的图像，并应用"移动"工具将其合成 Banner。

案例知识要点

使用"矩形选框"工具、"椭圆选框"工具、"多边形套索"工具和"魔棒"工具抠出化妆品，使用"变换"命令调整图像大小，使用"移动"工具合成图像，最终效果如图 3-1 所示。

图 3-1

效果所在位置

Ch03/效果/制作时尚彩妆类电商 Banner.psd。

（1）按 Ctrl＋O 组合键，打开云盘中的"Ch03 ＞ 素材 ＞ 制作时尚彩妆类电商 Banner ＞ 02"文件，如图 3-2 所示。选择"矩形选框"工具 ⊡，在"02"图像窗口中沿着化妆品盒边缘拖曳鼠标绘制选区，如图 3-3 所示。

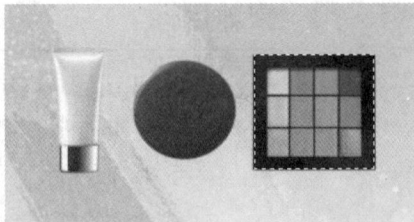

图 3-2

图 3-3

（2）按 Ctrl＋O 组合键，打开云盘中的"Ch03 ＞ 素材 ＞ 制作时尚彩妆类电商 Banner ＞ 01"文件。选择"移动"工具 ⊕，将"02"图像窗口选区中的图像拖曳到"01"图像窗口中适当的位置，效果如图 3-4 所示，"图层"控制面板中生成新的图层，将其命名为"化妆品 1"。

（3）按 Ctrl+T 组合键，在图像周围出现变换框，将鼠标指针放在变换框的控制手柄外边，鼠标指针变为旋转图标 ↰，拖曳鼠标将图像旋转到适当的角度，按 Enter 键确定操作，效果如图 3-5 所示。

图 3-4   图 3-5

（4）选择"椭圆选框"工具 ◯，在"02"图像窗口中沿着化妆品边缘拖曳鼠标绘制选区，如图 3-6 所示。选择"移动"工具 ✛，将"02"图像窗口选区中的图像拖曳到"01"图像窗口中适当的位置，效果如图 3-7 所示，在"图层"控制面板中生成新的图层，将其命名为"化妆品 2"。

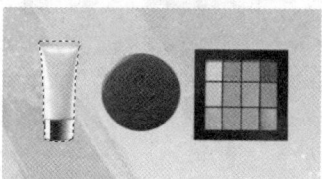

图 3-6   图 3-7

（5）选择"多边形套索"工具 ⧖，在"02"图像窗口中沿着化妆品边缘拖曳鼠标绘制选区，如图 3-8 所示。选择"移动"工具 ✛，将"02"图像窗口选区中的图像拖曳到"01"图像窗口中适当的位置，效果如图 3-9 所示，"图层"控制面板中生成新的图层，将其命名为"化妆品 3"。

图 3-8   图 3-9

（6）按 Ctrl + O 组合键，打开云盘中的"Ch03 > 素材 > 制作时尚彩妆类电商 Banner > 03"文件。选择"魔棒"工具 ⧫，在图像窗口的背景区域单击，图像周围生成选区，效果如图 3-10 所示。按 Shift+Ctrl+I 组合键，将选区反选，效果如图 3-11 所示。

（7）选择"移动"工具 ✛，将"03"图像窗口选区中的图像拖曳到"01"图像窗口中适当的位置，如图 3-12 所示，"图层"控制面板中生成新的图层，将其命名为"化妆品 4"。

图 3-10   图 3-11   图 3-12

（8）按 Ctrl + O 组合键，打开云盘中的"Ch03 > 素材 > 制作时尚彩妆类电商 Banner > 04、05"文件，选择"移动"工具 ✛，将图像分别拖曳到"01"图像窗口中适当的位置，如图 3-13

所示，"图层"控制面板中生成新的图层，分别将其命名为"云1"和"云2"，"图层"控制面板如图 3-14 所示。

图 3-13    图 3-14

（9）在"图层"控制面板中选中"云1"图层，并将其拖曳到"化妆品1"图层的下方，"图层"控制面板如图 3-15 所示，图像窗口中的效果如图 3-16 所示。时尚彩妆类电商 Banner 制作完成。

图 3-15    图 3-16

3.1.2 "矩形选框"工具

"矩形选框"工具可以在图像或图层中绘制矩形选区。

选择"矩形选框"工具 □，或按 Shift+M 组合键切换到该工具，其属性栏状态如图 3-17 所示。

图 3-17

新选区 □：取消旧选区，绘制新选区。添加到选区 □：在原有选区的基础上增加新的选区。从选区减去 □：在原有选区上减去新选区的部分。与选区交叉 □：选择新旧选区重叠的部分。羽化：用于设置选区边缘的羽化程度。消除锯齿：用于清除选区边缘的锯齿。样式：用于选择类型。

选择"矩形选框"工具 □，在图像窗口中适当的位置按住鼠标左键不放，向右下方拖曳鼠标绘制选区；释放鼠标左键，矩形选区绘制完成，如图 3-18 所示。按住 Shift 键可以在图像窗口中绘制出正方形选区，如图 3-19 所示。

在属性栏中选择"样式"下拉列

图 3-18

图 3-19

表中的"固定比例"选项，将"宽度"选项设为 2，"高度"选项设为 3，如图 3-20 所示。在图像中绘制固定比例的选区，效果如图 3-21 所示。单击"高度和宽度互换"按钮 $\rightleftarrows$，可以快速地将宽度和高度的数值互换，互换后绘制的选区效果如图 3-22 所示。

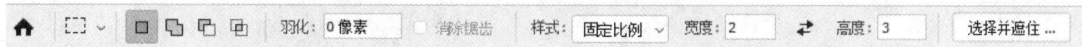

图 3-20

图 3-21   图 3-22

在属性栏中选择"样式"下拉列表中的"固定大小"选项，在"宽度"和"高度"数值框中输入数值，如图 3-23 所示。绘制固定大小的选区，效果如图 3-24 所示。单击"高度和宽度互换"按钮 $\rightleftarrows$，可以快速地将宽度和高度的数值互换，互换后绘制的选区效果如图 3-25 所示。

图 3-23

图 3-24    图 3-25

因"椭圆选框"工具的应用与"矩形选框"工具基本相同，这里就不再赘述。

3.1.3 "套索"工具

"套索"工具用于在图像或图层中绘制不规则的选区，选取不规则的图像。

选择"套索"工具 $\mathcal{Q}$，或按 Shift+L 组合键切换到该工具，其属性栏状态如图 3-26 所示。

图 3-26

选择"套索"工具 $\mathcal{Q}$，在图像窗口中适当的位置按住鼠标左键不放，拖曳鼠标在图像上进行绘制，如图 3-27 所示。释放鼠标左键，选择区域自动封闭生成选区，效果如图 3-28 所示。

图 3-27 　　　　　　　　　图 3-28

3.1.4　"魔棒"工具

"魔棒"工具可以用来选取图像中的某一点,并将与这一点颜色相同或相近的点自动融入选区中。选择"魔棒"工具 ，或按 Shift+W 组合键切换到该工具,其属性栏状态如图 3-29 所示。

图 3-29

取样大小：用于设置取样范围的大小。容差：用于控制颜色的范围,数值越大,可容许的颜色范围越大。连续：用于选择单独的颜色范围。对所有图层取样：用于将所有可见图层中的色彩加入选区。

选择"魔棒"工具 ，在图像背景中单击即可得到需要的选区,如图 3-30 所示。将"容差"选项设为 100,再次单击背景区域,生成选区,效果如图 3-31 所示。

图 3-30 　　　　　　　　　图 3-31

3.1.5　"对象选择"工具

"对象选择"工具可以在选定的区域内查找并自动选择一个对象。选择"对象选择"工具 ，其属性栏状态如图 3-32 所示。

图 3-32

模式：用于选择"矩形"或"套索"选取模式。减去对象：用于在选定的区域内查找并自动减去对象。

打开一幅图像,如图 3-33 所示。在主体图像的周围绘制选区,如图 3-34 所示。主体图像的周围生成选区,如图 3-35 所示。

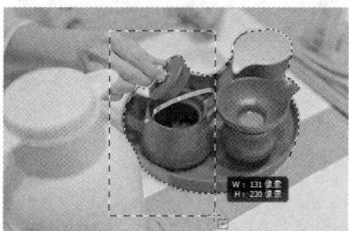

图 3-33

图 3-34

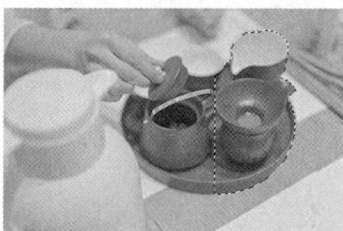

图 3-35

选中属性栏中的"从选区减去"按钮，保持"减去对象"复选框的选中状态，在图像中绘制选区，如图 3-36 所示，减去的选区效果如图 3-37 所示。取消"减去对象"复选框的选中状态，在图像中绘制选区，减去的选区效果如图 3-38 所示。

图 3-36

图 3-37

图 3-38

> 提示
>
> "对象选择"工具 不适合用来选取那些边缘不清晰或带有毛发的复杂图形。

3.1.6 "色彩范围"命令

"色彩范围"命令可以根据选区内或整个图像中的颜色差异更加精确地创建不规则选区。

打开一幅图像。选择"选择 > 色彩范围"命令，弹出"色彩范围"对话框，如图 3-39 所示。

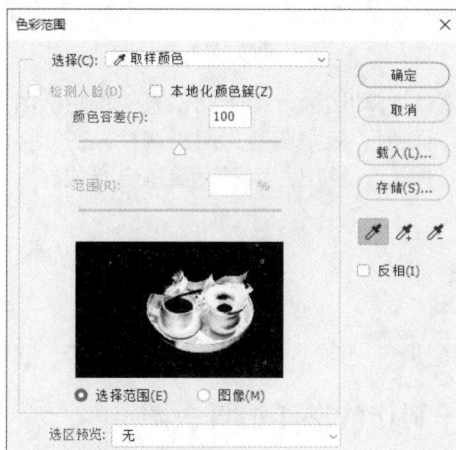

图 3-39

选择：用于选择选区的取样方式。检测人脸：可以更准确地分辨肤色。本地化颜色簇/范围：默认状态下，显示最大取样范围，向左拖曳滑块可以缩小取样范围。颜色容差：用于调整选定颜色的范围。选区预览框：包含"选择范围"和"图像"两个单选项。选区预览：用于选择图像窗口中选区的预览方式。

3.1.7　"天空替换"命令

使用"天空替换"命令可以快速选择和替换照片中的天空，并自动调整原始图像以便与天空搭配。

打开一幅图像，如图 3-40 所示。选择"编辑 > 天空替换"命令，弹出"天空替换"对话框，如图 3-41 所示。设置完成后，单击"确定"按钮，效果如图 3-42 所示。

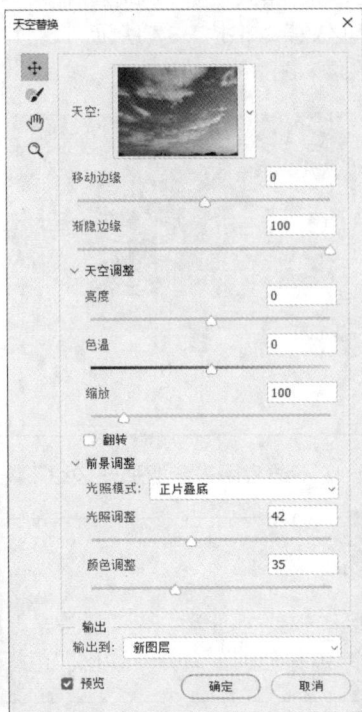

图 3-40　　　　　　　　　　　　　　　　图 3-41　　　　　　　　　　　　　　　　图 3-42

天空：用于选择预设的天空。移动边缘：用于调整天空和原始图像之间的边缘。渐隐边缘：用于调整天空和原始图像边缘的渐隐值。天空调整：用于调整天空的亮度、色温和缩放。前景调整：用于调整前景与天空颜色的协调程度。输出：用于设置输出方式。

3.2　选区的操作

在建立选区后，可以对选区进行一系列的操作，如移动选区、羽化选区等。

3.2.1　课堂案例——制作沙发详情页主图

案例学习目标

学习使用选框工具绘制选区，并使用"羽化"命令制作出需要的效果。

🔒 案例知识要点

使用"矩形选框"工具、"变换选区"命令和"羽化"命令制作商品投影，使用"移动"工具添加装饰图像和文字，最终效果如图 3-43 所示。

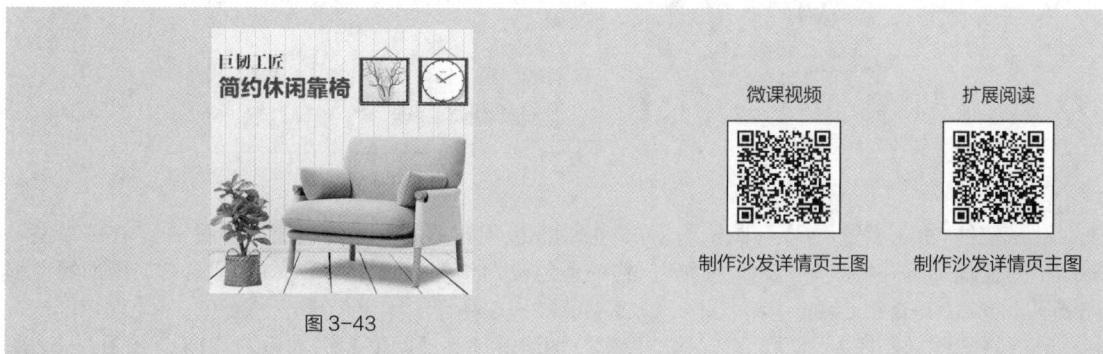

图 3-43

微课视频　　　　　　扩展阅读

制作沙发详情页主图　　制作沙发详情页主图

⦿ 效果所在位置

Ch03/效果/制作沙发详情页主图.psd。

（1）按 Ctrl+O 组合键，打开云盘中的"Ch03 > 素材 > 制作沙发详情页主图 > 01、02"文件。选择"移动"工具 ⊕，将"02"图像拖曳到"01"图像窗口中适当的位置，如图 3-44 所示，在"图层"控制面板中生成新的图层，将其命名为"沙发"。选择"矩形选框"工具 ▢，在图像窗口中拖曳鼠标绘制矩形选区，如图 3-45 所示。

图 3-44　　　　　　　　　　图 3-45

（2）选择"选择 > 变换选区"命令，选区周围出现控制手柄，如图 3-46 所示，按住 Ctrl+Shift组合键，拖曳左上角的控制手柄到适当的位置，效果如图 3-47 所示。使用相同的方法调整其他控制手柄，如图 3-48 所示。

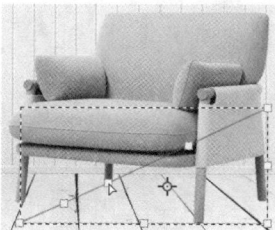

图 3-46　　　　　　　图 3-47　　　　　　　图 3-48

（3）选区变换完成后，按 Enter 键确定操作，效果如图 3-49 所示。按 Shift+F6 组合键，弹出"羽化选区"对话框，选项的设置如图 3-50 所示，单击"确定"按钮。

图 3-49 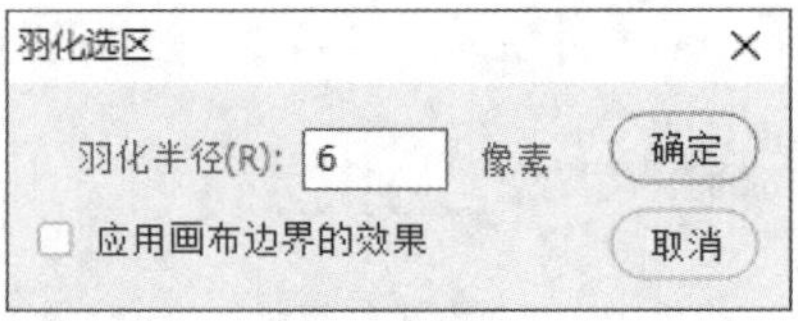   图 3-50

（4）按住 Ctrl 键的同时，单击"图层"控制面板下方的"创建新图层"按钮 ⊞ ，在"沙发"图层下方新建图层并将其命名为"投影"。将前景色设为黑色。按 Alt+Delete 组合键，用前景色填充选区。按 Ctrl+D 组合键，取消选区，效果如图 3-51 所示。

（5）在"图层"控制面板上方，将"投影"图层的"不透明度"选项设为 40%，如图 3-52 所示，按 Enter 键确定操作，图像效果如图 3-53 所示。

图 3-51    图 3-52    图 3-53

（6）选中"沙发"图层。按 Ctrl+O 组合键，打开云盘中的"Ch03 > 素材 > 制作沙发详情页主图 > 03"文件。选择"移动"工具 ✛ ，将"03"图像拖曳到"01"图像窗口中适当的位置，图像效果如图 3-54 所示，"图层"控制面板中生成新的图层，将其命名为"装饰"，如图 3-55 所示。沙发详情页主图制作完成。

图 3-54 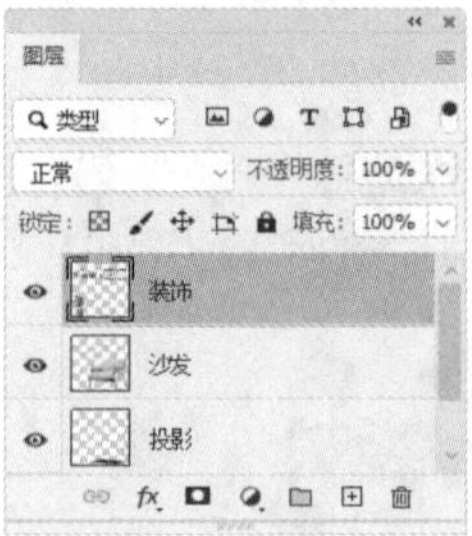   图 3-55

3.2.2 移动选区

在图像中绘制选区，将鼠标指针放在选区中，鼠标指针变为 ▶ 形状，如图 3-56 所示。按住鼠标左键并进行拖曳，鼠标指针变为 ▶ 形状，将选区拖曳到其他位置，如图 3-57 所示。释放鼠标左键，即可完成选区的移动，效果如图 3-58 所示。

图 3-56 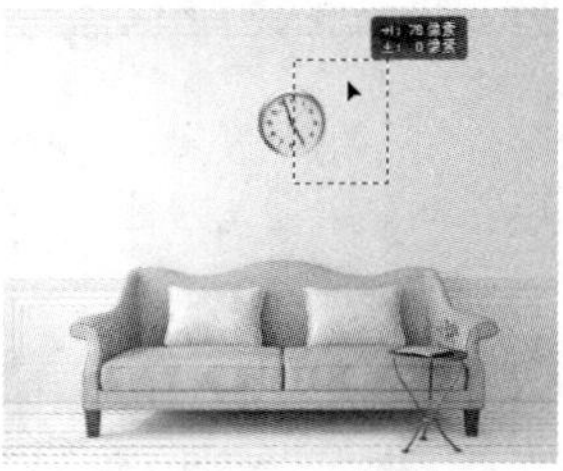　　　　　　　　　图 3-57 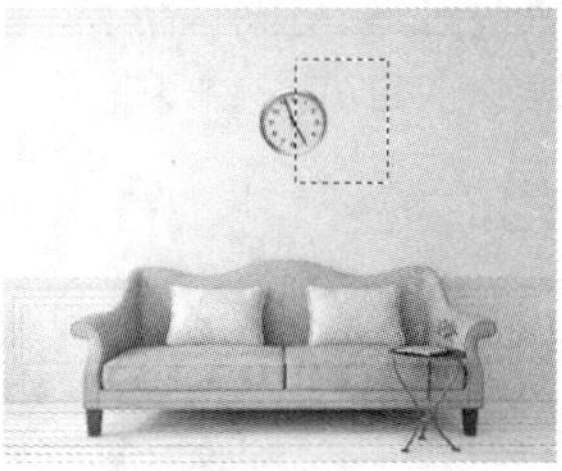　　　　　　　　　图 3-58

当使用"矩形选框"工具和"椭圆选框"工具绘制选区时，不释放鼠标左键，按住空格键的同时拖曳鼠标，也可移动选区。绘制出选区后，按一次键盘中的方向键可以将选区沿对应方向移动 1 像素，使用 Shift+方向组合键可以将选区沿对应方向移动 10 像素。

3.2.3　羽化选区

羽化选区可以使图像产生柔和的效果。

在图像中绘制选区，如图 3-59 所示。选择"选择 > 修改 > 羽化"命令，弹出"羽化选区"对话框，设置羽化半径的数值，如图 3-60 所示，单击"确定"按钮，羽化选区。按 Shift+Ctrl+I 组合键，将选区反选，如图 3-61 所示。

图 3-59 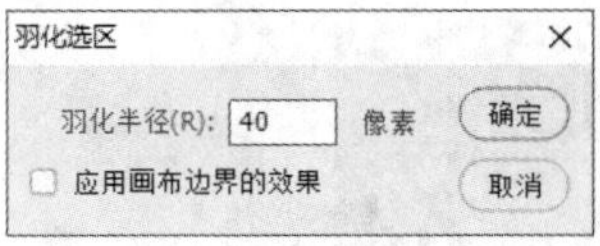　　　　　　　　　图 3-60 　　　　　　　　　图 3-61

在选区中填充颜色后，取消选区，效果如图 3-62 所示。还可以在绘制选区前在所使用工具的属性栏中直接输入羽化值，如图 3-63 所示。此时，绘制的选区自动成为被羽化的选区。

图 3-62 　　　　　　　　　　　　　　　　图 3-63

3.2.4　取消选区

选择"选择 > 取消选择"命令，或按 Ctrl+D 组合键，可以取消选区。

3.2.5　全选和反选选区

选择"选择 > 全部"命令，或按 Ctrl+A 组合键，可以选取全部图像，效果如图 3-64 所示。

　　选择"选择 > 反向"命令，或按 Shift+Ctrl+I 组合键，可以对当前的选区进行反向选取，反选前后效果分别如图 3-65 和图 3-66 所示。

图 3-64 　　　　　　　　　图 3-65　　　　　　　　　图 3-66

课堂练习——制作装饰画

🔗 练习知识要点

　　使用图层样式制作图案底图，使用"色彩范围"命令抠出自行车剪影，使用"矩形"工具和剪贴蒙版制作装饰画，最终效果如图 3-67 所示。

微课视频

制作装饰画

图 3-67

◎ 效果所在位置

　　Ch03/效果/制作装饰画.psd。

课后习题——制作橙汁海报

🔗 习题知识要点

　　使用"魔棒"工具抠出背景喷溅的果汁、橙子和文字，使用"磁性套索"工具抠出果汁瓶，使用"多边形套索"工具、"载入选区"命令、"收缩选区"命令和羽化选区制作投影，使用"移动"工具添加图像和文字，最终效果如图 3-68 所示。

图 3-68

微课视频

制作橙汁海报

效果所在位置

Ch03/效果/制作橙汁海报.psd。

04

第 4 章
绘制图像

本章介绍

　　本章主要介绍 Photoshop 中"画笔"工具的使用方法及"填充"命令的使用技巧。通过本章的学习，学习者可以用"画笔"工具绘制出丰富多样的图像，用"填充"命令制作出多样的填充效果。

学习目标

- 掌握绘图工具和"历史记录画笔"工具的使用方法。
- 熟练掌握"渐变"工具和"油漆桶"工具的操作方法。
- 掌握"填充"命令和"描边"命令的使用方法。

技能目标

- 掌握"美好生活公众号封面次图"的制作方法。
- 掌握"浮雕画"的制作方法。
- 掌握"应用商店类 UI 图标"的制作方法。
- 掌握"女装活动页 H5 首页"的制作方法。

素养目标

- 培养良好的实践动手能力。
- 培养良好的艺术感知能力和审美意识。
- 培养良好的团队协作意识。

4.1 绘图工具的使用

绘图工具是绘画和编辑图像的基础。绘图工具包括"画笔"工具和"铅笔"工具。"画笔"工具可以用来绘制具有绘画效果的图像。"铅笔"工具可以用来绘制具有硬边效果的图像。

4.1.1 课堂案例——制作美好生活公众号封面次图

案例学习目标

学习使用"定义画笔预设"命令和"画笔"工具制作公众号封面次图。

案例知识要点

使用"定义画笔预设"命令定义画笔图像，使用"画笔"工具和"画笔设置"控制面板制作装饰点，使用"橡皮擦"工具擦除多余的点，使用"高斯模糊"命令为装饰点添加模糊效果，最终效果如图 4-1 所示。

微课视频   扩展阅读

制作美好生活公众号   制作珠宝网站详情页
封面次图   主图

图 4-1

效果所在位置

Ch04/效果/制作美好生活公众号封面次图.psd。

（1）按 Ctrl+O 组合键，打开云盘中"Ch04 > 素材 > 制作美好生活公众号封面次图 > 01"文件，如图 4-2 所示。按 Ctrl+O 组合键，打开云盘中"Ch04 > 素材 > 制作美好生活公众号封面次图 > 02"文件，按 Ctrl+A 组合键，全选图像，如图 4-3 所示。

（2）选择"编辑 > 定义画笔预设"命令，弹出"画笔名称"对话框，在"名称"文本框中输入"点.psd"，如图 4-4 所示，单击"确定"按钮，将点图像定义为画笔。

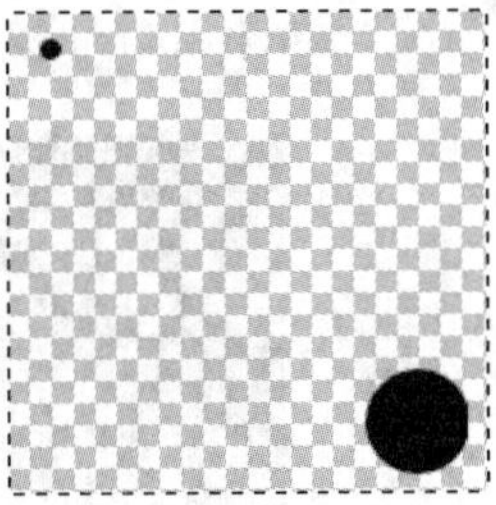

图 4-2   图 4-3

（3）在"01"图像窗口中，单击"图层"控制面板下方的"创建新图层"按钮 □，生成新的图层，将其命名为"装饰点 1"。将前景色设为白色。选择"画笔"工具 ✎，在属性栏中单击"画笔预设"选项，在弹出的画笔选择面板中选择刚定义好的点形状画笔，如图 4-5 所示。

（4）在属性栏中单击"切换画笔设置面板"按钮 ☑，弹出"画笔设置"控制面板，选择"形状动态"复选框，切换到相应的面板中进行设置，如图 4-6 所示；选择"散布"选项，切换到相应的面板中进行设置，如图 4-7 所示；选择"传递"选项，切换到相应的面板中进行设置，如图 4-8 所示。

图 4-4

图 4-5

图 4-6

图 4-7

图 4-8

（5）在图像窗口中拖曳鼠标绘制装饰点，效果如图 4-9 所示。选择"橡皮擦"工具 ，在属性栏中单击"画笔预设"选项，在弹出的画笔选择面板中选择需要的形状，如图 4-10 所示。在图像窗口中拖曳鼠标擦除不需要的小圆点，效果如图 4-11 所示。

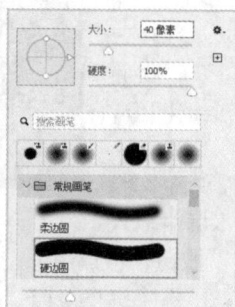

图 4-9   图 4-10   图 4-11

（6）选择"滤镜 > 模糊 > 高斯模糊"命令，在弹出的对话框中进行设置，如图 4-12 所示，单击"确定"按钮，效果如图 4-13 所示。用相同的方法绘制"装饰点 2"，效果如图 4-14 所示。美好生活公众号封面次图制作完成。

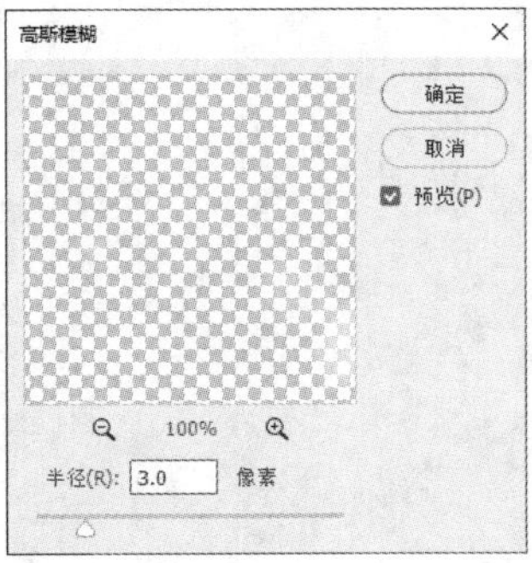

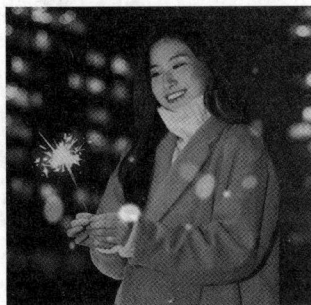

图 4-12   图 4-13    图 4-14

4.1.2 "画笔"工具

选择"画笔"工具 ，或按 Shift+B 组合键切换到该工具，其属性栏状态如图 4-15 所示。

图 4-15

：用于选择和设置预设的画笔。模式：用于选择绘画颜色与下面现有像素的混合模式。不透明度：用于设置画笔颜色的不透明度。 ：用于对不透明度使用压力。流量：用于设置喷笔压力，压力越大，喷色越浓。 ：用于启用喷枪模式绘制效果。平滑：用于设置画笔边缘的平滑度。 ：用于设置其他平滑度选项。 ：使用压感笔压力，可以覆盖"画笔"面板中"不透明度"和"大小"选项的设置。 ：用于选择和设置绘画的对称选项。

打开一幅图像。选择"画笔"工具 ，在属性栏中设置画笔，如图 4-16 所示，在图像窗口中按住鼠标左键不放，拖曳鼠标可以绘制出图 4-17 所示的效果。

图 4-16    图 4-17

在属性栏中单击"画笔"选项，弹出图 4-18 所示的画笔选择面板，在其中可以选择画笔形状。拖曳"大小"选项下方的滑块或直接输入数值，可以设置画笔的大小。如果选择的画笔是基于样本的，将显示"恢复到原始大小"按钮 ，单击此按钮，可以使画笔恢复到初始大小。

单击画笔选择面板右上方的 按钮，弹出下拉列表，如图 4-19 所示。

新建画笔预设：用于建立新画笔。新建画笔组：用于建立新的画笔组。重命名画笔：用于重新命名画笔。删除画笔：用于删除当前选中的画笔。画笔名称：用于在画笔选择面板中显示画笔名称。画笔描边：用于在画笔选择面板中显示画笔描边。画笔笔尖：用于在画笔选择面板中显示画笔笔尖。显示其他预设信息：用于在画笔选择面板中显示其他预设信息。显示搜索栏：用于在画笔选择面板中显示搜索栏。显示近期画笔：用于在画笔选择面板中显示近期使用过的画笔。追加默认画笔：用于追加默认状态的画笔。导入画笔：用于将存储的画笔载入面板。导出选中的画笔：用于将选取的画笔存储导出。获取更多画笔：用于从官网获取更多的画笔形状。转换后的旧版工具预设：用于将转换后的旧版工具预设画笔集恢复为画笔预设列表。旧版画笔：用于将旧版的画笔集恢复为画笔预设列表。

图 4-18　　　　　　　　　　　图 4-19

在画笔选择面板中单击"从此画笔创建新的预设"按钮 ⊡，弹出图 4-20 所示的"新建画笔"对话框。单击属性栏中的"切换画笔设置面板"按钮 ，弹出图 4-21 所示的"画笔设置"控制面板。

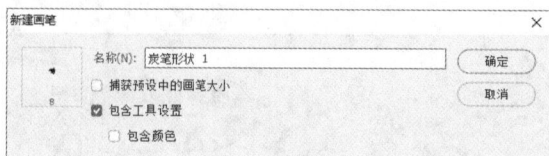

图 4-20　　　　　　　　　　　图 4-21

4.1.3　"铅笔"工具

选择"铅笔"工具 ，或按 Shift+B 组合键切换到该工具，其属性栏状态如图 4-22 所示。

图 4-22

自动抹除：用于自动判断绘画时的起始点颜色，如果起始点颜色为背景色，则"铅笔"工具将以前景色绘制；反之，如果起始点颜色为前景色，"铅笔"工具会以背景色绘制。

选择"铅笔"工具 ，在属性栏中选择笔触大小，勾选"自动抹除"复选框，如图 4-23 所示，此时绘制效果与单击的起始点颜色有关，当单击的起始点颜色与前景色相同时，"铅笔"工具 将行使"橡皮擦"工具 的功能，以背景色绘图；如果单击的起始点颜色不是前景色，绘图时仍然会使用前景色绘制。

打开一幅图像，将前景色和背景色分别设置为黄色和橙色，在图像窗口中单击，画出一个黄色图形，在黄色图形上单击，绘制下一个图形，用相同的方法继续绘制，效果如图 4-24 所示。

图 4-23

图 4-24

4.2 "历史记录画笔"工具和"历史记录艺术画笔"工具

"历史记录画笔"工具主要用于将图像恢复到某一历史状态，以形成特殊的图像效果。

4.2.1 课堂案例——制作浮雕画

案例学习目标

学习使用图层样式和"历史记录艺术画笔"工具制作浮雕画。

案例知识要点

使用"历史记录艺术画笔"工具制作涂抹效果，使用"色相/饱和度"命令和"颜色叠加"命令调整图像颜色，使用"去色"命令将图像去色，使用"浮雕效果"命令为图像添加浮雕效果，最终效果如图 4-25 所示。

微课视频

扩展阅读

制作浮雕画

制作浮雕画公众号
封面首图

图 4-25

效果所在位置

Ch04/效果/制作浮雕画.psd。

（1）按 Ctrl+O 组合键，打开云盘中的"Ch04 > 素材 > 制作浮雕画 > 01"文件，如图 4-26 所示。新建图层并将其命名为"黑色块"。将前景色设为黑色。按 Alt+Delete 组合键，用前景色填充图层。在"图层"控制面板上方，将该图层的"不透明度"选项设为 80%，如图 4-27 所示，按 Enter 键确认操作，图像效果如图 4-28 所示。

图 4-26

图 4-27

图 4-28

（2）新建图层并将其命名为"油画"。选择"历史记录艺术画笔"工具 ，在属性栏中将"不透明度"选项设为 85%，单击"画笔"选项，弹出画笔选择面板，将"大小"选项设为 15 像素，属性栏的设置如图 4-29 所示。在图像窗口中拖曳鼠标绘制图形，直到绘制的图形铺满图像窗口，效果如图 4-30 所示。

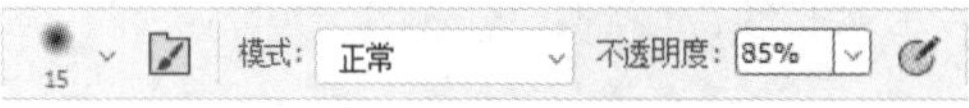

图 4-29

图 4-30

（3）选择"图像 > 调整 > 色相/饱和度"命令，在弹出的对话框中进行设置，如图 4-31 所示，单击"确定"按钮，效果如图 4-32 所示。

图 4-31

图 4-32

（4）将"油画"图层拖曳到"图层"控制面板下方的"创建新图层"按钮 上进行复制，生成新的图层，将其命名为"浮雕"，如图 4-33 所示。选择"图像 > 调整 > 去色"命令，将图像去色，效果如图 4-34 所示。

（5）在"图层"控制面板上方，将"浮雕"图层的混合模式选项设为"叠加"，如图 4-35 所示，图像效果如图 4-36 所示。

图 4-33

图 4-34

图 4-35

图 4-36

（6）选择"滤镜 > 风格化 > 浮雕效果"命令，在弹出的对话框中进行设置，如图 4-37 所示，单击"确定"按钮，效果如图 4-38 所示。

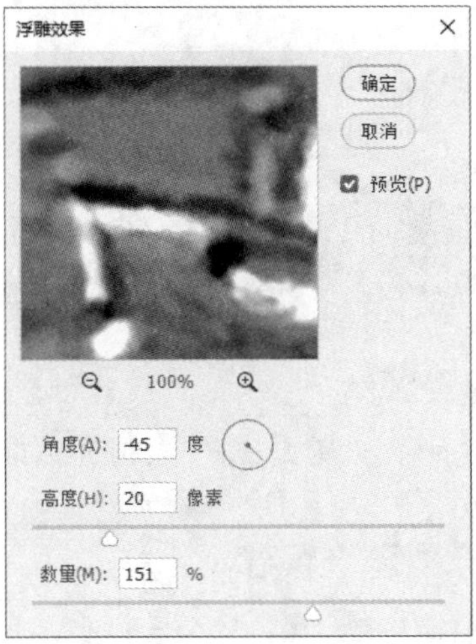

图 4-37

图 4-38

（7）单击"图层"控制面板下方的"添加图层样式"按钮 _fx_ ，在弹出的菜单中选择"颜色叠加"命令。弹出"图层样式"对话框，将叠加颜色设为浅蓝色（222、248、255），其他选项的设置如图 4-39 所示。单击"确定"按钮，图像效果如图 4-40 所示。浮雕画制作完成。

图 4-39　　　　　　　　　　　　　　　图 4-40

4.2.2　"历史记录画笔"工具

"历史记录画笔"工具是与"历史记录"控制面板结合起来使用的，主要用于将图像的部分区域恢复到某一历史状态，以形成特殊的图像效果。

打开一幅图像，如图 4-41 所示。为图像添加滤镜效果，如图 4-42 所示。"历史记录"控制面板如图 4-43 所示。

图 4-41　　　　　　　　　　图 4-42　　　　　　　　　　图 4-43

选择"椭圆选框"工具 ○.，在属性栏中将"羽化"选项设为 50 像素，在图像上绘制椭圆选区，如图 4-44 所示。选择"历史记录画笔"工具 ✎.，在"历史记录"控制面板中单击"打开"步骤左侧的方框，设置历史记录画笔的源，显示出 ✎ 图标，如图 4-45 所示。

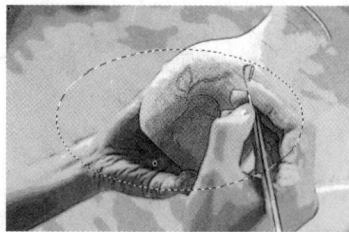
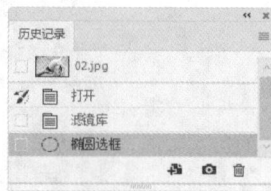

图 4-44　　　　　　　　　　图 4-45

用"历史记录画笔"工具 ✎. 在选区中涂抹，如图 4-46 所示。取消选区后的效果如图 4-47 所示。"历史记录"控制面板如图 4-48 所示。

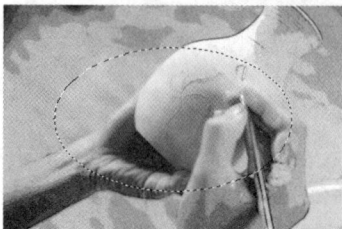
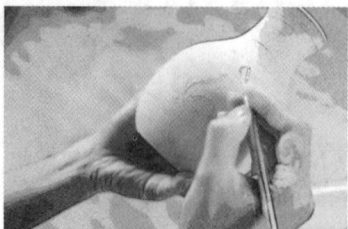

图 4-46　　　　　　　　　　图 4-47　　　　　　　　　　图 4-48

4.2.3 "历史记录艺术画笔"工具

"历史记录艺术画笔"工具和"历史记录画笔"工具的用法基本相同。区别在于使用"历史记录艺术画笔"工具绘图时可以产生艺术效果。

选择"历史记录艺术画笔"工具 ✍，其属性栏如图 4-49 所示。

图 4-49

样式：用于选择一种艺术笔触。区域：用于设置画笔绘制时所覆盖的像素范围。容差：用于设置画笔绘制时的间隔时间。

打开一幅图像，如图 4-50 所示。用颜色填充图像，效果如图 4-51 所示。"历史记录"控制面板如图 4-52 所示。

图 4-50   图 4-51   图 4-52

在"历史记录"控制面板中单击"打开"步骤左侧的方框，设置历史记录画笔的源，显示出 ✍ 图标，如图 4-53 所示。选择"历史记录艺术画笔"工具 ✍，在属性栏中进行设置，如图 4-54 所示。

图 4-53   图 4-54

使用"历史记录艺术画笔"工具 ✍ 在图像上涂抹，效果如图 4-55 所示。"历史记录"控制面板如图 4-56 所示。

图 4-55

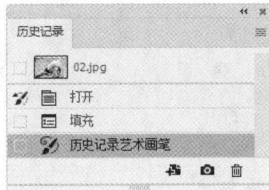

图 4-56

4.3 "渐变"工具和"油漆桶"工具

"渐变"工具可以创建颜色间的渐变效果，"油漆桶"工具可以改变图像的色彩，"吸管"工具可以吸取需要的色彩。

4.3.1 课堂案例——制作应用商店类 UI 图标

案例学习目标

学习使用"渐变"工具和"填充"命令制作 UI 图标。

案例知识要点

使用"路径"控制面板、"渐变"工具和"填充"命令制作 UI 图标，最终效果如图 4-57 所示。

图 4-57

效果所在位置

Ch04\效果\制作应用商店类 UI 图标.psd。

（1）按 Ctrl+O 组合键，打开云盘中的"Ch04 > 素材 > 制作应用商店类 UI 图标 > 01"文件，"路径"控制面板如图 4-58 所示。选中"路径 1"，如图 4-59 所示，图像效果如图 4-60 所示。

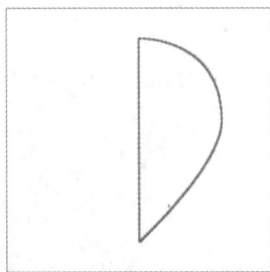

图 4-58　　　　　　　　　图 4-59　　　　　　　　　图 4-60

（2）返回"图层"控制面板中，新建图层并将其命名为"红色渐变"。按 Ctrl+Enter 组合键，将路径转换为选区，如图 4-61 所示。

（3）选择"渐变"工具 ▣，单击属性栏中的"点按可编辑渐变"按钮 ▭▾，弹出"渐变编辑器"对话框，在"位置"选项中分别输入 0、100，分别设置两个位置点颜色的 RGB 值为 0（230、60、0）、100（255、144、102），如图 4-62 所示，单击"确定"按钮。

（4）选中属性栏中的"线性渐变"按钮 ▣，按住 Shift 键的同时，在选区中由左至右拖曳鼠标填充渐变色。按 Ctrl+D 组合键，取消选区，效果如图 4-63 所示。

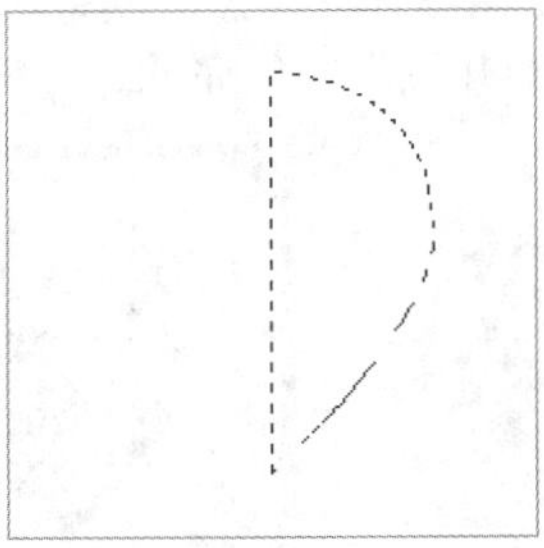

图 4-61 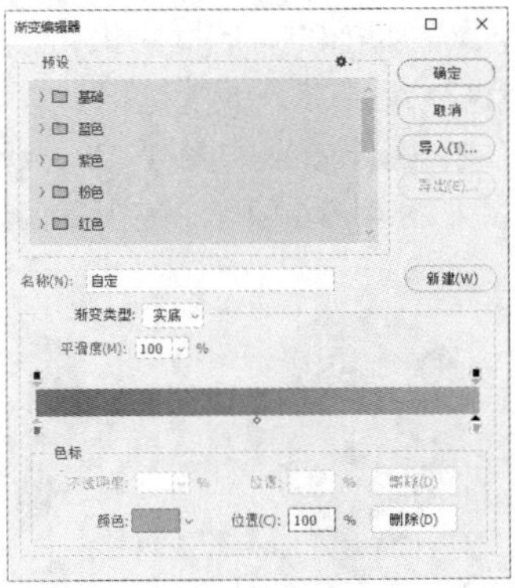　　　　　　　　　　图 4-62 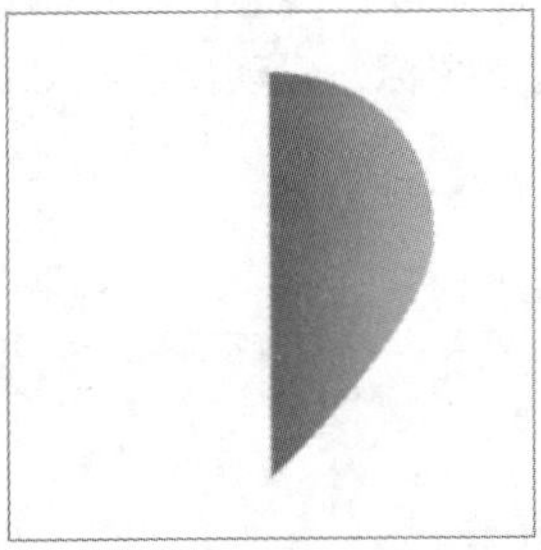　　　　　　　　　　图 4-63

（5）在"路径"控制面板中，选中"路径 2"，图像效果如图 4-64 所示。返回"图层"控制面板中，新建图层并将其命名为"蓝色渐变"。按 Ctrl+Enter 组合键，将路径转换为选区，如图 4-65所示。

（6）选择"渐变"工具 ，单击属性栏中的"点按可编辑渐变"按钮 ，弹出"渐变编辑器"对话框，在"位置"选项中分别输入 47、100 两个位置点，分别设置两个位置点颜色的 RGB 值为47（0、108、183）、100（124、201、255），如图 4-66 所示，单击"确定"按钮。按住 Shift 键的同时，在选区中由右至左拖曳鼠标填充渐变色。按 Ctrl+D 组合键，取消选区，效果如图 4-67 所示。

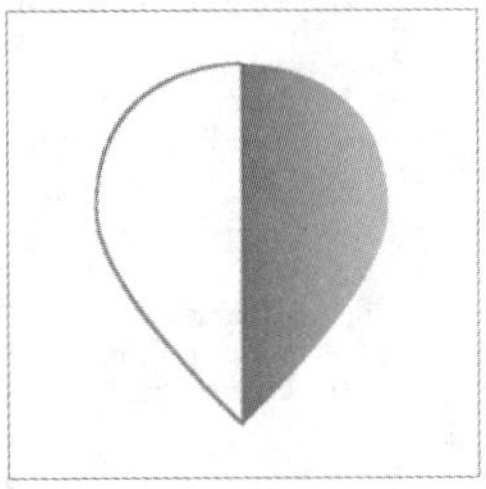

图 4-64 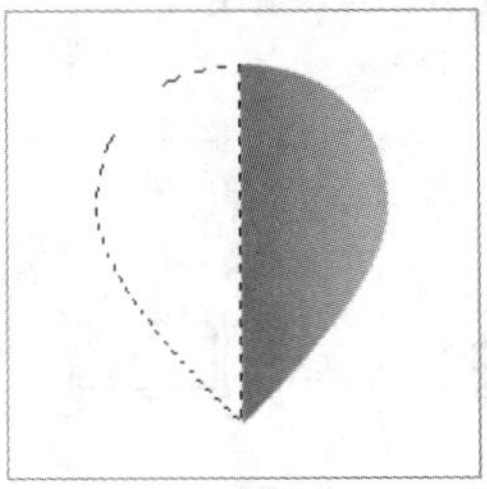　　　　　图 4-65 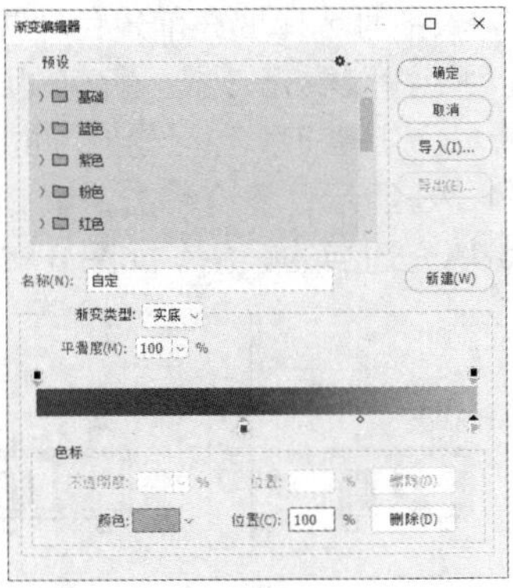　　　　　　　　图 4-66 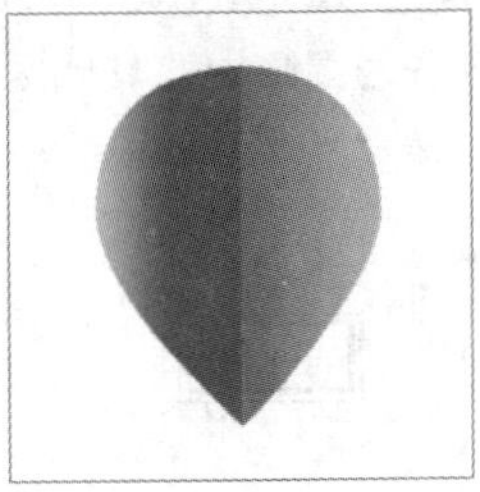　　　　　　　　图 4-67

（7）用相同的方法分别选中"路径 3"和"路径 4"，制作"绿色渐变"和"橙色渐变"，效果如图 4-68 所示。在"路径"控制面板中，选中"路径 5"，图像效果如图 4-69 所示。返回"图层"控制面板，新建图层并将其命名为"白色"。按 Ctrl+Enter 组合键，将路径转换为选区，如图 4-70所示。

图 4-68 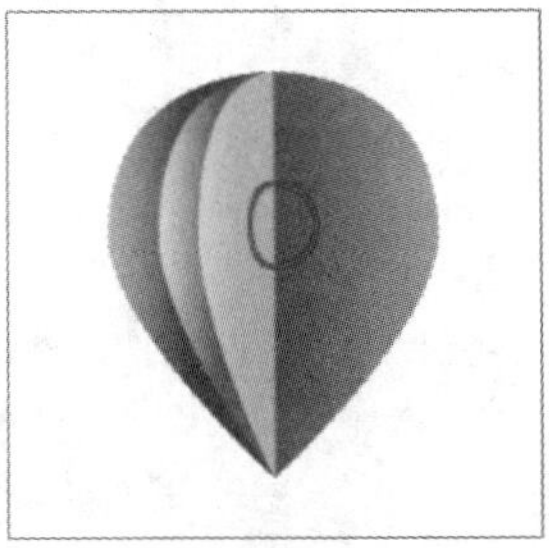　　　　　　　　图 4-69 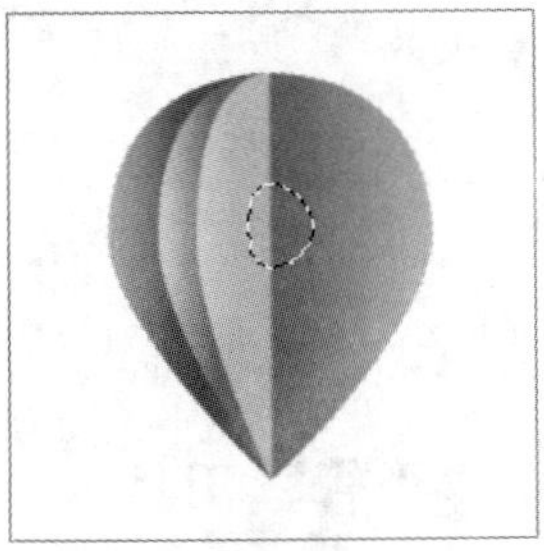　　　　　　　　图 4-70

（8）选择"编辑 > 填充"命令，在弹出的对话框中进行设置，如图 4-71 所示，单击"确定"按钮，效果如图 4-72 所示。按 Ctrl+D 组合键，取消选区。

（9）应用商店类 UI 图标制作完成，图像效果如图 4-73 所示。将图标应用在手机中，会自动应用圆角遮罩图标，呈现出圆角效果，如图 4-74 所示。应用商店类 UI 图标制作完成。

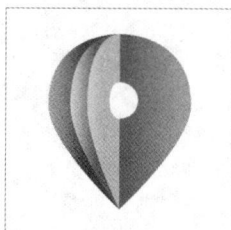

图 4-71 图 4-72 图 4-73 图 4-74

4.3.2 "油漆桶"工具

选择"油漆桶"工具 ，或按 Shift+G 组合键切换到该工具，其属性栏状态如图 4-75 所示。

图 4-75

前景 ：在其下拉列表中可选择填充前景色还是图案。 ：用于选择定义好的图案（仅填充图案时可用）。连续的：用于设置填充方式。所有图层：用于选择是否对所有可见图层进行填充。

原图像如图 4-76 所示。设置前景色。选择"油漆桶"工具 ，在适当的位置单击，如图 4-77 所示，填充颜色，如图 4-78 所示。多次单击，填充其他位置颜色，如图 4-79 所示。使用相同的方法为图像中的其他区域填充适当的颜色，如图 4-80 所示。

图 4-76 图 4-77 图 4-78 图 4-79 图 4-80

在属性栏中设置图案，如图 4-81 所示，用"油漆桶"工具在图像中填充图案，效果如图 4-82 所示。

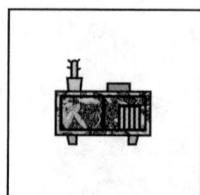

图 4-81 图 4-82

4.3.3 "吸管"工具

选择"吸管"工具 ，或按 Shift+I 组合键切换到该工具，其属性栏状态如图 4-83 所示。

打开一幅图像。选择"吸管"工具 ，在图像中需要的位置单击，当前的前景色将变为吸管吸取的颜色，"信息"控制面板中将显示吸取颜色的信息，效果如图 4-84 所示。

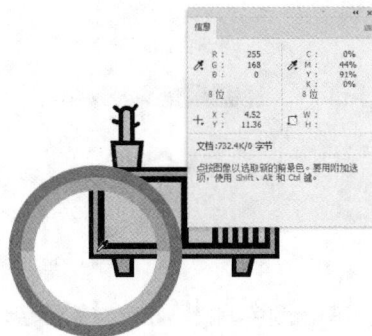

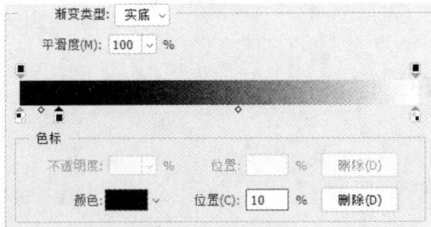
图 4-83　　　　　　　　　　　　　　　　　　　　图 4-84

4.3.4　"渐变"工具

选择"渐变"工具 ，或按 Shift+G 组合键切换到该工具，其属性栏状态如图 4-85 所示。

图 4-85

：用于选择和编辑渐变的色彩。 ：用于选择渐变类型，包括线性渐变、径向渐变、角度渐变、对称渐变、菱形渐变。反向：用于反向产生色彩渐变的效果。仿色：用于使渐变更平滑。透明区域：用于产生不透明度。

单击"点按可编辑渐变"按钮 ，弹出"渐变编辑器"对话框，如图 4-86 所示，可以自定义渐变形式和色彩。

在"渐变编辑器"对话框中，单击颜色编辑框下方的适当位置，可以增加色标，如图 4-87 所示。在下方的"颜色"选项中选择颜色，或双击刚建立的色标，弹出"拾色器（色标颜色）"对话框，如图 4-88 所示，在其中设置颜色，单击"确定"按钮，即可改变色标颜色。在"位置"数值框中输入数值或用鼠标直接拖曳色标，可以调整色标位置。

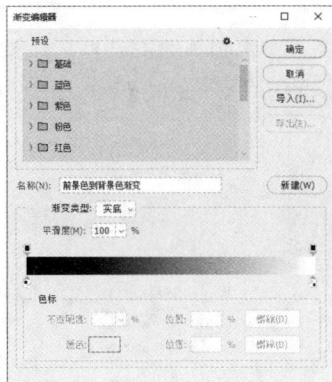

图 4-86

图 4-87　　　　　　　　　　　　　　　　　　图 4-88

选择任意一个色标，如图 4-89 所示，单击对话框下方的 删除(D) 按钮，或按 Delete 键，可以将色标删除，如图 4-90 所示。

图 4-89　　　　　　　　　　　　　　　　　　图 4-90

单击颜色编辑框左上方的黑色色标，如图 4-91 所示，调整"不透明度"选项的数值，可以使开始的颜色到结束的颜色显示为半透明的效果，如图 4-92 所示。

图 4-91　　　　　　　　　　　　　　　　　　图 4-92

单击颜色编辑框的上方，出现新的色标，如图 4-93 所示，调整"不透明度"选项的数值，可以使新色标的颜色向两边的颜色出现过渡式的半透明效果，如图 4-94 所示。

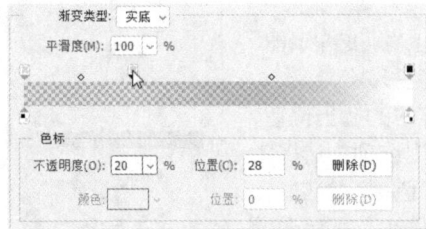

图 4-93

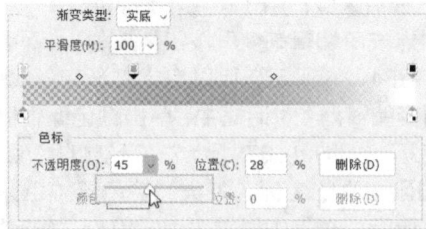

图 4-94

4.4　"填充"命令、"定义图案"命令和"描边"命令

"填充"命令和"定义图案"命令可以为图像添加颜色和定义好的图案效果，"描边"命令可以为图像描边。

4.4.1　课堂案例——制作女装活动页 H5 首页

案例学习目标

学习使用"描边"命令为选区添加描边。

案例知识要点

使用"矩形选框"工具和"描边"命令制作黑色边框，执行载入选区操作和"描边"命令为图像添加描边，使用"移动"工具复制图像并添加文字信息，最终效果如图 4-95 所示。

微课视频 　　　　　扩展阅读

制作女装活动页 H5　　　制作女装活动页
首页　　　　　　　　H5 首页

图 4-95

效果所在位置

Ch04/效果/制作女装活动页 H5 首页.psd。

（1）按 Ctrl+O 组合键，打开云盘中的"Ch04 > 素材 > 制作女装活动页 H5 首页 > 01、02、03"文件。选择"移动"工具 ⊕，将"02""03"图像拖曳到"01"图像窗口中适当的位置并调整大小，图像效果如图 4-96 所示，在"图层"控制面板中分别生成新图层并将其命名为"人物 1"和"人物 2"，如图 4-97 所示。

（2）选择"背景"图层。新建图层并将其命名为"矩形"。将前景色设为白色。选择"矩形选框"工具 ⊡，在图像窗口中拖曳鼠标绘制矩形选区，如图 4-98 所示。按 Alt+Delete 组合键，用前景色填充选区。选择"人物 1"图层，按 Alt+Ctrl+G 组合键，为图层创建剪切蒙版，效果如图 4-99 所示。

图 4-96 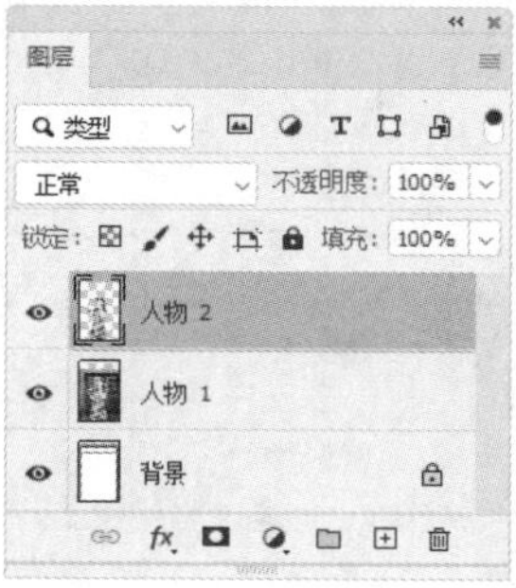　　　　　图 4-97 　　　　　图 4-98 　　　　　图 4-99

（3）新建图层并将其命名为"黑色边框"。选择"编辑 > 描边"命令，在弹出的对话框中进行设置，如图 4-100 所示，单击"确定"按钮，为选区添加描边。按 Ctrl+D 组合键，取消选区，效果如图 4-101 所示。

（4）选择"人物 2"图层。单击"图层"控制面板下方的"创建新的填充或调整图层"按钮 ◔，在弹出的菜单中选择"色相/饱和度"命令。在"图层"控制面板中生成"色相/饱和度 1"图层，同时弹出"色相/饱和度"的"属性"面板，如图 4-102 所示，按 Enter 键确定操作，如图 4-103 所示。

| 图 4-100 | 图 4-101 | 图 4-102 | 图 4-103 |

（5）单击"图层"控制面板下方的"创建新的填充或调整图层"按钮 ⊘，在弹出的菜单中选择"色阶"命令。"图层"控制面板中生成"色阶 1"图层，在弹出的"色阶"的"属性"面板中进行设置，如图 4-104 所示，按 Enter 键确定操作，如图 4-105 所示。

（6）选择"黑色边框"图层。选择"横排文字"工具 T.，在图像窗口中输入需要的文字并选取文字。在属性栏中选择合适的字体并设置文字大小，将"文本颜色"选项设为绿色（61、204、138），图像效果如图 4-106 所示。在"图层"控制面板中生成新的文字图层。

（7）单击"图层"控制面板下方的"添加图层样式"按钮 fx，在弹出的菜单中选择"描边"命令，弹出"图层样式"对话框，将描边颜色设为黑色，其他选项的设置如图 4-107 所示。

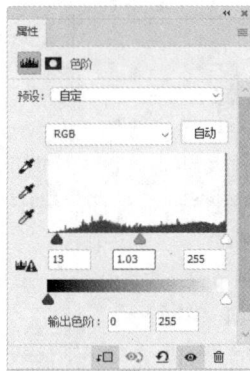

| 图 4-104 | 图 4-105 |

| 图 4-106 | 图 4-107 |

（8）选择"投影"复选框，切换到相应的对话框，选项的设置如图 4-108 所示，单击"确定"按钮，效果如图 4-109 所示。选择最上方的图层。按 Ctrl+O 组合键，打开云盘中的"Ch04 > 素材 > 制作女装活动页 H5 首页 > 04"文件。选择"移动"工具 ⊕，将"04"图像拖曳到图像窗

口中适当的位置，效果如图 4-110 所示，在"图层"控制面板中生成新图层，将其命名为"文字"。
女装活动页 H5 首页制作完成。

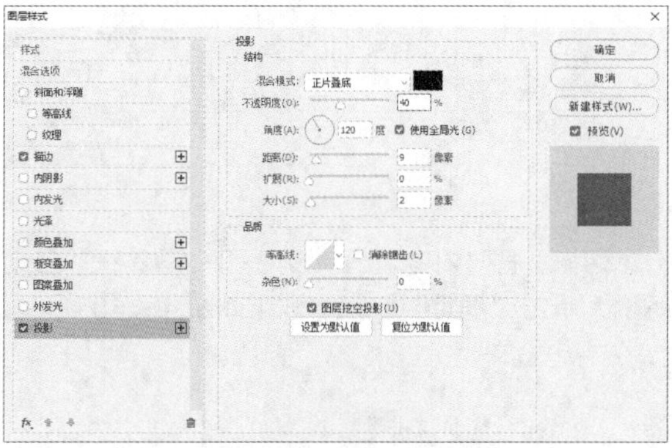

图 4-108 　　　　　　　　　　　　　　　　　图 4-109 　　　　图 4-110

4.4.2　"填充"命令

1．"填充"对话框

选择"编辑 > 填充"命令，弹出"填充"对话框，如图 4-111
所示。

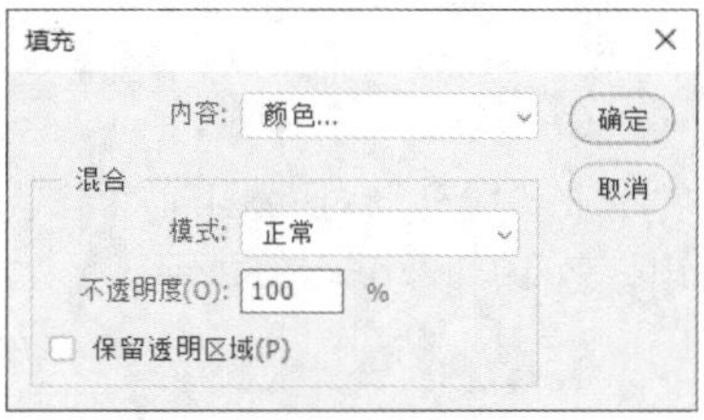

内容：用于选择填充内容，包括前景色、背景色、颜色、内
容识别、图案、历史记录、黑色、50%灰色、白色。混合：用于
设置填充的模式和不透明度。

2．填充颜色

打开一幅图像，在图像窗口中绘制出选区，如图 4-112 所
示。选择"编辑 > 填充"命令，弹出"填充"对话框，设置如图 4-113 所示，单击"确定"按钮，
效果如图 4-114 所示。

图 4-111

图 4-112 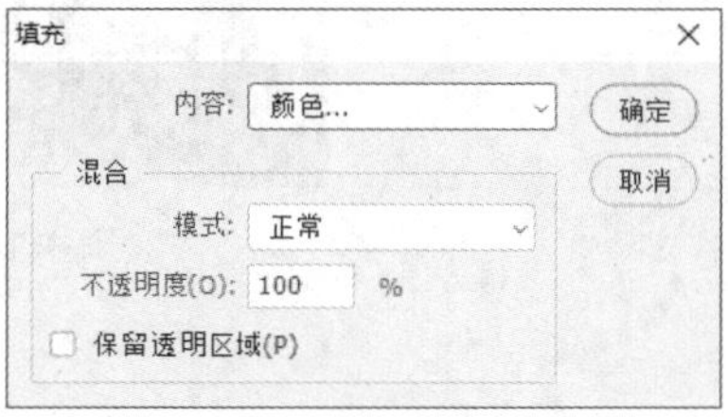　　　　　　　　　　图 4-113 　　　　　　　　　　图 4-114

> **提示**
>
> 按 Alt+Delete 组合键，用前景色填充选区或图层。按 Ctrl+Delete 组合键，用背
> 景色填充选区或图层。按 Delete 键，删除选区中的图像，显示背景色或下面的图像。

4.4.3　"定义图案"命令

打开一幅图像，在图像窗口中绘制出选区，如图 4-115 所示。选择"编辑 > 定义图案"命令，
弹出"图案名称"对话框，如图 4-116 所示，单击"确定"按钮，定义图案。按 Ctrl+D 组合键，
取消选区。

图 4-115　　　　　　　　　　　　　　　图 4-116

选择"编辑 > 填充"命令，弹出"填充"对话框，将"内容"选项设为"图案"，在"自定图案"选项面板中选择新定义的图案，如图 4-117 所示，单击"确定"按钮，效果如图 4-118 所示。

图 4-117　　　　　　　　　　　　　　　图 4-118

在"填充"对话框的"模式"选项中选择不同的填充模式，如图 4-119 所示，单击"确定"按钮，效果如图 4-120 所示。

图 4-119　　　　　　　　　　　　　　　图 4-120

4.4.4　"描边"命令

1. "描边"对话框

选择"编辑 > 描边"命令，弹出"描边"对话框，如图 4-121 所示。

描边：用于设置描边的宽度和颜色。位置：用于设置描边相对于边缘的位置，包括内部、居中和居外 3 个选项。混合：用于设置描边的模式和不透明度。

2. 描边颜色

打开一幅图像，在图像窗口中绘制出选区，如图 4-122 所示。选择"编辑 > 描边"命令，弹出"描边"对话框，设置如图 4-123 所示，单击"确定"按钮，描边选区。取消选区后，效果如图 4-124 所示。

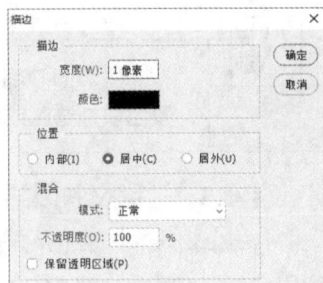

图 4-121

图 4-122 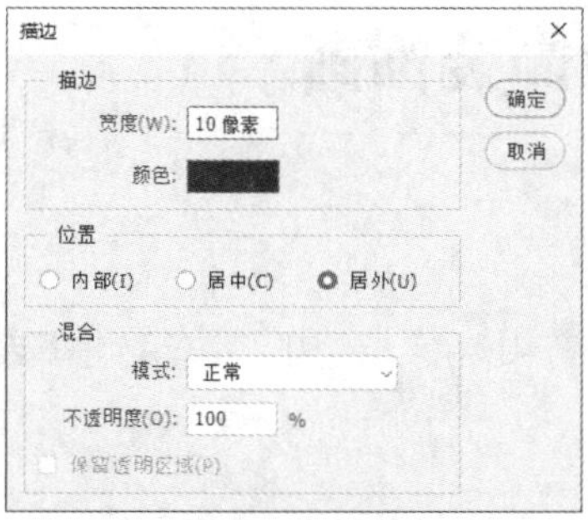　　　　　　　　图 4-123 　　　　　　　　图 4-124

　　在"描边"对话框的"模式"选项中选择需要的模式，如图 4-125 所示，单击"确定"按钮，描边选区。取消选区后，效果如图 4-126 所示。

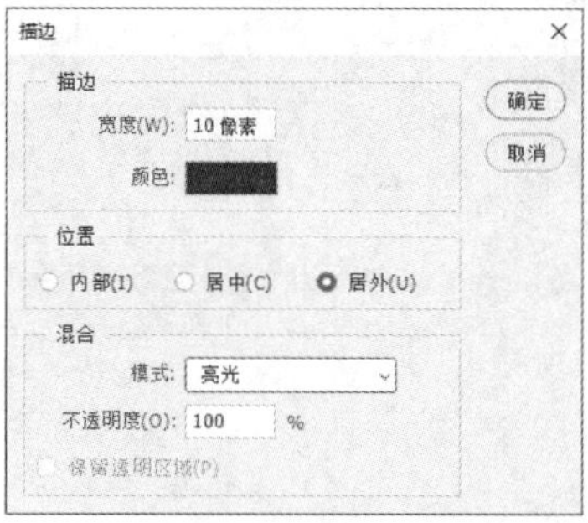

图 4-125 　　　　　　　　图 4-126

课堂练习——制作欢乐假期宣传海报插画

习题知识要点

　　使用"矩形选框"工具调整选区，使用"定义画笔预设"命令储存形状，使用"画笔"工具绘制形状，最终效果如图 4-127 所示。

图 4-127

微课视频

制作欢乐假期宣传
海报插画

效果所在位置

Ch04/效果/制作欢乐假期宣传海报插画.psd。

课后习题——绘制时尚装饰画

习题知识要点

使用"移动"工具调整图像位置和角度，使用"画笔"工具和"钢笔"工具绘制装饰图形，最终效果如图 4-128 所示。

微课视频

绘制时尚装饰画

图 4-128

效果所在位置

Ch04/效果/绘制时尚装饰画.psd。

05

第 5 章
修饰图像

本章介绍

　　本章主要介绍 Photoshop 中修饰图像的方法与技巧。通过本章的学习，学习者可以了解和掌握修饰图像的基本方法与操作技巧，应用相关工具快速地仿制图像、修复污点、消除红眼，以及把有缺陷的图像修复完整。

学习目标

- 熟练掌握修复与修补工具的运用方法。
- 掌握修饰工具的使用技巧。
- 了解擦除工具的使用技巧。

技能目标

- 掌握"人物照片"的修复方法。
- 掌握"为茶具添加水墨画"的方法。
- 掌握"头戴式耳机海报"的制作方法。

素养目标

- 培养勇于尝试和乐于实践的意识。
- 培养善于思考、勤于练习的自主学习意识。
- 培养能够正确表达自己意见的沟通能力。

5.1　修复与修补工具

修复与修补工具用于对图像的细微部分进行修整，是在处理图像时不可缺少的工具。

5.1.1　课堂案例——修复人物照片

案例学习目标

学习使用"仿制图章"工具擦除图像中多余的碎发。

案例知识要点

使用"仿制图章"工具清除照片中多余的碎发，最终效果如图 5-1 所示。

微课视频　　　　扩展阅读

修复人物照片　　修复人物红眼

图 5-1

效果所在位置

Ch05/效果/修复人物照片.psd。

（1）按 Ctrl+O 组合键，打开云盘中的"Ch05 > 素材 > 修复人物照片 > 01"文件，如图 5-2 所示。将"背景"图层拖曳到"图层"控制面板下方的"创建新图层"按钮 ⊞ 上进行复制，生成新的图层"背景 拷贝"，如图 5-3 所示。

（2）选择"缩放"工具 🔍，将图像的局部放大。选择"仿制图章"工具 🔳，在属性栏中单击"画笔"选项，在弹出的画笔选择面板中选择需要的画笔形状，选项的设置如图 5-4 所示。

图 5-2 　　　　　　图 5-3 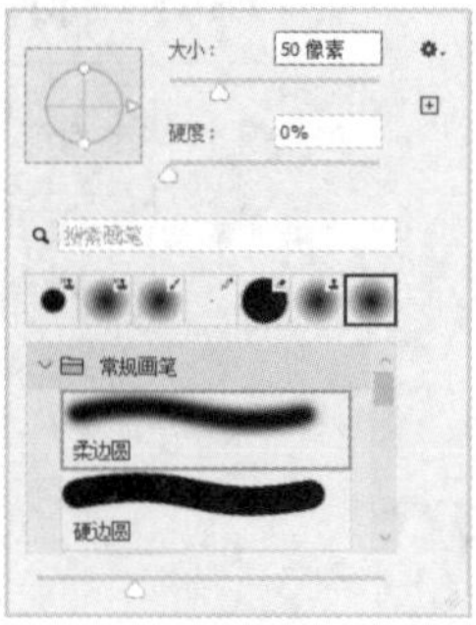　　　　　　图 5-4

（3）将鼠标指针放置到图像需要复制的位置，按住 Alt 键，鼠标指针变为圆形十字图标⊕，如图 5-5 所示。单击定下取样点，在图像窗口中需要清除的位置多次单击鼠标左键，清除图像中多余的碎发，效果如图 5-6 所示。使用相同的方法，清除图像中其他部位多余的碎发，图像效果如图 5-7 所示。人物照片修复完成。

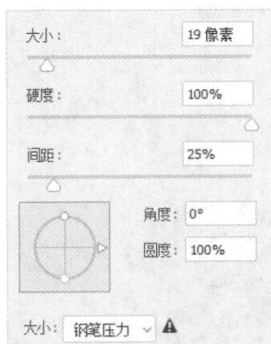

图 5-5　　　　　　　图 5-6　　　　　　　图 5-7

5.1.2 "修复画笔"工具

使用"修复画笔"工具可以将取样点的像素信息非常自然地复制到图像的破损位置，并保持图像的亮度、饱和度、纹理等属性不变，使修复的效果更自然、逼真。

选择"修复画笔"工具 🖊️，或按 Shift+J 组合键切换到该工具，其属性栏状态如图 5-8 所示。

图 5-8

●19：用于选择和设置修复的画笔。单击此选项，在弹出的面板中设置画笔的大小、硬度、间距、角度、圆度和压力大小，如图 5-9 所示。模式：用于选择复制像素或填充图案与底图的混合模式。源：用于设置修复区域的源。选择"取样"按钮后，按住 Alt 键，鼠标指针变为圆形十字图标⊕，单击定下样本的取样点，在图像中要修复的位置单击并按住鼠标左键不放，拖曳鼠标复制出取样点的图像；选择"图案"按钮后，在右侧的选项中选择图案或自定义图案来填充图像。对齐：勾选此复选框，下一次的复制位置会和上次的完全重合，图像不会因为重新复制而出现错位。样本：用于选择样本的取样图层。🖼️：用于在修复时忽略调整层。扩散：用于调整扩散的程度。

打开一幅图像。选择"修复画笔"工具 🖊️，在适当的位置单击确定取样点，如图 5-10 所示，在要修复的区域单击，修复图像，如图 5-11 所示。用相同的方法修复其他图像，效果如图 5-12 所示。

图 5-9　　　　　　图 5-10　　　　　　图 5-11　　　　　　图 5-12

单击属性栏中的"切换仿制源面板"按钮 ▣，弹出"仿制源"控制面板，如图 5-13 所示。

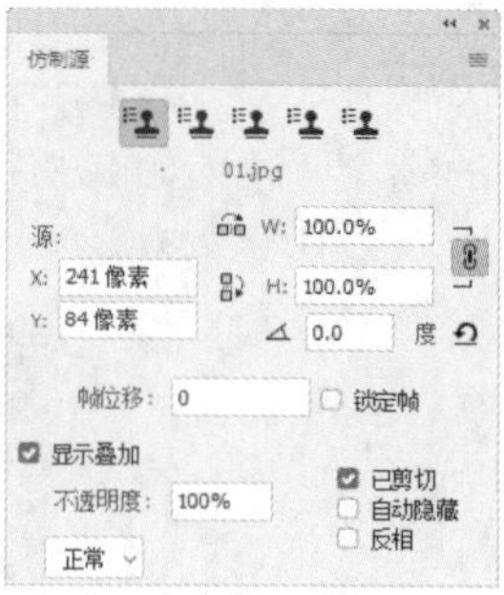

仿制源：激活按钮后，按住 Alt 键的同时，使用"修复画笔"工具在图像中单击可以设置取样点。单击下一个仿制源按钮，还可以继续取样。

源：指定 x 轴和 y 轴的像素位移，可以在相对于取样点的精确位置进行仿制。

W/H：用于缩放所仿制的源。

旋转：在文本框中输入旋转角度，可以旋转仿制的源。

翻转：单击"水平翻转"按钮 ▣ 或"垂直翻转"按钮 ▣，可以水平或垂直翻转仿制源。

复位变换 ↺：将 W、H、角度值和翻转方向恢复到默认的状态。

显示叠加：勾选此复选框并设置了叠加方式后，在使用"修复画笔"工具时，可以更好地查看叠加效果及下面的图像。

图 5-13

不透明度：用来设置叠加图像的不透明度。

已剪切：用于将叠加剪切到画笔大小。

自动隐藏：用于在应用绘画描边时隐藏叠加。

反相：用于反相叠加颜色。

5.1.3 "污点修复画笔"工具

"污点修复画笔"工具的使用方法与"修复画笔"工具相似，使用图像中的样本像素进行绘画，并将样本像素的纹理、光照、透明度和阴影与所修复的像素相匹配。区别在于，"污点修复画笔"工具不需要制定样本点，会自动从所修复区域的周围取样。

选择"污点修复画笔"工具 ⌗，或按 Shift+J 组合键切换到该工具，其属性栏状态如图 5-14 所示。

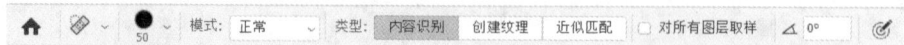

图 5-14

选择"污点修复画笔"工具 ⌗，在属性栏中进行设置，如图 5-15 所示。打开一幅图像，如图 5-16 所示。在要修复的污点图像上拖曳鼠标，如图 5-17 所示，释放鼠标，污点被去除，效果如图 5-18 所示。

图 5-15

图 5-16　　　　　　　　图 5-17　　　　　　　　图 5-18

5.1.4 "修补"工具

选择"修补"工具 ⊛ ，或按 Shift+J 组合键切换到该工具，其属性栏状态如图 5-19 所示。

（属性栏图示）

图 5-19

打开一幅图像。选择"修补"工具 ⊛ ，圈选图像中需要修补的区域，如图 5-20 所示。在属性栏中选中"源"按钮，在选区中单击需要修补的区域，并按住鼠标左键不放，拖曳到需要的位置，如图 5-21 所示。释放鼠标左键，选区中的需要修补的区域被新位置的图像所修补，如图 5-22 所示。按 Ctrl+D 组合键，取消选区，效果如图 5-23 所示。

| 图 5-20 | 图 5-21 | 图 5-22 | 图 5-23 |

选择"修补"工具 ⊛ ，圈选图像中的区域，如图 5-24 所示。在属性栏中选中"目标"按钮，将选区拖曳到要修补的图像区域，如图 5-25 所示。圈选的图像修补了云朵，如图 5-26 所示。按 Ctrl+D 组合键，取消选区，效果如图 5-27 所示。

| 图 5-24 | 图 5-25 | 图 5-26 | 图 5-27 |

选择"修补"工具 ⊛ ，圈选图像中的区域，如图 5-28 所示。在属性栏中的 ▓ 选项中选择需要的图案，如图 5-29 所示。单击"使用图案"按钮，在选区中填充所选图案。按 Ctrl+D 组合键，取消选区，效果如图 5-30 所示。

图 5-28

图 5-29

图 5-30

选择"修补"工具 ⊛ ，圈选图像中的区域，如图 5-31 所示。选择需要的图案，勾选"透明"复选框，如图 5-32 所示。单击"使用图案"按钮，在选区中填充透明图案。按 Ctrl+D 组合键，取消选区，效果如图 5-33 所示。

图 5-31 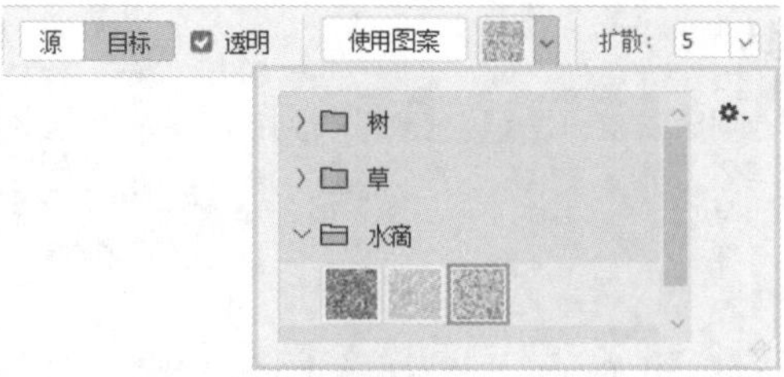　　　　　　　　　　图 5-32 　　　　　　　　　　图 5-33

5.1.5 "内容感知移动"工具

使用"内容感知移动"工具可以将选中的对象移动或扩展到图像的其他区域进行重组和混合，产生出色的视觉效果。

选择"内容感知移动"工具 ✂，或按 Shift+J 组合键切换到该工具，其属性栏状态如图 5-34 所示。

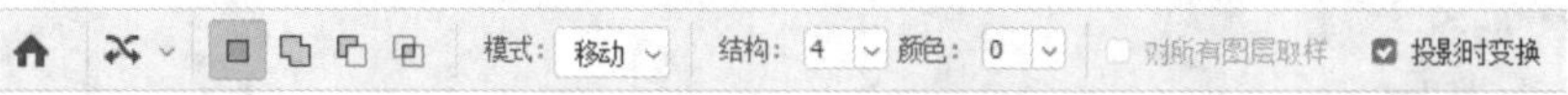

图 5-34

模式：用于选择重新混合的模式。结构：用于设置区域保留的严格程度。颜色：用于调整可修改的源颜色的程度。投影时变换：勾选此复选框，可以在制作混合时变换图像。

打开一幅图像。选择"内容感知移动"工具 ✂，在属性栏中将"模式"选项设为"移动"，在图像窗口中拖曳鼠标绘制选区，如图 5-35 所示。将鼠标指针放置在选区中，向右拖曳鼠标，如图 5-36 所示。释放鼠标左键后，软件自动将选区中的图像移动到新位置，同时出现变换框，可以变换图像，如图 5-37 所示。按 Enter 键确定操作，原位置被周围的图像自动修复，取消选区后，效果如图 5-38 所示。

图 5-35　　　　　　　　　　　　　　　　　　图 5-36

图 5-37　　　　　　　　　　　　　　　　　　图 5-38

打开一幅图像。选择"内容感知移动"工具 ✂，在属性栏中将"模式"选项设为"扩展"，在图像窗口中拖曳鼠标绘制选区，如图 5-39 所示。将鼠标指针放置在选区中，向右拖曳鼠标，如图 5-40 所示。释放鼠标左键后，软件自动将选区中的图像扩展复制并移动到新位置，同时出现变换框，可以变换图像，如图 5-41 所示。按 Enter 键确定操作，取消选区后，效果如图 5-42 所示。

图 5-39　　　　　　　　　　　图 5-40

图 5-41 　　　　　　　　　　　图 5-42

5.1.6 "红眼"工具

使用"红眼"工具可以去除用闪光灯拍摄的人物照片中的红眼和白色、绿色反光。

选择"红眼"工具，或按 Shift+J 组合键切换到该工具，其属性栏状态如图 5-43 所示。

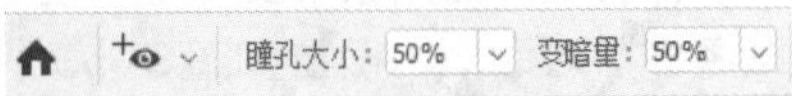

瞳孔大小：用于设置瞳孔的大小。变暗量：用于设置瞳孔的暗度。

图 5-43

打开一张人物照片，如图 5-44 所示。选择"红眼"工具，在属性栏中进行设置，如图 5-45 所示。在照片中瞳孔的位置单击，如图 5-46 所示。去除照片中的红眼，效果如图 5-47 所示。

图 5-44 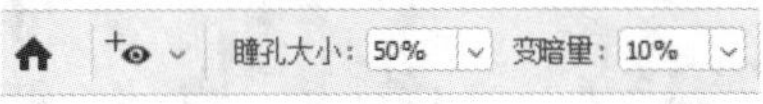　　　　　　　　图 5-45 　　　　　　　　图 5-46 　　　　　　图 5-47

5.1.7 "仿制图章"工具

使用"仿制图章"工具可以以指定的像素点为复制基准点，将其周围的图像复制到其他位置。

选择"仿制图章"工具，或按 Shift+S 组合键切换到该工具，其属性栏状态如图 5-48 所示。

图 5-48

流量：用于设定扩散的速度。对齐：用于控制是否在复制时使用对齐功能。

打开一幅图像。选择"仿制图章"工具 ，将鼠标指针放置在图像中需要复制的位置，按住 Alt 键，鼠标指针变为圆形十字图标 ，如图 5-49 所示。单击确定取样点，释放鼠标。在适当的位置单击并按住鼠标左键不放，拖曳鼠标复制出取样点的图像，效果如图 5-50 所示。

图 5-49　　　　　　　　　　　　图 5-50

5.1.8　"图案图章"工具

选择"图案图章"工具 ，或按 Shift+S 组合键切换到该工具，其属性栏状态如图 5-51 所示。

图 5-51

在要定义为图案的图像上绘制选区，如图 5-52 所示。选择"编辑 > 定义图案"命令，弹出"图案名称"对话框，设置如图 5-53 所示，单击"确定"按钮，定义选区中的图像为图案。

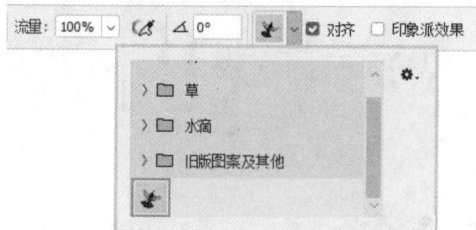

图 5-52　　　　　　　　　　　　图 5-53

选择"图案图章"工具 ，在属性栏中选择定义好的图案，如图 5-54 所示。按 Ctrl+D 组合键，取消选区。在适当的位置单击并按住鼠标左键不放，拖曳鼠标复制出定义好的图案，效果如图 5-55 所示。

图 5-54　　　　　　　　　　　　图 5-55

5.1.9　"颜色替换"工具

使用"颜色替换"工具能够替换图像中的特定颜色，可以使用校正颜色在目标区域上绘画。"颜色替换"工具不适用于"位图""索引"或"多通道"颜色模式的图像。

选择"颜色替换"工具 ，其属性栏状态如图 5-56 所示。

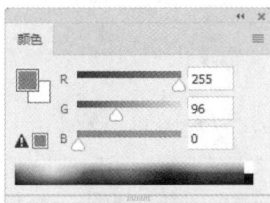

图 5-56

打开一幅图像，如图 5-57 所示。在"颜色"控制面板中设置前景色，如图 5-58 所示。在"色板"控制面板中单击"创建前景色的新色板"按钮 ，弹出对话框，单击"确定"按钮，将设置的前景色存放在"色板"控制面板中，如图 5-59 所示。

图 5-57   图 5-58   图 5-59

选择"颜色替换"工具 ，在属性栏中进行设置，如图 5-60 所示。在图像上需要上色的区域直接涂抹进行上色，效果如图 5-61 所示。

图 5-60   图 5-61

5.2 修饰工具

修饰工具用于对图像进行修饰，使图像产生不同的变化效果。

5.2.1 课堂案例——为茶具添加水墨画

案例学习目标

学习使用修饰工具为茶具添加水墨画。

案例知识要点

使用"钢笔"工具和剪贴蒙版制作图像合成，使用"减淡"工具、"加深"工具和"模糊"工具为茶具添加水墨画，最终效果如图 5-62 所示。

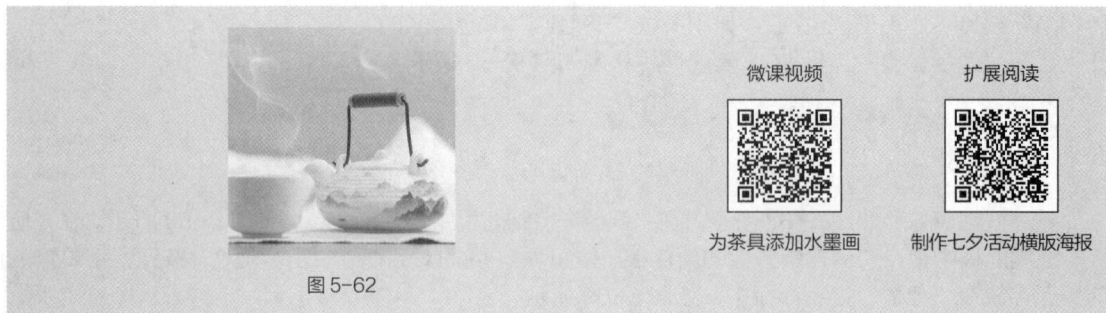

微课视频　　　　　扩展阅读

为茶具添加水墨画　　制作七夕活动横版海报

图 5-62

效果所在位置

Ch05/效果/为茶具添加水墨画.psd。

（1）按 Ctrl+O 组合键，打开云盘中的"Ch05 > 素材 > 为茶具添加水墨画 > 01、02"文件。选择"01"图像窗口，选择"钢笔"工具 ⌀，在属性栏中将"选择工具模式"选项设为"路径"，在图像窗口中沿着茶壶轮廓绘制路径，如图 5-63 所示。

（2）按 Ctrl+Enter 组合键，将路径转换为选区，如图 5-64 所示。按 Ctrl+J 组合键，复制选区中的图像，在"图层"控制面板中生成新的图层，将其命名为"茶壶"，如图 5-65 所示。

图 5-63　　　　　　图 5-64　　　　　　图 5-65

（3）选择"移动"工具 ✛，将"02"图像拖曳到"01"图像窗口中适当的位置，如图 5-66 所示，在"图层"控制面板中生成新的图层，将其命名为"水墨画"。在"图层"控制面板上方，将该图层的混合模式选项设为"正片叠底"，如图 5-67 所示，图像效果如图 5-68 所示。按 Alt+Ctrl+G 组合键，为图层创建剪切蒙版，图像效果如图 5-69 所示。

图 5-66　　　　　　图 5-67　　　　　　图 5-68　　　　　　图 5-69

（4）选择"减淡"工具 🔍，在属性栏中单击"画笔"选项，在弹出的画笔选择面板中选择需要的画笔形状，选项的设置如图 5-70 所示，在图像窗口中进行涂抹弱化水墨画边缘，效果如图 5-71 所示。

（5）选择"加深"工具 ，在属性栏中单击"画笔"选项，在弹出的画笔选择面板中选择需要的画笔形状，选项的设置如图 5-72 所示，在图像窗口中进行涂抹调暗水墨画暗部，图像效果如图 5-73 所示。

| 图 5-70 | 图 5-71 | 图 5-72 | 图 5-73 |

（6）选择"模糊"工具 ，在属性栏中单击"画笔"选项，在弹出的画笔选择面板中选择需要的画笔形状，选项的设置如图 5-74 所示，在图像窗口中拖曳鼠标模糊图像，效果如图 5-75 所示。为茶具添加水墨画制作完成。

| 图 5-74 | 图 5-75 |

5.2.2 "模糊"工具

选择"模糊"工具 ，其属性栏状态如图 5-76 所示。

图 5-76

强度：用于设置压力的大小。对所有图层取样：用于确定"模糊"工具是否对所有可见图层起作用。

选择"模糊"工具 ，在属性栏中进行设置，如图 5-77 所示。在图像窗口中按住鼠标左键不放，拖曳鼠标使图像产生模糊效果。原图像和模糊后的图像效果如图 5-78 所示。

图 5-77

原图　　　　　　　　模糊后

图 5-78

5.2.3　"锐化"工具

选择"锐化"工具 ⚠️，其属性栏状态如图 5-79 所示。

图 5-79

选择"锐化"工具 ⚠️，在属性栏中进行设置，如图 5-80 所示。在图像窗口中按住鼠标左键不放，拖曳鼠标使图像产生锐化效果。原图像和锐化后的图像效果如图 5-81 所示。

图 5-80

原图　　　　　　　　锐化后

图 5-81

5.2.4　"涂抹"工具

选择"涂抹"工具 👆，其属性栏状态如图 5-82 所示。

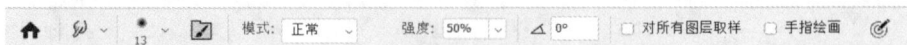

图 5-82

手指绘画：用于设置是否按前景色进行涂抹。

选择"涂抹"工具 👆，在属性栏中进行设置，如图 5-83 所示。在图像窗口中按住鼠标左键不放，拖曳鼠标使图像产生涂抹效果。原图像和涂抹后的图像效果如图 5-84 所示。

图 5-83

原图　　　　　　　　涂抹后

图 5-84

5.2.5 "减淡"工具

选择"减淡"工具 🔍，或按 Shift+O 组合键切换到该工具，其属性栏状态如图 5-85 所示。

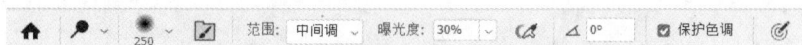

图 5-85

范围：用于设置图像中所要提高亮度的区域。曝光度：用于设置曝光的强度。

选择"减淡"工具 🔍，在属性栏中进行设置，如图 5-86 所示。在图像窗口中按住鼠标左键不放，拖曳鼠标使图像产生减淡效果。原图像和减淡后的图像效果如图 5-87 所示。

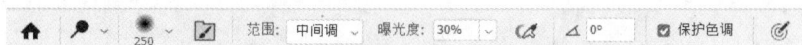

图 5-86

原图　　　　　　　　减淡后

图 5-87

5.2.6 "加深"工具

选择"加深"工具 ✏️，或按 Shift+O 组合键切换到该工具，其属性栏状态如图 5-88 所示。

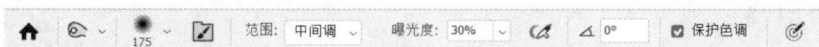

图 5-88

选择"加深"工具 ✏️，在属性栏中进行设置，如图 5-89 所示。在图像窗口中按住鼠标左键不放，拖曳鼠标使图像产生加深效果。原图和加深后的图像效果如图 5-90 所示。

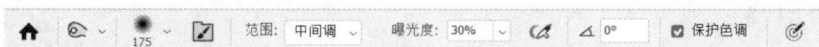

图 5-89

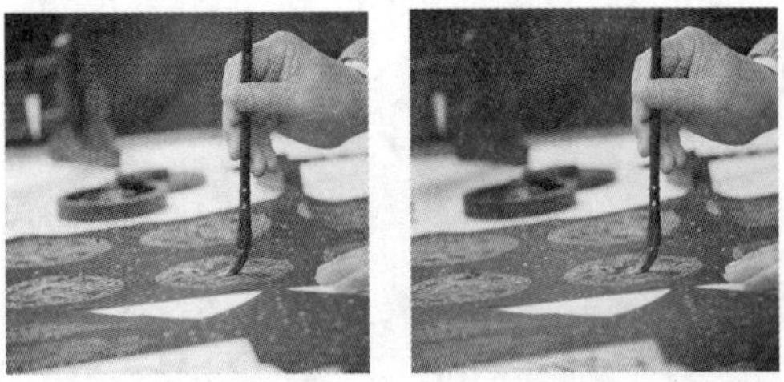

原图　　　　　　　　加深后

图 5-90

5.2.7　"海绵"工具

选择"海绵"工具 ，或按 Shift+O 组合键切换到该工具，其属性栏状态如图 5-91 所示。

图 5-91

选择"海绵"工具 ，在属性栏中进行设置，如图 5-92 所示。在图像窗口中按住鼠标左键不放，拖曳鼠标增加图像的色彩饱和度。原图和调整后的图像效果如图 5-93 所示。

图 5-92

原图　　　　　　　　海绵后

图 5-93

5.3　擦除工具

擦除工具可以擦除指定图像的颜色，还可以擦除颜色相近区域中的图像。

5.3.1　课堂案例——制作头戴式耳机海报

案例学习目标

学习使用擦除工具擦除多余的图像。

案例知识要点

使用"渐变"工具制作背景，使用"移动"工具调整素材位置，使用"橡皮擦"工具擦除不需要的文字，最终效果如图 5-94 所示。

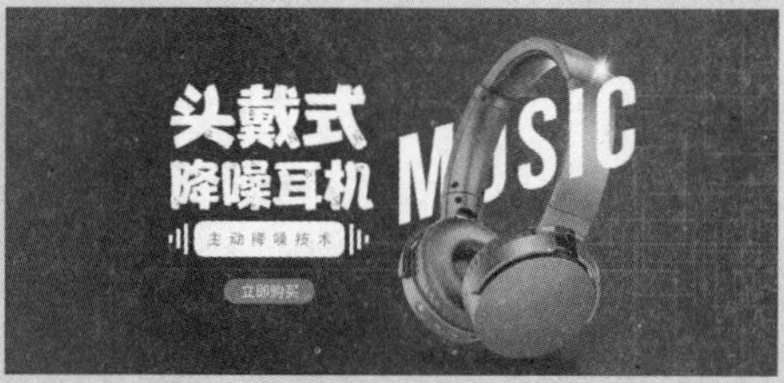

图5-94

微课视频

制作头戴式耳机海报

扩展阅读

制作头戴式耳机海报

效果所在位置

Ch05/效果/制作头戴式耳机海报.psd。

（1）按Ctrl+N组合键，弹出“新建文档”对话框，设置“宽度”为1920像素，“高度”为900像素，“分辨率”为72像素/英寸，“颜色模式”为RGB，“背景内容”为白色，单击“确定”按钮，新建一个文件。

（2）选择“渐变”工具，单击属性栏中的“点按可编辑渐变”按钮，弹出“渐变编辑器”对话框。在“位置”选项中分别输入0、28、74、100四个位置点，并分别设置四个位置点颜色的RGB值为0（164、28、78）、28（54、15、55）、74（41、49、149）、100（12、36、112），其他选项的设置如图5-95所示，单击“确定”按钮。在图像窗口中由左至右拖曳鼠标填充渐变色，效果如图5-96所示。

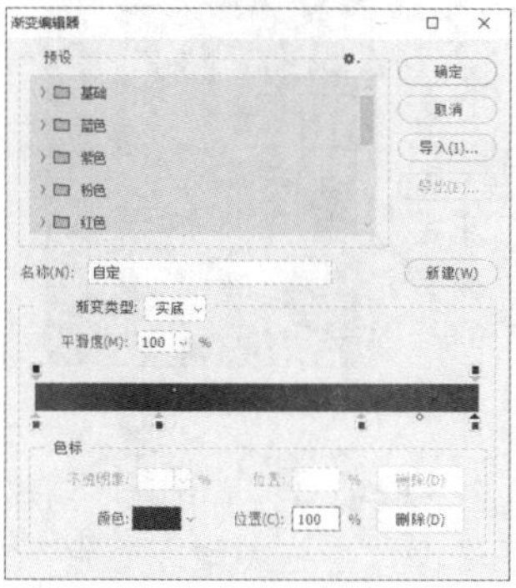

图5-95

图5-96

（3）按Ctrl+O组合键，打开云盘中的“Ch05 > 素材 > 制作头戴式耳机海报 > 01”文件。选择“移动”工具，将“01”图像拖曳到新建的图像窗口中适当的位置，在“图层”控制面板中生成新的图层，将其命名为“音效”。在“图层”控制面板上方，将该图层的混合模式选项设为“叠加”，如图5-97所示，图像效果如图5-98所示。

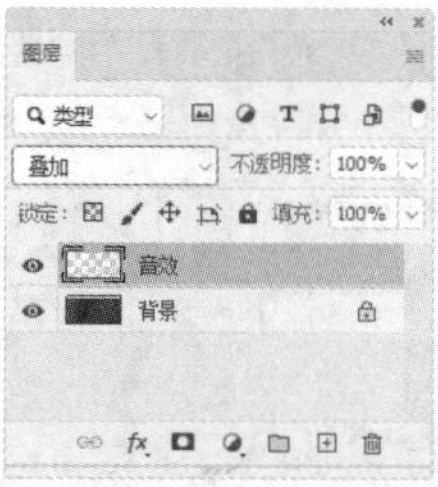

图5-97

图5-98

（4）按 Ctrl+O 组合键，打开云盘中的"Ch05 > 素材 > 制作头戴式耳机海报 > 02"文件。选择"移动"工具 ⊹，将"02"图像拖曳到新建的图像窗口中适当的位置，如图 5-99 所示，在"图层"控制面板中生成新的图层，将其命名为"耳机"。

（5）选择"横排文字"工具 T，在图像窗口中输入需要的文字并选取文字，在属性栏中选择合适的字体并设置文字大小，将"文本颜色"选项设为白色，图像效果如图 5-100 所示。

图 5-99　　　　　　　　　图 5-100

（6）按 Ctrl+T 组合键，文字周围出现变换框，按住 Ctrl 键的同时，拖曳左上角的控制手柄到适当的位置，效果如图 5-101 所示，按 Enter 键确定操作。在"图层"控制面板中的"MUSIC"图层上单击鼠标右键，在弹出的快捷菜单中选择"栅格化文字"命令，将文字图层转换为图像图层，如图 5-102 所示。保持文字图层的选取状态，按住 Ctrl 键的同时，单击"耳机"图层的缩览图，图像周围生成选区，如图 5-103 所示。

图 5-101　　　　　　　　图 5-102　　　　　　　　图 5-103

（7）选择"橡皮擦"工具 ✍，在属性栏中单击"画笔"选项，在弹出的画笔选择面板中选择需要的画笔形状，其他选项的设置如图 5-104 所示。在图像窗口中拖曳鼠标擦除不需要的部分，效果如图 5-105 所示。按 Ctrl+D 组合键，取消选区。

（8）按 Ctrl+O 组合键，打开云盘中的"Ch05 > 素材 > 制作头戴式耳机海报 > 03"文件。选择"移动"工具 ⊹，将"03"图像拖曳到新建的图像窗口中适当的位置，效果如图 5-106 所示，在"图层"控制面板中生成新的图层，将其命名为"文字"。头戴式耳机海报制作完成。

图 5-104　　　　　　　图 5-105　　　　　　　　　　图 5-106

5.3.2 "橡皮擦"工具

选择"橡皮擦"工具 ，或按 Shift+E 组合键切换到该工具，其属性栏状态如图 5-107 所示。

图 5-107

抹到历史记录：用于设定以"历史记录"控制面板中确定的图像状态来擦除图像。

打开一幅图像。选择"橡皮擦"工具 ，在图像窗口中拖曳鼠标，可以擦除图像。当图层为"背景"图层或锁定了透明区域的图层时，擦除的图像显示为背景色，效果如图 5-108 所示。当图层为普通层时，擦除的图像显示为透明，效果如图 5-109 所示。

图 5-108　　　　图 5-109

5.3.3 "背景色橡皮擦"工具

选择"背景色橡皮擦"工具 ，或按 Shift+E 组合键切换到该工具，其属性栏状态如图 5-110 所示。

图 5-110

限制：用于选择擦除界限。容差：用于设定容差值。保护前景色：用于保护前景色不被擦除。

选择"背景色橡皮擦"工具 ，在属性栏中进行设置，如图 5-111 所示。在图像窗口中擦除图像，擦除前后的对比效果如图 5-112 和图 5-113 所示。

图 5-111

图 5-112　　　　图 5-113

5.3.4　"魔术橡皮擦"工具

选择"魔术橡皮擦"工具 ，或按 Shift+E 组合键切换到该工具，其属性栏状态如图 5-114 所示。

连续：用于擦除当前图层中连续的像素。对所有图层取样：用于确认所有图层中待擦除的区域。

选择"魔术橡皮擦"工具 ，属性栏中的选项为默认值，在图像窗口中擦除图像，效果如图 5-115 所示。

图 5-114　　　　　　　　　　　　　　　图 5-115

课堂练习——修复人物生活照

练习知识要点

使用"修复画笔工具"修复人物照片，最终效果如图 5-116 所示。

图 5-116

微课视频

修复人物生活照

效果所在位置

Ch05/效果/修复人物生活照.psd。

课后习题——制作美妆教学类公众号封面首图

习题知识要点

使用"缩放"工具调整图像大小，使用"仿制图章"工具修饰碎发，使用"加深"工具修饰头发和嘴唇，使用"减淡"工具修饰脸部，最终效果如图 5-117 所示。

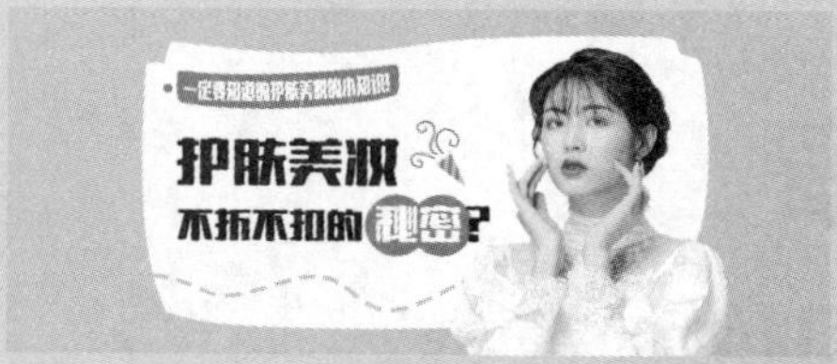

图 5-117

⊙ 效果所在位置

Ch05/效果/制作美妆教学类公众号封面首图.psd。

06

第6章
编辑图像

本章介绍

　　本章主要介绍 Photoshop 中编辑图像的方法，包括应用图像编辑工具，复制和删除图像、裁切图像、变换图像等。通过本章的学习，学习者可以了解并掌握图像的编辑方法和技巧，快速地应用相关命令对图像进行适当的编辑与调整。

学习目标

- 熟练掌握图像编辑工具的使用方法。
- 掌握图像复制和删除的技巧。
- 掌握图像裁切和变换的技巧。

技能目标

- 掌握"室内空间装饰画"的制作方法。
- 掌握"音量调节器"的制作方法。
- 掌握"为产品添加标识"的方法。

素养目标

- 培养能按计划完成任务的执行力。
- 培养能够正确理解他人意见和观点的沟通能力。
- 培养主动探究、积极思考的学习意识。

6.1　图像编辑工具

使用图像编辑工具对图像进行编辑和整理，可以提高编辑和处理图像的效率。

6.1.1　课堂案例——制作室内空间装饰画

案例学习目标

学习使用"注释"工具制作出需要的效果。

案例知识要点

使用曲线和色相/饱和度调整层为图像调色，使用"椭圆"工具和图层样式制作蒙版区域，使用"注释"工具为展示画添加注释，最终效果如图 6-1 所示。

微课视频　　　　扩展阅读

制作室内空间装饰画　　制作山水装饰画

图 6-1

效果所在位置

Ch06/效果/制作室内空间装饰画.psd。

（1）按 Ctrl+O 组合键，打开云盘中的"Ch06 > 素材 > 制作室内空间装饰画 > 01"文件，如图 6-2 所示。将"背景"图层拖曳到"图层"控制面板下方的"创建新图层"按钮 回 上进行复制，生成新的图层"背景 拷贝"，如图 6-3 所示。

图 6-2 　　　　　　　　图 6-3

（2）单击"图层"控制面板下方的"创建新的填充或调整图层"按钮 ，在弹出的菜单中选择"曲线"命令。在"图层"控制面板中生成"曲线 1"图层，同时弹出曲线的"属性"面板，在曲线上单击鼠标添加控制点，将"输入"选项设为 101，"输出"选项设为 119，如图 6-4 所示；再次在曲线上单击鼠标添加控制点，将"输入"选项设为 75，"输出"选项设为 86，如图 6-5 所示，按 Enter 键确定操作，效果如图 6-6 所示。

图 6-4　　　　　图 6-5　　　　　　　　　图 6-6

　　（3）选择"椭圆"工具 ⬭.，将属性栏中的"选择工具模式"选项设为"形状"，"填充"颜色设为白色，按住Shift 键的同时，在图像窗口中绘制圆形，图像效果如图 6-7 所示。

　　（4）单击"图层"控制面板下方的"添加图层样式"按钮 fx，在弹出的菜单中选择"内阴影"命令，在弹出的对话框中进行设置，如图 6-8 所示，单击"确定"按钮，图像效果如图 6-9 所示。

图 6-7

图 6-8　　　　　　　　　　　　　　图 6-9

　　（5）按 Ctrl+O 组合键，打开云盘中的"Ch06 > 素材 > 制作室内空间装饰画 > 02"文件。选择"移动"工具 ✛.，将"02"图像拖曳到"01"图像窗口中适当的位置，如图 6-10 所示，在"图层"控制面板中生成新的图层并将其命名为"画"。按 Alt+Ctrl+G 组合键，创建剪贴蒙版，图像效果如图 6-11 所示。

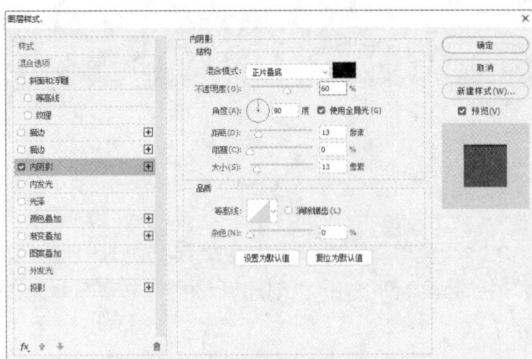

图 6-10　　　　　　　　　　　图 6-11

（6）单击"图层"控制面板下方的"创建新的填充或调整图层"按钮 ，在弹出的菜单中选择"色相/饱和度"命令。"图层"控制面板中生成"色相/饱和度 1"图层，同时在弹出的色相/饱和度的"属性"面板中进行设置，如图 6-12 所示，按 Enter 键确定操作，图像效果如图 6-13 所示。

图 6-12　　　　　　　　　　　　　　　　图 6-13

（7）单击"图层"控制面板下方的"创建新的填充或调整图层"按钮 ，在弹出的菜单中选择"曲线"命令。"图层"控制面板中生成"曲线 2"图层，同时弹出曲线的"属性"面板，在曲线上单击鼠标添加控制点，将"输入"选项设为 63，"输出"选项设为 65，如图 6-14 所示；再次在曲线上单击鼠标添加控制点，将"输入"选项设为 193，"输出"选项设为 221，如图 6-15 所示，按Enter 键确定操作，图像效果如图 6-16 所示。

图 6-14　　　　　　　　　图 6-15　　　　　　　　　　　　图 6-16

（8）按 Ctrl+O 组合键，打开云盘中的"Ch06 > 素材 > 制作室内空间装饰画 > 03"文件。选择"移动"工具 ，将"03"图像拖曳到"01"图像窗口中适当的位置，如图 6-17 所示，"图层"控制面板中生成新的图层，将其命名为"植物"。

（9）选择"注释"工具 ，在图像窗口中单击鼠标，弹出"注释"控制面板，在面板中输入文字，如图 6-18 所示。室内空间装饰画制作完成。

图 6-17　　　　　　　　　　　　　　　　图 6-18

6.1.2　"注释"工具

"注释"工具可以用来为图像增加文字注释。

选择"注释"工具 ，或按 Shift+I 组合键切换到该工具，其属性栏状态如图 6-19 所示。

图 6-19

作者：用于输入作者姓名。颜色：用于设置注释图标的颜色。 清除全部 ：用于清除所有注释。显示或隐藏注释面板 ：用于打开注释选项卡，编辑注释文字。

6.1.3　"标尺"工具

选择"标尺"工具 ，或按 Shift+I 组合键切换到该工具，其属性栏状态如图 6-20 所示。

图 6-20

X/Y：用于设置起始位置坐标。W/H：用于设置在 x 轴和 y 轴上移动的水平和垂直距离。A：用于设置相对于坐标轴偏离的角度。L1：用于设置两点间的距离长度。L2：用于设置绘制角度时另一条测量线的长度。使用测量比例：用于使用测量比例计算标尺工具数据。 拉直图层 ：用于拉直图层使标尺水平。 清除 ：用于清除测量线。

6.2　图像的复制和删除

在 Photoshop 中，可以非常便捷地复制和删除图像。

6.2.1　课堂案例——制作音量调节器

案例学习目标

学习使用"移动"工具移动、复制图像。

案例知识要点

使用选区工具、"移动"工具和"复制"命令制作音量调节器，最终效果如图 6-21 所示。

图 6-21

微课视频
制作音量调节器

扩展阅读
制作 IT 互联网
App 闪屏页

效果所在位置

Ch06/效果/制作音量调节器.psd。

（1）按 Ctrl + O 组合键，打开云盘中的"Ch06 > 素材 > 制作音量调节器 > 01"文件，如图 6-22 所示。新建图层并将其命名为"圆"。选择"椭圆选框"工具 ⊙，按住 Shift 键的同时，在图像窗口中绘制一个圆形选区，如图 6-23 所示。

（2）选择"渐变"工具 ▣，单击属性栏中的"点按可编辑渐变"按钮 ▭，弹出"渐变编辑器"对话框，在"位置"选项中分别输入 0、100 两个位置点，分别设置两个位置点颜色的 RGB 值为 0（196、196、196）、100（255、255、255），其他选项的设置如图 6-24 所示，单击"确定"按钮。选中属性栏中的"径向渐变"按钮 ▣，在选区中从右下角至左上角拖曳鼠标，填充渐变色，效果如图 6-25 所示。按 Ctrl+D 组合键，取消选区。

图 6-22   图 6-23   图 6-24   图 6-25

（3）单击"图层"控制面板下方的"添加图层样式"按钮 fx，在弹出的菜单中选择"投影"命令，在弹出的对话框中进行设置，如图 6-26 所示，单击"确定"按钮，效果如图 6-27 所示。

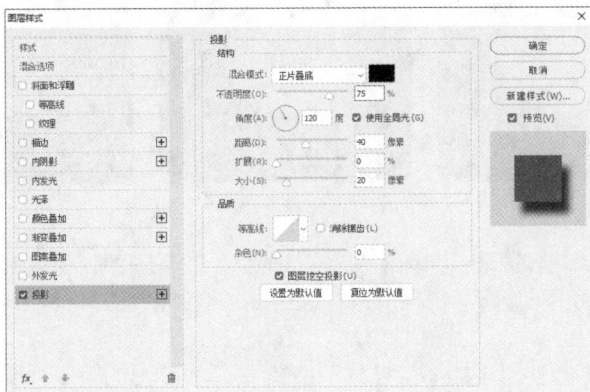

图 6-26   图 6-27

（4）将"圆"图层拖曳到"图层"控制面板下方的"创建新图层"按钮 ▣ 上进行复制，生成新的图层，将其命名为"圆 2"。按 Ctrl+T 组合键，图像周围出现变换框，按住 Alt 键的同时，向内拖曳右上角的控制手柄等比例缩小图像，按 Enter 键确定操作。在"圆 2"图层上单击鼠标右键，在弹出的快捷菜单中选择"删除图层样式"命令，删除图层样式，"图层"控制面板如图 6-28 所示。

（5）将前景色设为灰白色（240、240、240）。按住 Ctrl 键的同时，单击"圆 2"图层的缩览图，图像周围生成选区，如图 6-29 所示。按 Alt+Delete 组合键，用前景色填充选区。按 Ctrl+D 组合键，取消选区，图像效果如图 6-30 所示。

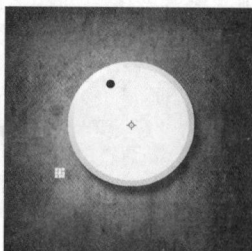

图 6-28　　　　　　　　　　　图 6-29　　　　　　　　　　　图 6-30

（6）新建图层并将其命名为"圆 3"。将前景色设为黑色。选择"椭圆选框"工具 ⊙，按住 Shift 键的同时，在图像窗口中绘制一个圆形选区。按 Alt+Delete 组合键，用前景色填充选区。按 Ctrl+D 组合键，取消选区，效果如图 6-31 所示。

（7）新建图层"图层 1"。将前景色设为白色。选择"椭圆选框"工具 ⊙，按住 Shift 键的同时，在图像窗口中绘制一个圆形选区。按 Alt+Delete 组合键，用前景色填充选区。按 Ctrl+D 组合键，取消选区，效果如图 6-32 所示。按 Ctrl+J 组合键，复制图层，在"图层"控制面板中生成新的图层"图层 1 拷贝"。

（8）按 Alt+Ctrl+T 组合键，在图像周围出现变换框。在属性栏中勾选"切换参考点"复选框，显示中心点。按住 Alt 键的同时，拖曳中心点到适当的位置，如图 6-33 所示。在属性栏中将"旋转"选项设置为 10.8 度，按 Enter 键确定操作。按 Alt+Shift+Ctrl+T 组合键，复制多个图形，效果如图 6-34 所示，在"图层"控制面板中分别生成新的图层。

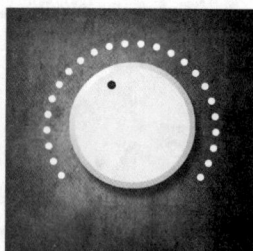

图 6-31　　　　　　　　　图 6-32　　　　　　　　　图 6-33　　　　　　　　　图 6-34

（9）选中"图层 1"，按住 Shift 键的同时，单击"图层 1 拷贝 23"图层，将这两个图层及它们之间的所有图层同时选取，如图 6-35 所示。按 Ctrl+E 组合键，合并图层并将其命名为"点"，如图 6-36 所示。

（10）单击"图层"控制面板下方的"添加图层样式"按钮 _fx_，在弹出的菜单中选择"渐变叠加"命令，弹出对话框，单击"渐变"选项右侧的"点按可编辑渐变"按钮 ▭ ∨，弹出"渐变编辑器"对话框，在"位置"选项中分别输入 0、100 两个位置点，分别设置两个位置点颜色的 RGB 值为 0（230、0、18）、100（255、241、0），如图 6-37 所示。

（11）单击"确定"按钮。返回到"渐变叠加"对话框，其他选项的设置如图 6-38 所示。选择"外发光"选项，切换到相应的对话框，将发光颜色设为黑色，其他选项的设置如图 6-39 所示。

（12）选择"投影"选项，切换到相应的对话框，选项的设置如图 6-40 所示，单击"确定"按钮，图像效果如图 6-41 所示。音量调节器制作完成。

图 6-35　　　　　　　　图 6-36　　　　　　　　图 6-37

图 6-38　　　　　　　　　　　　　　　图 6-39

图 6-40　　　　　　　　　　　　　图 6-41

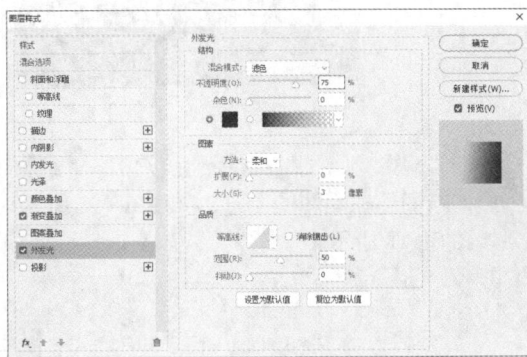

6.2.2　图像的复制

要在操作过程中随时按需要复制图像，就必须掌握复制图像的方法。

打开一幅图像。选择"磁性套索"工具 ，绘制出想要复制的图像区域，如图 6-42 所示。选择"移动"工具 ，将鼠标指针放在选区中，鼠标指针变为 ，如图 6-43 所示。按住 Alt 键的同时，鼠标指针变为 ，如图 6-44 所示。按住鼠标左键不放，拖曳选区中的图像到适当的位置，释放鼠标和 Alt 键，图像复制完成，效果如图 6-45 所示。

在要复制的图像上绘制选区，如图 6-42 所示。选择"编辑 > 拷贝"命令或按 Ctrl+C 组合键，复制选区中的图像。这时屏幕上的图像并没有变化，但系统已将拷贝的图像复制到剪贴板中。

图 6-42

图 6-43

图 6-44

图 6-45

选择"编辑 > 粘贴"命令或按 Ctrl+V 组合键，将剪贴板中的图像粘贴在图像中，形成一个新的图层，新图层在原图的上方，如图 6-46 所示。选择"移动"工具 ⊕ ，可以移动复制出的图像，效果如图 6-47 所示。

图 6-46

图 6-47

在要复制的图像上绘制选区，如图 6-42 所示。按住 Ctrl+J 组合键，复制选区中的图像，"图层"控制面板如图 6-48 所示。选择"移动"工具 ⊕ ，可以移动复制出的图像，效果如图 6-49 所示。

图 6-48

图 6-49

提示　在复制图像前，要选择将要复制的图像区域；如果不选择图像区域，将不能复制图像。

6.2.3 图像的删除

在要删除的图像上绘制选区，如图 6-50 所示。选择"编辑 > 清除"命令，将选区中的图像删除，效果如图 6-51 所示。按 Ctrl+D 组合键，取消选区。

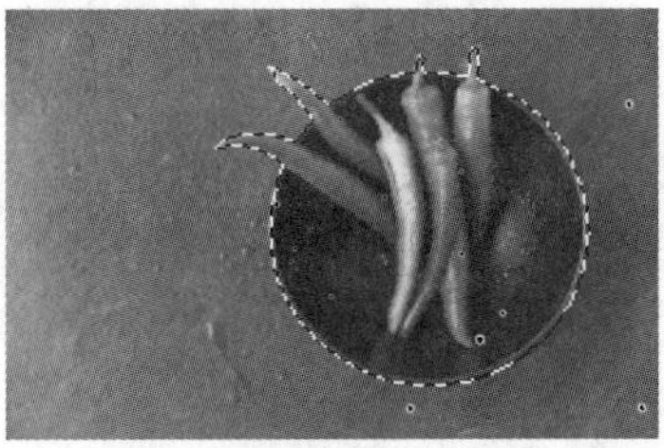

图 6-50

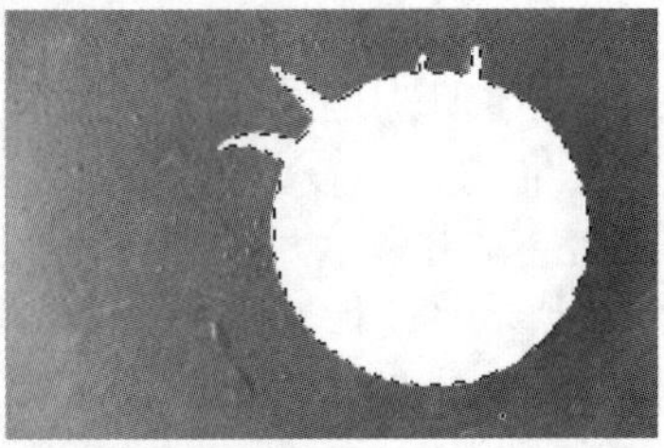

图 6-51

在要删除的图像上绘制选区，按 Delete 键或 Backspace 键，可以将选区中的图像删除，删除后的图像区域由背景色填充。如果在某一图层中，删除后的图像区域将显示下面一层的图像。按 Alt+Delete 组合键或 Alt+Backspace 组合键，也可以将选区中的图像删除，删除后的图像区域由前景色填充。

6.3 图像的裁切和变换

通过图像的裁切和变换，可以设计制作出丰富多变的图像效果。

6.3.1 课堂案例——为产品添加标识

案例学习目标

学习使用合成工具和面板添加标识。

案例知识要点

使用"自定形状"工具、"转换为智能对象"命令和"变换"命令添加标识，使用图层样式制作标识投影，最终效果如图 6-52 所示。

图 6-52

微课视频

为产品添加标识

扩展阅读

制作房屋地产类
公众号信息图

效果所在位置

Ch06/效果/为产品添加标识.psd。

（1）按 Ctrl+N 组合键，弹出"新建文档"对话框，设置宽度为 800 像素，高度为 800 像素，分辨率为 72 像素/英寸，颜色模式为 RGB，背景内容为白色，单击"创建"按钮，新建一个文件。

（2）按 Ctrl+O 组合键，打开云盘中的"Ch06 > 素材 > 为产品添加标识 > 01"文件。选择"移动"工具 ⊹，将 01 图像拖曳到新建的图像窗口中适当的位置并调整大小，如图 6-53 所示，在"图层"控制面板中生成新的图层，将其命名为"产品"。

（3）选择"窗口 > 形状"命令，弹出"形状"控制面板。单击控制面板右上方的 ☰ 图标，弹出其面板菜单，选择"旧版形状及其他"菜单即可添加旧版形状，如图 6-54 所示。

（4）选择"自定形状"工具 ✿，单击属性栏中"形状"选项右侧的按钮 ⌄，弹出"形状"面板，选择"旧版形状及其他 > 所有旧版默认形状 > 旧版默认形状"中需要的图形，如图 6-55 所示。在属性栏的"选择工具模式"选项中选择"形状"，在图像窗口中适当的位置绘制图形，如图 6-56 所示，在"图层"控制面板中生成新的形状图层，将其命名为"标识"。

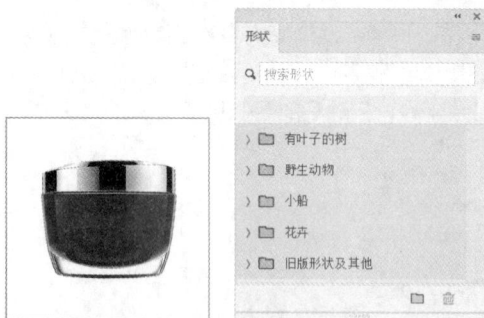

| 图 6-53 | 图 6-54 | 图 6-55 | 图 6-56 |

（5）在"标识"图层上单击鼠标右键，在弹出的快捷菜单中选择"转换为智能对象"命令，将形状图层转换为智能对象图层，如图 6-57 所示。按 Ctrl+T 组合键，图像周围出现变换框，在变换框中单击鼠标右键，在弹出的快捷菜单中选择"变形"命令，拖曳控制手柄调整形状，按 Enter 键确定操作，效果如图 6-58 所示。

（6）双击"标识"图层的图层缩览图，将智能对象在新窗口中打开，如图 6-59 所示。按 Ctrl+O 组合键，打开云盘中的"Ch06 > 素材 > 为产品添加标识 > 02"文件。选择"移动"工具 ⊹，将 02 图像拖曳到标识图像窗口中适当的位置并调整大小，图像效果如图 6-60 所示。

| 图 6-57 | 图 6-58 | 图 6-59 | 图 6-60 |

（7）单击"标识"图层左侧的眼睛图标 👁，隐藏该图层，如图 6-61 所示。按 Ctrl+S 组合键，存储图像，并关闭文件。返回新建的图像窗口中，图像效果如图 6-62 所示。

（8）单击"图层"控制面板下方的"添加图层样式"按钮 fx，在弹出的菜单中选择"投影"命令，弹出相应的对话框，选项的设置如图 6-63 所示，单击"确定"按钮，图像效果如图 6-64 所示。

图 6-61 　　　　　　　　图 6-62

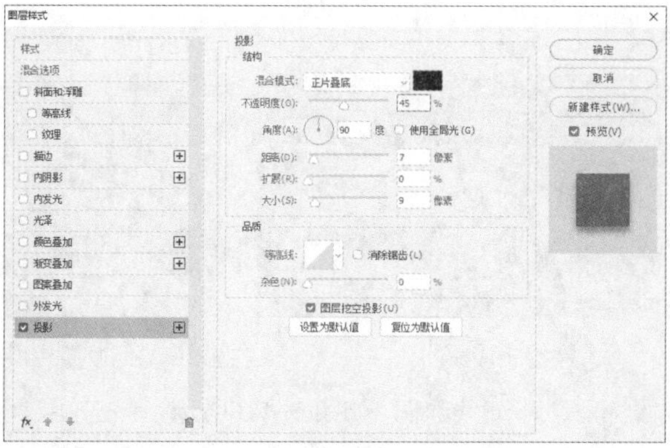

图 6-63 　　　　　　　　　　　　图 6-64

（9）按 Ctrl + O 组合键，打开云盘中的"Ch06 > 素材 > 为产品添加标识 > 03"文件。选择"移动"工具 ⊕，，将"03"图像拖曳到新建的图像窗口中适当的位置，如图 6-65 所示，在"图层"控制面板中生成新图层，将其命名为"边框"，如图 6-66 所示。为产品添加标识制作完成。

图 6-65 　　　　　　　　图 6-66

6.3.2　图像的裁切

在实际的设计制作工作中，经常有一些图像的构图和比例不符合设计要求，这就需要对这些图像进行裁切。下面，就对其进行具体介绍。

1．使用"裁剪"工具裁切图像

打开一幅图像，如图 6-67 所示。选择"裁剪"工具 ，在图像中按住鼠标左键不放，拖曳鼠标到适当的位置，松开鼠标，绘制出矩形裁剪框，如图 6-68 所示。在矩形裁剪框内双击或按 Enter 键，都可以完成图像的裁切，效果如图 6-69 所示。

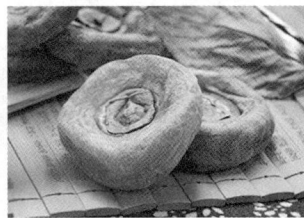

图 6-67　　　　　　　　　图 6-68　　　　　　　　　图 6-69

　　将鼠标指针放在裁剪框的边界上，拖曳鼠标可以调整裁剪框的大小，如图 6-70 所示。拖曳裁剪框上的控制点也可以缩放裁剪框，如图 6-71 所示。将鼠标指针放在裁剪框外，拖曳鼠标，可旋转裁剪框，如图 6-72 所示。

图 6-70　　　　　　　　　图 6-71　　　　　　　　　图 6-72

　　将鼠标指针放在裁剪框内，拖曳鼠标可以移动裁剪框，如图 6-73 所示。单击工具属性栏中的 ✓ 按钮或按 Enter 键，即可裁切图像，如图 6-74 所示。

图 6-73　　　　　　　　图 6-74

2. 使用菜单命令裁切图像

　　选择"矩形选框"工具 ⊡，在图像窗口中绘制出要裁切的图像区域，如图 6-75 所示。选择"图像 > 裁剪"命令，图像按选区进行裁切。按 Ctrl+D 组合键，取消选区，效果如图 6-76 所示。

图 6-75　　　　　　　　图 6-76

3. 使用"透视裁剪"工具裁切图像

　　打开一幅图像。选择"透视裁剪"工具 ⊞，在图像窗口中拖曳鼠标，绘制矩形裁剪框，如图 6-77 所示。

将鼠标指针放置在裁剪框右下角的控制点上，按住 Shift 键的同时，向上拖曳控制节点，如图 6-78 所示。单击属性栏中的 ✔ 按钮或按 Enter 键，即可裁切图像，效果如图 6-79 所示。

图 6-77 　　　　　　　　　　　　图 6-78　　　　　　　　　　　　图 6-79

6.3.3　图像的变换

选择"图像 > 图像旋转"命令，其下拉列表如图 6-80 所示，应用不同的变换命令前后，图像的变换效果对比如图 6-81 所示。

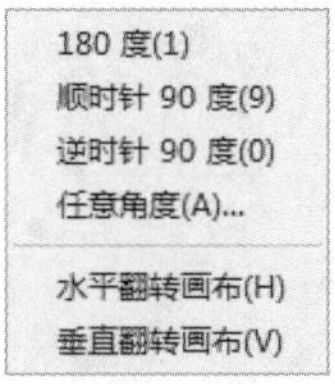

180 度(1)
顺时针 90 度(9)
逆时针 90 度(0)
任意角度(A)…

水平翻转画布(H)
垂直翻转画布(V)

图 6-80

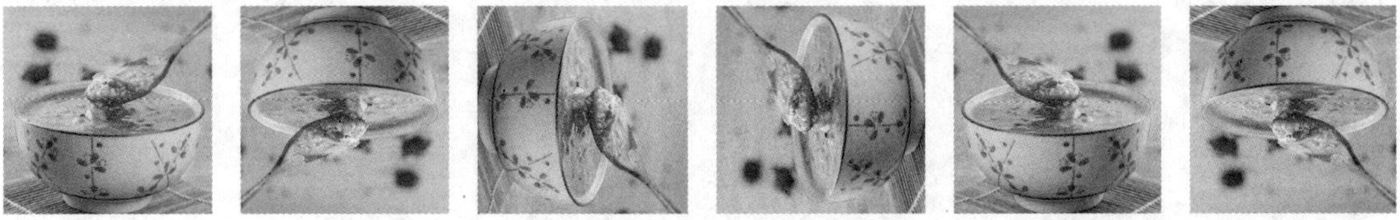

原图　　　　　180 度　　　　　顺时针 90 度　　　逆时针 90 度　　　水平翻转画布　　　垂直翻转画布

图 6-81

选择"任意角度"命令，弹出"旋转画布"对话框，设置如图 6-82 所示，单击"确定"按钮，图像的旋转效果如图 6-83 所示。

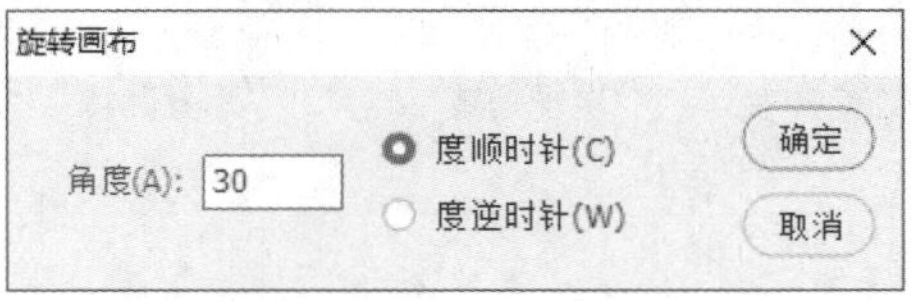

旋转画布　　　　　　　　　　　　　　　×

角度(A)：30　　　● 度顺时针(C)　　确定
　　　　　　　　○ 度逆时针(W)　　取消

图 6-82 　　　　　　　　　　　　图 6-83

6.3.4　图像选区的变换

打开一幅图像。选择"椭圆选框"工具 ⬭，在要变换的图像上绘制选区。选择"编辑 > 变换"命令，其下拉列表如图 6-84 所示，应用不同的变换命令，图像的变换效果对比如图 6-85 所示。

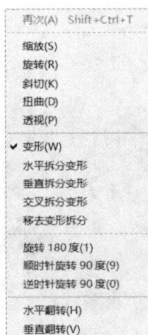

图 6-84

原图	缩放	旋转	斜切	扭曲	透视

变形	水平拆分变形	垂直拆分变形	交叉拆分变形	移去变形拆分	旋转 180 度

顺时针旋转 90 度	逆时针旋转 90 度	水平翻转	垂直翻转

图 6-85

> **提示**
>
> 　　在要变换的图像上绘制选区。按 Ctrl+T 组合键，选区周围出现变换框，拖曳变换框的控制手柄，可以自由缩放图像；按住 Shift 键的同时，可以等比例缩放图像；将鼠标指针放在控制手柄外边，鼠标指针变为旋转图标↰，拖曳鼠标可以旋转图像；按住 Ctrl 键的同时，可以使图像任意变形；按住 Alt 键的同时，可以使图像对称变形；按住 Shift+Ctrl 组合键的同时，可以使图像斜切变形；按住 Alt+Shift+Ctrl 组合键的同时，可以使图像透视变形。

课堂练习——制作旅游公众号首图

练习知识要点

使用"标尺"工具和"拉直图层"按钮校正倾斜照片，使用"色阶"命令调整照片颜色，使用"横排文字"工具添加文字信息，最终效果如图 6-86 所示。

图 6-86

微课视频

制作旅游公众号首图

效果所在位置

Ch06/效果/制作旅游公众号首图.psd。

课后习题——制作房地产类公众号信息图

习题知识要点

使用"裁剪"工具裁切图像，使用"移动"工具移动图像，最终效果如图 6-87 所示。

图 6-87

微课视频

制作房地产类
公众号信息图

效果所在位置

Ch06/效果/制作房地产类公众号信息图.psd。

07

第 7 章
绘制图形与路径

本章介绍

　　本章主要介绍图形的绘制与技巧以及路径的绘制与编辑方法。通过本章的学习，学习者可以应用绘图工具绘制出系统自带的图形，提高图像制作的效率。

学习目标

- 熟练掌握绘制图形的技巧。
- 熟练掌握绘制和编辑路径的方法。
- 了解 3D 图形的创建和 3D 工具的使用技巧。

技能目标

- 掌握"箱包类促销 Banner"的制作方法。
- 掌握"箱包 App 主页 Banner"的制作方法。
- 掌握"食物宣传卡"的制作方法。

素养目标

- 培养兢兢业业和持之以恒的品质。
- 培养能够不断实践和探索专业知识的能力。
- 培养善于观察和独立思考的能力。

7.1 绘制图形

绘图工具不仅可以绘制出标准的几何图形，也可以绘制出自定义的图形，提高工作效率。

7.1.1 课堂案例——制作箱包类促销 Banner

🖉 案例学习目标

学习使用不同的绘图工具绘制各种图形，并使用"移动"和"复制"命令调整图形。

🔒 案例知识要点

使用"圆角矩形"工具绘制箱体，使用"直接选择"工具调整锚点，使用"矩形"工具和"椭圆"工具绘制拉杆和滑轮，使用"多边形"工具和"自定形状"工具绘制装饰图形，使用"路径选择"工具选取和复制图形，最终效果如图 7-1 所示。

图 7-1

◎ 效果所在位置

Ch07/效果/制作箱包类促销 Banner.psd。

（1）按 Ctrl+N 组合键，新建一个文件，设置"宽度"为 900 像素，"高度"为 383 像素，"分辨率"为 72 像素/英寸，"颜色模式"为 RGB，"背景内容"为白色，单击"创建"按钮，新建文档。

（2）按 Ctrl+O 组合键，打开云盘中的"Ch07 > 素材 > 制作箱包类促销 Banner > 01、02"文件。选择"移动"工具 ✛，将"01"和"02"图像分别拖曳到新建的图像窗口中适当的位置，效果如图 7-2 所示，"图层"控制面板中分别生成新的图层，将其命名为"底图"和"文字"。

（3）选择"圆角矩形"工具 ▢，将属性栏中的"选择工具模式"选项设为"形状"，"填充"颜色设为橙黄色（246、212、53），"半径"选项设为 20 像素，在图像窗口中拖曳鼠标绘制圆角矩形，效果如图 7-3 所示，在"图层"控制面板中生成新的形状图层"圆角矩形 1"。

图 7-2

图 7-3

（4）选择"圆角矩形"工具 ▭，在属性栏中将"半径"选项设为 6 像素，在图像窗口中拖曳鼠标绘制圆角矩形。在属性栏中将"填充"颜色设为灰色（122、120、133），效果如图 7-4 所示，在"图层"控制面板中生成新的形状图层"圆角矩形 2"。

（5）选择"路径选择"工具 ▸，选取新绘制的圆角矩形。按住 Alt+Shift 组合键的同时，水平向右拖曳圆角矩形到适当的位置，复制圆角矩形，效果如图 7-5 所示。按 Alt+Ctrl+G 组合键，创建剪贴蒙版，效果如图 7-6 所示。

（6）选择"圆角矩形"工具 ▭，在属性栏中将"半径"选项设置为 10 像素，在图像窗口中拖曳鼠标绘制圆角矩形。在属性栏中将"填充"颜色设为暗黄色（229、191、44），效果如图 7-7 所示，"图层"控制面板中生成新的形状图层"圆角矩形 3"。

（7）选择"路径选择"工具 ▸，选取新绘制的圆角矩形。按住 Alt+Shift 组合键的同时，水平向右拖曳圆角矩形到适当的位置，复制圆角矩形，效果如图 7-8 所示。用相同的方法再复制 2 个圆角矩形，效果如图 7-9 所示。

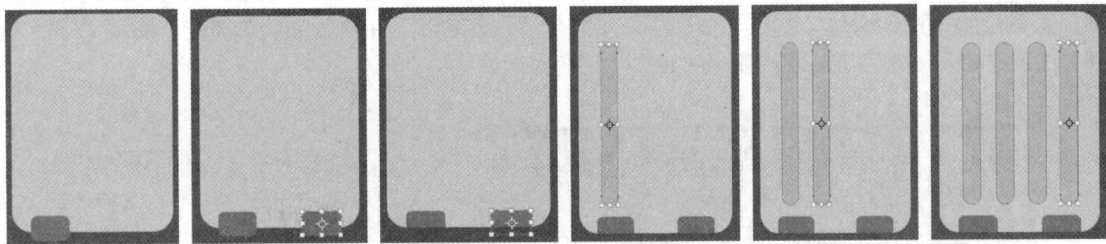

| 图 7-4 | 图 7-5 | 图 7-6 | 图 7-7 | 图 7-8 | 图 7-9 |

（8）选择"矩形"工具 ▭，在图像窗口中拖曳鼠标绘制矩形。在属性栏中将"填充"颜色设为灰色（122、120、133），效果如图 7-10 所示，"图层"控制面板中生成新的形状图层"矩形 1"。

（9）选择"直接选择"工具 ▸，选取左上角的锚点，如图 7-11 所示，按住 Shift 键的同时，水平向右拖曳锚点到适当的位置，效果如图 7-12 所示。用相同的方法调整右上角的锚点，效果如图 7-13 所示。

| 图 7-10 | 图 7-11 | 图 7-12 | 图 7-13 |

（10）选择"矩形"工具 ▭，在图像窗口中拖曳鼠标绘制矩形。在属性栏中将"填充"颜色设为浅灰色（217、218、222），效果如图 7-14 所示，在"图层"控制面板中生成新的形状图层"矩形 2"。

（11）选择"路径选择"工具 ▸，选取新绘制的矩形。按住 Alt+Shift 组合键的同时，水平向右拖曳矩形到适当的位置，复制矩形，效果如图 7-15 所示。

（12）选择"矩形"工具 ▭，在图像窗口中拖曳鼠标绘制矩形。在属性栏中将"填充"颜色设为暗灰色（85、84、88），效果如图 7-16 所示，"图层"控制面板中生成新的形状图层"矩形 3"。

（13）在图像窗口中再次绘制矩形，效果如图 7-17 所示，"图层"控制面板中生成新的形状图层"矩形 4"。选择"路径选择"工具 ▸，选取新绘制的矩形。按住 Alt+Shift 组合键的同时，水平向右拖曳矩形到适当的位置，复制矩形，效果如图 7-18 所示。

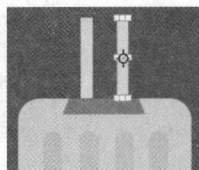

图 7-14   图 7-15   图 7-16   图 7-17   图 7-18

（14）选择"矩形"工具 □，在图像窗口中再次拖曳鼠标绘制矩形，效果如图 7-19 所示，"图层"控制面板中生成新的形状图层"矩形 5"。选择"路径选择"工具 ▶，选取新绘制的矩形。按住 Alt+Shift 组合键的同时，水平向右拖曳矩形到适当的位置，复制矩形，效果如图 7-20 所示。

（15）选择"椭圆"工具 ○，按住 Shift 键的同时，在图像窗口中拖曳鼠标绘制圆形。在属性栏中将"填充"颜色设为深灰色（61、63、70），如图 7-21 所示，"图层"控制面板中生成新的形状图层"椭圆 1"。选择"路径选择"工具 ▶，选取新绘制的圆形。按住 Alt+Shift 组合键的同时，水平向右拖曳圆形到适当的位置，复制圆形，效果如图 7-22 所示。

图 7-19   图 7-20   图 7-21   图 7-22

（16）选择"多边形"工具 ○，在属性栏中将"边"选项设为 6，按住 Shift 键的同时，在图像窗口中拖曳鼠标绘制多边形。在属性栏中将"填充"颜色设为红色（227、93、62），如图 7-23 所示，"图层"控制面板中生成新的形状图层"多边形 1"。

（17）选择"路径选择"工具 ▶，选取新绘制的多边形。按住 Alt+Shift 组合键的同时，水平向左拖曳多边形到适当的位置，复制多边形，效果如图 7-24 所示。

图 7-23   图 7-24

（18）选择"自定形状"工具 ⬡，将属性栏中的"选择工具模式"选项设为"形状"，单击"形状"选项右侧的按钮，弹出形状面板。选择需要的形状，如图 7-25 所示，在图像窗口中拖曳鼠标绘制形状。在属性栏中将"填充"颜色设为红色（227、93、62），效果如图 7-26 所示，"图层"控制面板中生成新的形状图层"形状 1"。

（19）选择"椭圆"工具 ○，按住 Shift 键的同时，在图像窗口中拖曳鼠标绘制圆形。在属性栏中将"填充"颜色设为橙黄色（246、212、53），填充圆形，如图 7-27 所示，"图层"控制面板中生成新的形状图层"椭圆 2"。

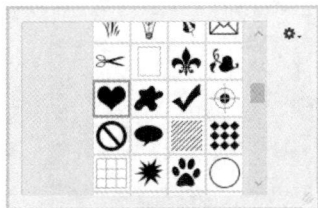

图 7-25   图 7-26   图 7-27

（20）选择"直线"工具 ，在属性栏中将"描边"选项设为 4 像素，按住 Shift 键的同时，在图像窗口中拖曳鼠标绘制直线。在属性栏中将"填充"颜色设为咖啡色（182、167、145），效果如图 7-28 所示，在"图层"控制面板中生成新的形状图层"形状 2"。

（21）用相同的方法再次绘制直线，效果如图 7-29 所示，"图层"控制面板中生成新的形状图层"形状 3"。箱包类促销 Banner 制作完成，效果如图 7-30 所示。

图 7-28   图 7-29   图 7-30

7.1.2 "矩形"工具

选择"矩形"工具 ，或按 Shift+U 组合键切换到该工具，其属性栏状态如图 7-31 所示。

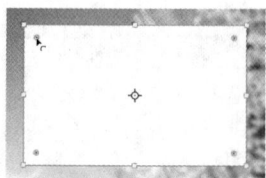

图 7-31

：用于选择工具的模式，包括形状、路径和像素。 ：用于设置矩形的填充颜色、描边颜色、描边宽度和描边类型。 ：用于设置矩形的宽度和高度。 ：用于设置路径的组合方式、对齐方式和排列方式。 ：用于设置所绘制矩形的形状。对齐边缘：用于设置边缘是否对齐。

打开一幅图像，如图 7-32 所示。在属性栏中将"填充"颜色设为白色，在图像窗口中绘制矩形，效果如图 7-33 所示，"图层"控制面板如图 7-34 所示。

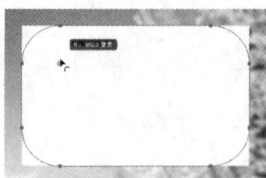

图 7-32   图 7-33   图 7-34

将鼠标指针移动到绘制好的矩形的上、下、左、右 4 个边角控件处，指针变为 形状，如图 7-35 所示，向内拖曳其中任意一个边角控件，如图 7-36 所示，可对矩形角进行变形，松开鼠标，如图 7-37 所示。

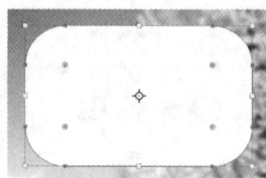

图 7-35   图 7-36   图 7-37

按住 Alt 键的同时，将鼠标指针移动到任意一个边角控件上，向内拖曳边角控件，如图 7-38 所示，使选中的边角单独进行变形，如图 7-39 所示。向外拖曳边角构件，边角变形如图 7-40 所示。

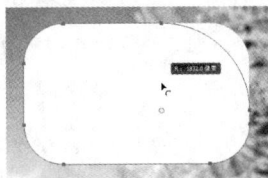 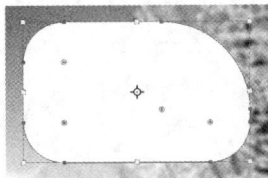 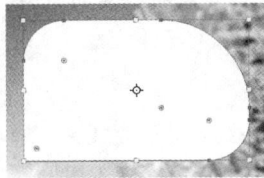

图 7-38　　　　　　　　　　图 7-39　　　　　　　　　　图 7-40

7.1.3 "圆角矩形"工具

选择"圆角矩形"工具 ，或按 Shift+U 组合键切换到该工具，其属性栏状态如图 7-41 所示。其属性栏中的内容与"矩形"工具属性栏类似，只增加了"半径"选项，用于设定圆角矩形的圆角半径，该数值越大圆角越平滑。

图 7-41

打开一幅图像。在属性栏中将"填充"颜色设为白色，"半径"选项设为 40 像素，在图像窗口中绘制圆角矩形，效果如图 7-42 所示，"图层"控制面板如图 7-43 所示。

图 7-42　　　　　　　　　　图 7-43

7.1.4 "椭圆"工具

选择"椭圆"工具 ，或按 Shift+U 组合键切换到该工具，其属性栏状态如图 7-44 所示。

图 7-44

打开一幅图像。在属性栏中将"填充"颜色设为白色，在图像窗口中绘制椭圆形，效果如图 7-45 所示，"图层"控制面板如图 7-46 所示。

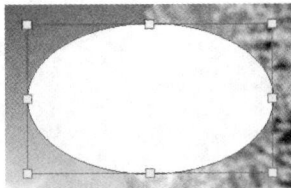

图 7-45　　　　　　　　　　图 7-46

7.1.5 "三角形"工具

选择"三角形"工具 △，或按 Shift+U 组合键切换到该工具，其属性栏状态如图 7-47 所示。

| ♠ | △ ∨ | 形状 ∨ | 填充▪ | 描边 ✎ 1像素 | ∨ | ━━━ | W: 0像素 | ᴄᴏ H: 0像素 | □ | ⋤ | ✚⯇ | ✿ | ⌒5像素 | ☑ 对齐边缘 |

图 7-47

打开一幅图像。在属性栏中将"填充"颜色设为白色，在图像窗口中绘制三角形，效果如图 7-48
所示。将鼠标指针移动到边角控件上，向内拖曳鼠标，效果如图 7-49 所示，"图层"控制面板如
图 7-50 所示。

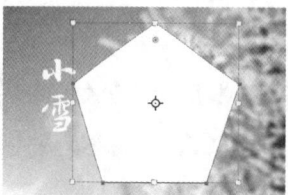
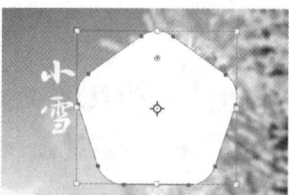

图 7-48　　　　　　　　　图 7-49　　　　　　　　　图 7-50

7.1.6 "多边形"工具

选择"多边形"工具 ◎，或按 Shift+U 组合键切换到该工具，其属性栏状态如图 7-51 所示。
属性栏中的内容与"矩形"工具属性栏类似，只增加了"边数"选项，用于设置多边形的边数。

| ♠ | ⬡ ∨ | 形状 ∨ | 填充▪ | 描边 ✎ 1像素 | ∨ | ━━━ | W: 0像素 | ᴄᴏ H: 0像素 | □ | ⋤ | ✚⯇ | ✿ | ⌗ 3 | ⌒0像素 | ☑ 对齐边缘 |

图 7-51

打开一幅图像。在属性栏中将"填充"颜色设为白色，在图像窗口中绘制多边形，效果如图 7-52
所示。将鼠标指针移动到边角控件上，向内拖曳鼠标，效果如图 7-53 所示，"图层"控制面板如
图 7-54 所示。

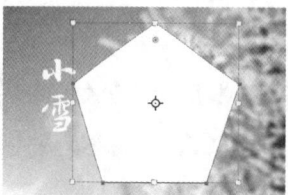

图 7-52　　　　　　　　　图 7-53　　　　　　　　　图 7-54

单击属性栏中的 ✿ 按钮，在弹出的面板中进行设置，在属性栏中将"半径"选项设为 40 像素，
如图 7-55 所示，在图像窗口中绘制星形，如图 7-56 所示。

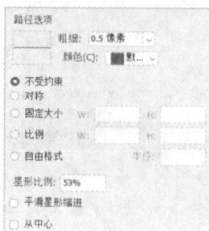

图 7-55　　　　　　　　　图 7-56

7.1.7 "直线"工具

选择"直线"工具 ∕，或按 Shift+U 组合键切换到该工具，其属性栏状态如图 7-57 所示。属性栏中的内容与"矩形"工具属性栏的选项内容类似，只增加了"粗细"选项，用于设置直线的宽度。

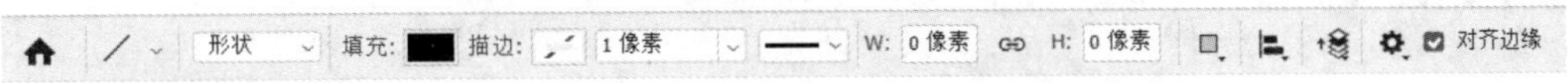

图 7-57

单击属性栏中的 ⚙ 按钮，弹出的面板如图 7-58 所示。

起点：用于选择位于线段始端的箭头。终点：用于选择位于线段末端的箭头。宽度：用于设置箭头宽度和线段宽度的比值。长度：用于设置箭头长度和线段宽度的比值。凹度：用于设置箭头凹凸的形状。

打开一幅图像，如图 7-59 所示。在属性栏中将"填充"颜色设为白色，在图像窗口中绘制不同效果的直线段，如图 7-60 所示，"图层"控制面板如图 7-61 所示。

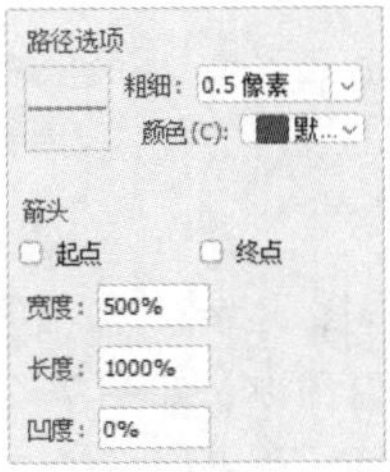

图 7-58　　　　　　　图 7-59　　　　　　　图 7-60 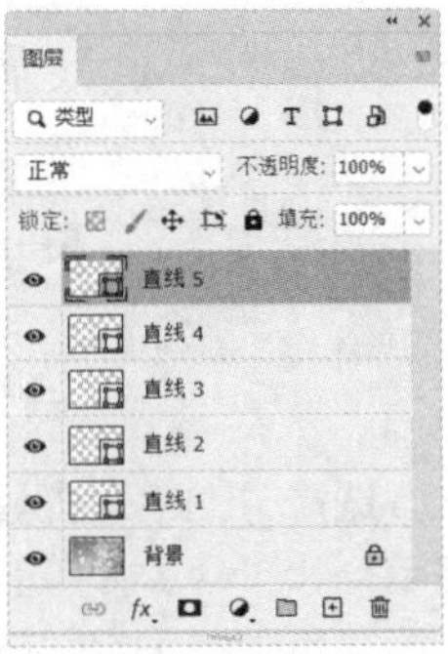　　　　　　　图 7-61

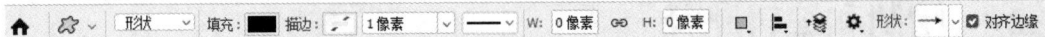

提示：按住 Shift 键的同时，可以绘制水平或垂直的直线段。

7.1.8 "自定形状"工具

选择"自定形状"工具 ⬠，或按 Shift+U 组合键切换到该工具，其属性栏状态如图 7-62 所示。属性栏中的内容与"矩形"工具属性栏类似，只增加了"形状"选项，用于选择所需的形状。

图 7-62

单击"形状"选项，弹出图 7-63 所示的面板，面板中存储了可供选择的各种不规则形状。

选择"窗口 > 形状"命令，弹出"形状"控制面板，如图 7-64 所示。单击"形状"控制面板右上方的 ≡ 图标，弹出其面板菜单，如图 7-65 所示。选择"旧版形状及其他"命令即可添加旧版形状，如图 7-66 所示。

打开一幅图像。选择"旧版形状及其他 > 所有旧版默认形状 > 艺术纹理"中需要的图形，如图 7-67 所示。在图像窗口中绘制形状图形，效果如图 7-68 所示，"图层"控制面板如图 7-69 所示。

图 7-63　　　　　　图 7-64　　　　　　　图 7-65　　　　　　　图 7-66

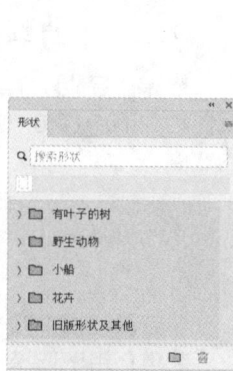

图 7-67　　　　　　　图 7-68　　　　　　　图 7-69

选择"钢笔"工具 ，在图像窗口中绘制并填充路径，如图 7-70 所示。选择"编辑 > 定义自定形状"命令，弹出"形状名称"对话框，在"名称"文本框中输入自定形状的名称，如图 7-71 所示，单击"确定"按钮。在"形状"选项的面板中显示刚才定义的形状，如图 7-72 所示。

图 7-70　　　　　　　　　图 7-71　　　　　　　　　图 7-72

7.2　绘制和编辑路径

路径对 Photoshop 的用户来说是一个非常得力的助手。使用路径可以进行复杂图像的选取，还可以存储选区以备再次使用，更可以绘制线条平滑的优美图形。

7.2.1　课堂案例——制作箱包 App 主页 Banner

案例学习目标

学习使用不同的绘制工具绘制并调整路径。

案例知识要点

使用"钢笔"工具、"添加锚点"工具和"转换点"工具绘制路径，使用选区和路径的转换命令进行转换，使用"移动"工具添加包包和文字，使用"椭圆"工具和"填充"命令制作投影，最终效果如图 7-73 所示。

夏日小清新
爱时尚·爱自己 特价包邮

微课视频　　　　扩展阅读

制作箱包 App　　制作运动产品 App
主页 Banner　　　主页 Banner

图 7-73

效果所在位置

Ch07/效果/制作箱包 App 主页 Banner.psd。

（1）按 Ctrl＋O 组合键，打开云盘中的"Ch07 > 素材 > 制作箱包 App 主页 Banner > 01"文件，如图 7-74 所示。选择"钢笔"工具 ，在属性栏中将"选择工具模式"选项设为"路径"，在图像窗口中沿着实物轮廓绘制路径，如图 7-75 所示。

（2）按住 Ctrl 键，"钢笔"工具 转换为"直接选择"工具 ，如图 7-76 所示。拖曳路径中的锚点来改变路径的弧度，如图 7-77 所示。

图 7-74　　　　　　图 7-75　　　　　　图 7-76　　　　　　图 7-77

（3）将鼠标指针移动到路径上，"钢笔"工具 转换为"添加锚点"工具 ，如图 7-78 所示，在路径上单击鼠标添加锚点，如图 7-79 所示。按住 Ctrl 键，"钢笔"工具 转换为"直接选择"工具 ，拖曳路径中的锚点来改变路径的弧度，如图 7-80 所示。

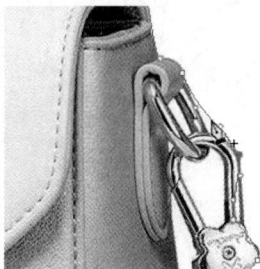
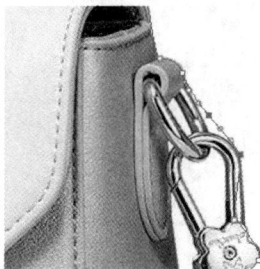

图 7-78　　　　　　图 7-79　　　　　　图 7-80

（4）用相同的方法调整路径，效果如图 7-81 所示。单击属性栏中的"路径操作"按钮 ，在弹出的面板中选择"排除重叠形状"，在适当的位置再次绘制多个路径，如图 7-82 所示。按 Ctrl+Enter 组合键，将路径转换为选区，如图 7-83 所示。

图 7-81　　　　　　　　图 7-82　　　　　　　　图 7-83

（5）按 Ctrl+N 组合键，弹出"新建文档"对话框，设置"宽度"为 750 像素，"高度"为 200 像素，"分辨率"为 72 像素/英寸，"颜色模式"为 RGB，"背景内容"为浅蓝色（232、239、248），单击"确定"按钮，新建一个文件。

（6）选择"移动"工具 ⊕，将选区中的图像拖曳到新建的图像窗口中，图像效果如图 7-84 所示，"图层"控制面板中生成新的图层，将其命名为"包包"。按 Ctrl+T 组合键，在图像周围出现变换框，拖曳鼠标调整图像的大小和位置，按 Enter 键确定操作，图像效果如图 7-85 所示。

图 7-84　　　　　　　　　　　　　　　图 7-85

（7）新建图层并将其命名为"投影"。将前景色设为黑色。选择"椭圆选框"工具 ◯，在属性栏中将"羽化"选项设为 5 像素，在图像窗口中拖曳鼠标绘制椭圆选区。按 Alt+Delete 组合键，用前景色填充选区。按 Ctrl+D 组合键，取消选区，图像效果如图 7-86 所示。在"图层"控制面板中，将"投影"图层拖曳到"包包"图层的下方，图像效果如图 7-87 所示。

（8）选择"包包"图层。按 Ctrl+O 组合键，打开云盘中的"Ch07 > 素材 > 制作箱包 App 主页 Banner > 02"文件。选择"移动"工具 ⊕，将"02"图像拖曳到新建的图像窗口中适当的位置，图像效果如图 7-88 所示，"图层"控制面板中生成新的图层，将其命名为"文字"。箱包 App 主页 Banner 制作完成。

图 7-86　　　　　　图 7-87　　　　　　　　　　图 7-88

7.2.2　"钢笔"工具

选择"钢笔"工具 ⌀，或按 Shift+P 组合键切拖换到该工具，其属性栏状态如图 7-89 所示。

按住 Shift 键创建锚点时，将以 45° 或 45° 的倍数绘制路径。按住 Alt 键，当"钢笔"工具 $\mathscr{O}$. 移到锚点上时，暂时将"钢笔"工具 $\mathscr{O}$.转换为"转换点"工具 N.。按住 Ctrl 键，暂时将"钢笔"工具 $\mathscr{O}$.转换为"直接选择"工具 k.。

图 7-89

绘制直线：新建一个文件。选择"钢笔"工具 $\mathscr{O}$.，在属性栏中的"选择工具模式"下拉列表中选择"路径"选项，"钢笔"工具 $\mathscr{O}$.绘制的是路径。如果选中"形状"选项，绘制出的是形状图层。勾选"自动添加/删除"复选框，可以在选取的路径上自动添加和删除锚点。

在图像中任意位置单击鼠标，创建第 1 个锚点，将鼠标指针移动到其他位置单击，创建第 2 个锚点，两个锚点之间自动以直线进行连接，如图 7-90 所示。再将鼠标指针移动到其他位置单击，创建第 3 个锚点，而系统将在第 2 个和第 3 个锚点之间生成一条新的直线路径，如图 7-91 所示。

将鼠标指针移至第 2 个锚点上，暂时转换成"删除锚点"工具 $\mathscr{O}$.，如图 7-92 所示；在锚点上单击，即可将第 2 个锚点删除，如图 7-93 所示。

图 7-90

图 7-91

图 7-92

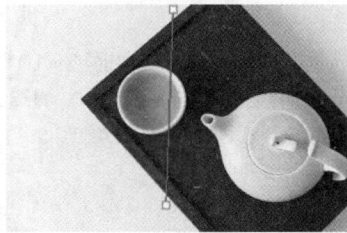

图 7-93

绘制曲线：选择"钢笔"工具 $\mathscr{O}$.，单击建立新的锚点并按住鼠标左键不放，拖曳鼠标，建立曲线路径和曲线锚点，如图 7-94 所示。释放鼠标，按住 Alt 键的同时，单击刚建立的曲线锚点，如图 7-95 所示，将其转换为直线锚点；在其他位置再次单击建立一个新的锚点，在曲线路径后绘制出直线，如图 7-96 所示。

图 7-94

图 7-95

图 7-96

7.2.3　"自由钢笔"工具

选择"自由钢笔"工具 ⌀，其属性栏状态如图 7-97 所示。

图 7-97

在图像上单击鼠标确定最初的锚点，沿图像小心地拖曳鼠标，如图 7-98 所示，闭合路径后，效果如图 7-99 所示。如果在选择时存在误差，只需要使用其他的路径工具对路径进行修改和调整就可以补救。

图 7-98

图 7-99

7.2.4　"弯度钢笔"工具

选择"弯度钢笔"工具 ⌀，其属性栏状态如图 7-100 所示。

图 7-100

在图像上单击建立第 1 个锚点，如图 7-101 所示，在适当的位置再次单击绘制第 2 个锚点，此时两个锚点间显示为直线路径，如图 7-102 所示。再次在适当的位置单击绘制第 3 个锚点，刚绘制的 3 个锚点间则全部以曲线路径连接，如图 7-103 所示。

图 7-101　　　　　　图 7-102 　　　　　　图 7-103

再次在适当的位置双击绘制第 4 个锚点，如图 7-104 所示。再次双击绘制第 5 个锚点，如图 7-105 所示。用相同的方法分别绘制出需要的锚点，如图 7-106 所示。绘制完成后，可以通过调整锚点使曲线路径贴合图形。

提示

选择"弯度钢笔"工具绘制时，单击可绘制出曲线锚点，双击可绘制出直线锚点。

图 7-104    图 7-105    图 7-106

7.2.5 "添加锚点"工具

将"钢笔"工具 ![]移动到建立的路径上，若此处没有锚点，则"钢笔"工具 ![]转换成"添加锚点"工具 ![]，如图 7-107 所示；在路径上单击可以添加一个直线锚点，效果如图 7-108 所示。

将"钢笔"工具 ![]移动到建立的路径上，若此处没有锚点，则"钢笔"工具 ![]转换成"添加锚点"工具 ![]，如图 7-107 所示；若此时按住鼠标左键不放，向上拖曳鼠标，则会建立曲线段和曲线锚点，效果如图 7-109 所示。

图 7-107   图 7-108    图 7-109

7.2.6 "删除锚点"工具

将"钢笔"工具 ![]移动到路径的锚点上，则"钢笔"工具 ![]转换成"删除锚点"工具 ![]，如图 7-110 所示；单击锚点将其删除，效果如图 7-111 所示。

图 7-110   图 7-111

将"钢笔"工具 ![]移动到曲线路径的锚点上，单击锚点也可以将其删除。

7.2.7 "转换点"工具

选择"钢笔"工具 ![]，在图像窗口中绘制三角形路径，当要闭合路径时鼠标指针变为 ![]形状，如图 7-112 所示，单击即可闭合路径，完成三角形路径的绘制，如图 7-113 所示。

选择"转换点"工具 ![]，将鼠标指针放置在三角形左下角的锚点上，如图 7-114 所示；单击锚点并将其向右下方拖曳形成曲线锚点，如图 7-115 所示。用相同的方法将三角形的锚点转换为曲线锚点，绘制完成后，路径的效果如图 7-116 所示。

图 7-112　　　　　　　　　　　　　　　　图 7-113

图 7-114　　　　　　　　　　图 7-115　　　　　　　　　　图 7-116

7.2.8　选区和路径的转换

1. 将选区转换为路径

在图像上绘制选区，如图 7-117 所示。单击"路径"控制面板右上方的 ☰ 图标，在弹出的菜单中选择"建立工作路径"命令，弹出"建立工作路径"对话框，"容差"选项用于设置转换时的误差允许范围，数值越小越精确，路径上的关键点也越多。如果要编辑生成的路径，"容差"选项设置的数值最好为 2，如图 7-118 所示，单击"确定"按钮，将选区转换为路径，效果如图 7-119 所示。

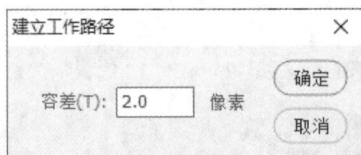

图 7-117　　　　　　　　　　图 7-118　　　　　　　　　　图 7-119

单击"路径"控制面板下方的"从选区生成工作路径"按钮 ◇，也可以将选区转换为路径。

2. 将路径转换为选区

在图像中创建路径，如图 7-120 所示。单击"路径"控制面板右上方的 ☰ 图标，在弹出的菜单中选择"建立选区"命令，弹出"建立选区"对话框，如图 7-121 所示。设置完成后，单击"确定"按钮，将路径转换为选区，效果如图 7-122 所示。

图 7-120　　　　　　　　　　图 7-121　　　　　　　　　　图 7-122

单击“路径”控制面板下方的“将路径作为选区载入”按钮，也可以将路径转换为选区。

7.2.9 课堂案例——制作食物宣传卡

案例学习目标

学习使用不同的绘制工具绘制并调整路径。

案例知识要点

使用“钢笔”工具、“添加锚点”工具、“转换点”工具和“直接选择”工具绘制路径，使用“椭圆选框”工具和“羽化”命令制作阴影，最终效果如图 7-123 所示。

图 7-123

微课视频
制作食物宣传卡

扩展阅读
制作音乐节装饰画

效果所在位置

Ch07/效果/制作食物宣传卡.psd。

（1）按 Ctrl+O 组合键，打开云盘中的“Ch07 > 素材 > 制作食物宣传卡 > 01”文件，如图 7-124 所示。选择“钢笔”工具，在属性栏中将“选择工具模式”选项设为“路径”，在图像窗口中沿着蛋糕轮廓拖曳鼠标绘制路径，如图 7-125 所示。

（2）选择“钢笔”工具，按住 Ctrl 键的同时，“钢笔”工具转换为“直接选择”工具，拖曳路径中的锚点来改变路径的弧度，再次拖曳控制手柄改变线段的弧度，效果如图 7-126 所示。将鼠标指针移动到建立好的路径上，若当前处没有锚点，则“钢笔”工具转换为“添加锚点”工具，如图 7-127 所示，在路径上单击鼠标添加一个锚点。

图 7-124

图 7-125

图 7-126

图 7-127

（3）选择“转换点”工具，按住 Alt 键的同时拖曳控制手柄，可以任意改变控制手柄中的其中一个，如图 7-128 所示。用上述路径工具，将路径调整得更贴近蛋糕的形状，效果如图 7-129 所示。

（4）单击"路径"控制面板下方的"将路径作为选区载入"按钮 ⊙ ，将路径转换为选区，如图 7-130 所示。按 Ctrl+O 组合键，打开云盘中的"Ch07 > 素材 > 制作食物宣传卡 > 02"文件。选择"移动"工具 ✛ ，将"01"图像窗口选区中的图像拖曳到"02"图像窗口中，如图 7-131 所示，在"图层"控制面板中生成新的图层，将其命名为"蛋糕"。

图 7-128　　　　　　图 7-129　　　　　　图 7-130　　　　　　图 7-131

（5）新建图层并将其命名为"投影"。将前景色设为咖啡色（75、34、0）。选择"椭圆选框"工具 ○ ，在图像窗口中拖曳鼠标绘制椭圆选区，如图 7-132 所示。按 Shift+F6 组合键，弹出"羽化选区"对话框，选项的设置如图 7-133 所示，单击"确定"按钮，羽化选区。

（6）按 Alt+Delete 组合键，用前景色填充选区。按 Ctrl+D 组合键，取消选区，效果如图 7-134 所示。在"图层"控制面板中，将"投影"图层拖曳到"蛋糕"图层的下方，效果如图 7-135 所示。

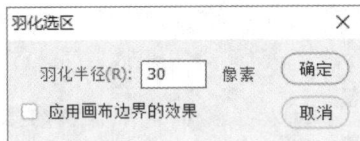

图 7-132　　　　　　　　图 7-133　　　　　　　　图 7-134　　　　　　图 7-135

（7）按住 Shift 键的同时，将"蛋糕"图层和"投影"图层同时选取。按 Ctrl+E 组合键，合并图层，如图 7-136 所示。连续两次将"蛋糕"图层拖曳到"图层"控制面板下方的"创建新图层"按钮 ⊞ 上进行复制，生成新的拷贝图层，如图 7-137 所示。分别选择复制的图层，将其拖曳到适当的位置并调整其大小，图像效果如图 7-138 所示。食物宣传卡制作完成。

图 7-136　　　　　　　　图 7-137　　　　　　　　图 7-138

7.2.10 "路径"控制面板

绘制一条路径。选择"窗口 > 路径"命令，弹出"路径"控制面板，如图 7-139 所示。单击

"路径"控制面板右上方的 ≣ 图标，弹出其面板菜单，如图 7-140 所示。在"路径"控制面板的底部有 7 个按钮，如图 7-141 所示。

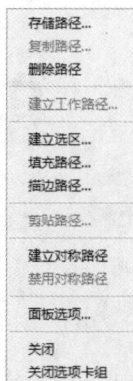

| 图 7-139 | 图 7-140 | 图 7-141 |

"用前景色填充路径"按钮 ●：单击此按钮，将对当前选中路径进行填充，填充的对象包括当前路径的所有子路径及不连续的路径线段。如果选定了路径中的一部分，"面板"菜单中的"填充路径"命令将变为"填充子路径"命令。如果被填充的路径为开放路径，Photoshop 将自动把路径的两个端点用直线段连接，然后进行填充。如果只有一条开放的路径，则不能进行填充。按住 Alt 键的同时单击此按钮，将弹出"填充路径"对话框。

"用画笔描边路径"按钮 ○：单击此按钮，系统将使用当前的颜色和当前在"描边路径"对话框中设定的工具对路径进行描边。按住 Alt 键的同时单击此按钮，将弹出"描边路径"对话框。

"将路径作为选区载入"按钮 ⋮：单击此按钮，将把当前路径所圈选的范围转换为选择区域。按住 Alt 键的同时单击此按钮，将弹出"建立选区"对话框。

"从选区生成工作路径"按钮 ◇：单击此按钮，将把当前的选择区域转换为路径。按住 Alt 键的同时单击此按钮，将弹出"建立工作路径"对话框。

"添加蒙版"按钮 ▣：用于为当前图层添加蒙版。

"创建新路径"按钮 ⊞：用于创建一个新的路径。单击此按钮，可以创建一个新的路径。按住 Alt 键的同时单击此按钮，将弹出"新建路径"对话框。

"删除当前路径"按钮 🗑：用于删除当前路径。直接拖曳"路径"控制面板中的一个路径到此按钮上，可将整个路径全部删除。

7.2.11　新建路径

单击"路径"控制面板右上方的 ≣ 图标，弹出其"面板"菜单，选择"新建路径"命令，弹出"新建路径"对话框，如图 7-142 所示。

名称：用于设置新图层的名称。

单击"路径"控制面板下方的"创建新路径"按钮 ⊞，可以创建一个新路径。按住 Alt 键的同时单击"创建新路径"按钮 ⊞，弹出"新建路径"对话框，设置完成后，单击"确定"按钮创建路径。

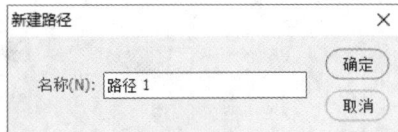

图 7-142

7.2.12　复制、删除、重命名路径

1. 复制路径

单击"路径"控制面板右上方的 ≣ 图标，弹出其"面板"菜单，选择"复制路径"命令，弹出

"复制路径"对话框，如图 7-143 所示，在"名称"文本框中设置复制路径的名称，单击"确定"
按钮，"路径"控制面板如图 7-144 所示。

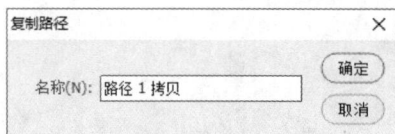

图 7-143   图 7-144

将要复制的路径拖曳到"路径"控制面板中下方的"创建新路径"按钮 田 上，也可将所选的路
径复制为一个新路径。

2. 删除路径

单击"路径"控制面板右上方的 ≡ 图标，弹出其"面板"菜单，选择"删除路径"命令，可将
路径删除。或选择需要删除的路径，单击控制面板下方的"删除当前路径"按钮 🗑，可将选择的路
径删除。

3. 重命名路径

双击"路径"控制面板中的路径名，会出现重命名路径的文本框，如图 7-145 所示，更改名称
后按 Enter 键确认即可，如图 7-146 所示。

图 7-145   图 7-146

7.2.13 "路径选择"工具

使用"路径选择"工具可以选择单个或多个路径，还可以用来组合、对齐和分布路径。

选择"路径选择"工具 ▶，或按 Shift+A 组合键切换到该工具，其属性栏状态如图 7-147
所示。

图 7-147

选择：用于设置所选路径所在的图层。约束路径拖动：勾选此复选框，可以只移动两个锚点中
的路径，其他路径不受影响。

7.2.14 "直接选择"工具

使用"直接选择"工具可以移动路径中的锚点或线段，还可以调整控制手柄和控制点。

路径的原始效果如图 7-148 所示。选择"直接选择"工具 ▶，拖曳路径中的锚点来改变路径
的弧度，如图 7-149 所示。

图 7-148 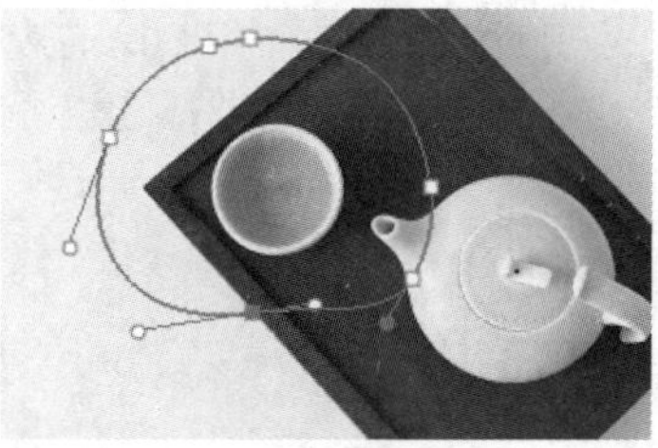   图 7-149

7.2.15 填充路径

在图像中创建路径，如图 7-148 所示。单击"路径"控制面板右上方的 ☰ 图标，在弹出的菜单中选择"填充路径"命令，弹出"填充路径"对话框，如图 7-150 所示。设置完成后，单击"确定"按钮，效果如图 7-151 所示。

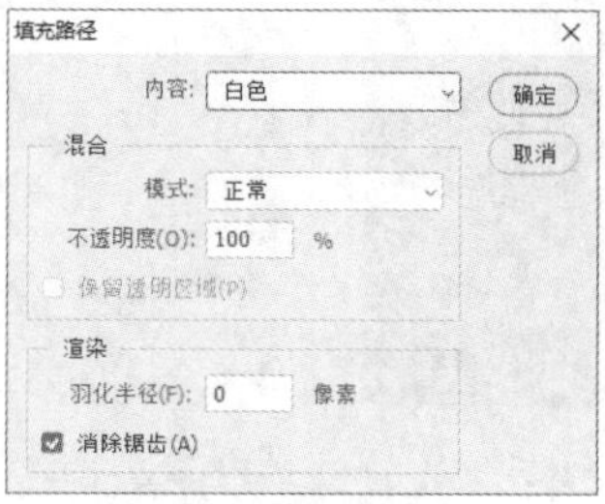

图 7-150 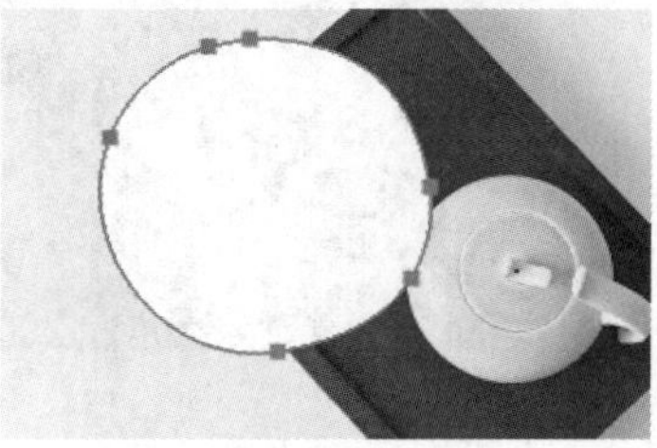   图 7-151

单击"路径"控制面板下方的"用前景色填充路径"按钮 ●，填充路径。按住 Alt 键的同时单击"用前景色填充路径"按钮 ●，将弹出"填充路径"对话框，设置完成后，单击"确定"按钮，填充路径。

7.2.16 描边路径

在图像中创建路径，如图 7-148 所示。单击"路径"控制面板右上方的 ☰ 图标，在弹出的菜单中选择"描边路径"命令，弹出"描边路径"对话框。在"工具"下拉列表中共有 19 种工具可以选择，若选择"画笔"工具，在画笔属性栏中设置的画笔类型将直接影响此处的描边效果。

在"描边路径"对话框中的设置如图 7-152 所示，单击"确定"按钮，效果如图 7-153 所示。

图 7-152 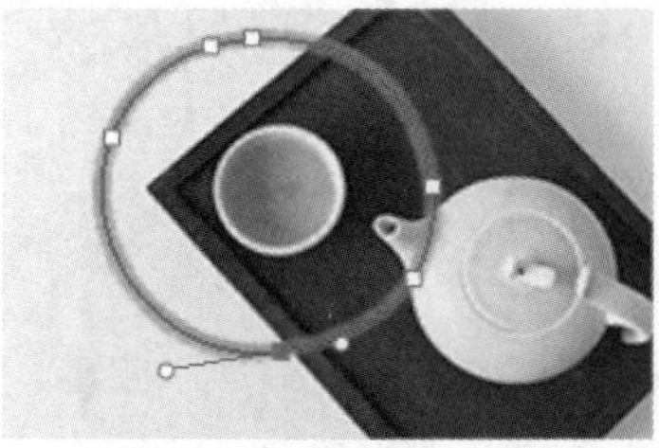   图 7-153

单击"路径"控制面板下方的"用画笔描边路径"按钮 ○ ，描边路径。按住 Alt 键的同时单击"用画笔描边路径"按钮 ○ ，将弹出"描边路径"对话框，设置完成后，单击"确定"按钮，描边路径。

7.3　创建 3D 图形

在 Photoshop 中可以将平面图层以各种形状预设为基础来创建 3D 模型。只有将图层变为 3D 图层，才能使用 3D 工具和命令。

打开一幅图像，如图 7-154 所示。选择"3D > 从图层新建网格 > 网格预设"命令，弹出图 7-155 所示的子菜单，选择需要的命令可以创建不同的 3D 模型。

图 7-154　　　　　　　　　　图 7-155

选择各命令创建出的 3D 模型如图 7-156 所示。

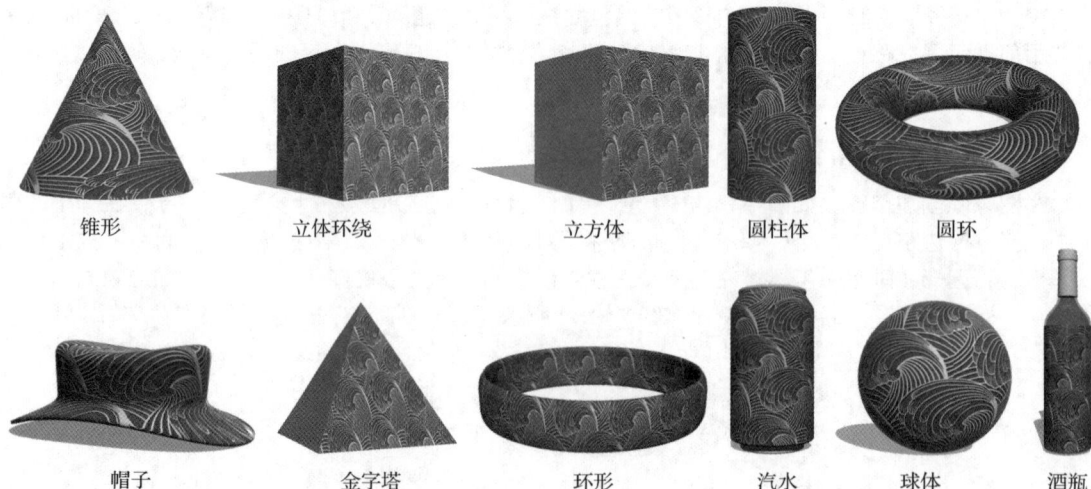

锥形　　　立体环绕　　　立方体　　　圆柱体　　　圆环

帽子　　　金字塔　　　环形　　　汽水　　　球体　　　酒瓶

图 7-156

7.4　使用 3D 工具

在 Photoshop 中使用 3D 对象工具可以旋转、缩放或调整模型位置。当操作 3D 模型时，相机视图保持固定。

打开一幅包含 3D 模型的图像，如图 7-157 所示。选中 3D 图层，在属性栏中选择"环绕移动

3D 相机"工具，图像窗口中的鼠标指针变为形状，上下拖曳鼠标可将模型围绕其 x 轴旋转，如图 7-158 所示；左右拖曳鼠标可将模型围绕其 y 轴旋转，效果如图 7-159 所示。按住 Alt 键的同时拖曳鼠标可滚动模型。

图 7-157　　　　　　图 7-158　　　　　　图 7-159

在属性栏中选择"滚动 3D 相机"工具，图像窗口中的鼠标指针变为形状，左右拖曳鼠标可使模型绕 z 轴旋转，效果如图 7-160 所示。

在属性栏中选择"平移 3D 相机"工具，图像窗口中的鼠标指针变为形状，左右拖曳鼠标可沿水平方向移动模型，如图 7-161 所示；上下拖曳鼠标可沿垂直方向移动模型，如图 7-162 所示。按住 Alt 键的同时拖曳鼠标可沿 x/z 轴方向移动模型。

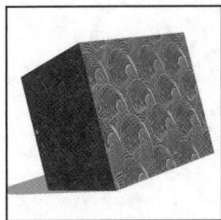

图 7-160　　　　　　图 7-161　　　　　　图 7-162

在属性栏中选择"滑动 3D 相机"工具，图像窗口中的鼠标指针变为形状，左右拖曳鼠标可沿水平方向移动模型，如图 7-163 所示；上下拖曳鼠标可将模型移近或移远，如图 7-164 所示。按住 Alt 键的同时拖曳鼠标可沿 x/y 轴方向移动模型。

在属性栏中选择"变焦 3D 相机"工具，图像窗口中的鼠标指针变为形状，上下拖曳鼠标可将模型放大或缩小，如图 7-165 所示。按住 Alt 键的同时拖曳鼠标可沿 z 轴方向缩放模型。

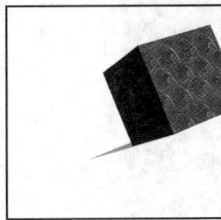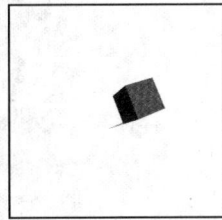

图 7-163　　　　　　图 7-164　　　　　　图 7-165

课堂练习——制作端午节海报

🔗 练习知识要点

使用"快速选择"工具抠出粽子，使用"污点修复画笔"工具和"仿制图章"工具修复斑点和牙签，使用"变换"命令变形粽子图形，使用"色彩范围"命令抠出云，使用"钢笔"工具抠出龙舟，使用"椭圆选框"工具抠出豆子，使用调整图层调整图像颜色，最终效果如图 7-166 所示。

图 7-166

微课视频

制作端午节海报

◎ 效果所在位置

Ch07/效果/制作端午节海报.psd。

课后习题——制作中秋节海报

✎ 习题知识要点

使用"钢笔"工具、"描边路径"命令和"画笔"工具绘制背景形状和装饰线条，使用图层样式添加内阴影和投影，最终效果如图 7-167 所示。

图 7-167

微课视频

制作中秋节海报

◎ 效果所在位置

Ch07/效果/制作中秋节海报.psd。

08

第8章
调整图像的色彩与色调

本章介绍

　　本章主要介绍调整图像的色彩与色调的命令。通过本章的学习，学习者可以根据不同的需要应用多种调整命令对图像的色彩或色调进行细微的调整，还可以对图像进行特殊颜色的处理。

学习目标

- 熟练掌握调整图像的色彩与色调的方法。
- 掌握特殊的色彩处理技巧。

技能目标

- 掌握"详情页主图中偏色图像"的修正方法。
- 掌握"休闲生活类公众号封面首图"的制作方法。
- 掌握"过暗图像"的调整方法。
- 掌握"图像的色彩与明度"的调整方法。
- 掌握"节气海报"的制作方法。
- 掌握"旅游出行公众号封面首图"的制作方法。

素养目标

- 培养科学的思维方式和理性的判断力。
- 培养积极进取的学习精神。
- 培养独立思考与主动创新意识。

8.1　调整图像的色彩与色调

　　调整图像的色彩与色调是 Photoshop 的强项，也是读者必须掌握的一项功能。在实际的设计制作中经常会使用到这项功能。

8.1.1　课堂案例——修正详情页主图中偏色的图像

案例学习目标

学习使用调色命令调整偏色的图像。

案例知识要点

使用"色相/饱和度"命令调整图像的色调，最终效果如图 8-1 所示。

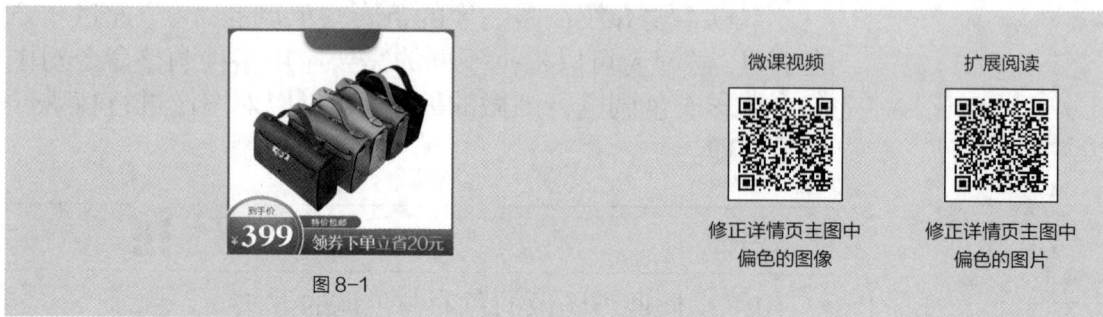

图 8-1

效果所在位置

Ch08/效果/修正详情页主图中偏色的图像.psd。

　　（1）按 Ctrl+N 组合键，新建一个文件，宽度和高度均为 800 像素，分辨率为 72 像素/英寸，颜色模式为 RGB，背景内容为白色，单击"创建"按钮，新建文档。

　　（2）按 Ctrl+O 组合键，打开云盘中的"Ch08 > 素材 > 修正详情页主图中偏色的图像 > 01"文件，如图 8-2 所示。选择"移动"工具 ⊕，将其拖曳到新建的图像窗口中适当的位置，在"图层"控制面板中生成新图层，将其命名为"包包"，如图 8-3 所示。选择"图像 > 调整 > 色相/饱和度"命令，在弹出的对话框中进行设置，如图 8-4 所示。

图 8-2

图 8-3

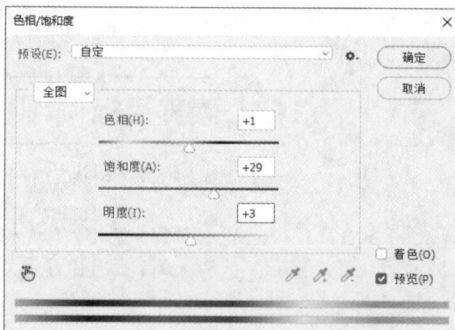

图 8-4

（3）单击"全图"选项，在弹出的下拉列表中选择"红色"选项，切换到相应的对话框中进行设置，如图 8-5 所示。单击"红色"选项，在弹出的下拉列表中选择"黄色"选项，切换到相应的对话框中进行设置，如图 8-6 所示。

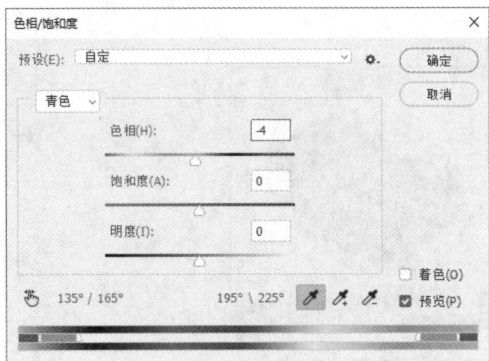

图 8-5

图 8-6

（4）单击"黄色"选项，在弹出的下拉列表中选择"青色"选项，切换到相应的对话框中进行设置，如图 8-7 所示。单击"青色"选项，在弹出的下拉列表中选择"蓝色"选项，切换到相应的对话框中进行设置，如图 8-8 所示。

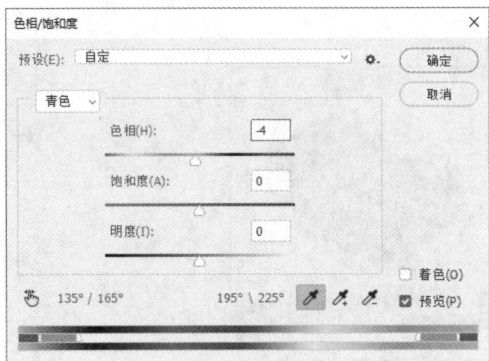

图 8-7

图 8-8

（5）单击"蓝色"选项，在弹出的下拉列表中选择"洋红"选项，切换到相应的对话框中进行设置，如图 8-9 所示，单击"确定"按钮，效果如图 8-10 所示。

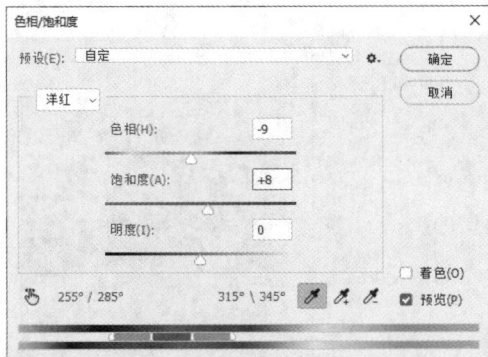

图 8-9

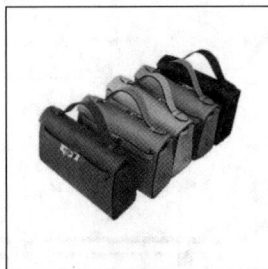

图 8-10

（6）单击"图层"控制面板下方的"添加图层样式"按钮 f_x，在弹出的菜单中选择"投影"命令。弹出"图层样式"对话框，选项的设置如图 8-11 所示，单击"确定"按钮，效果如图 8-12 所示。

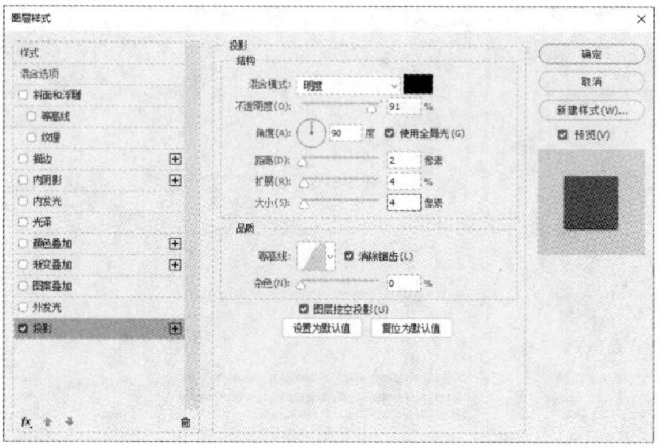

图 8-11

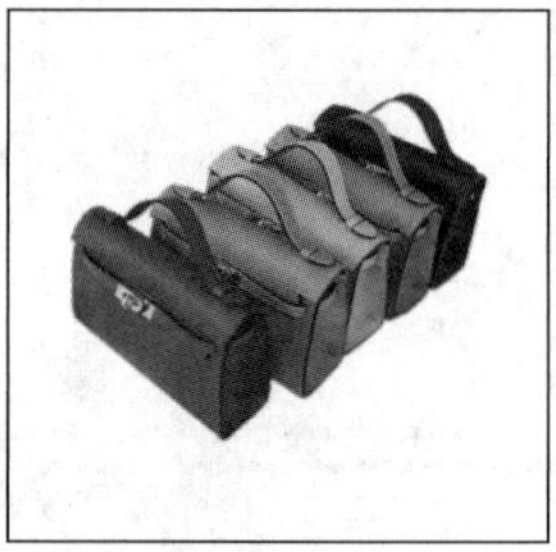

图 8-12

（7）按 Ctrl+O 组合键，打开云盘中的"Ch08 > 素材 > 修正详情页主图中偏色的图像 > 02"文件，如图 8-13 所示。选择"移动"工具 $\oplus$，将"02"图像拖曳到新建的图像窗口中适当的位置，效果如图 8-14 所示，"图层"控制面板中生成新图层，将其命名为"文字"。修正详情页主图中偏色的图像制作完成。

图 8-13

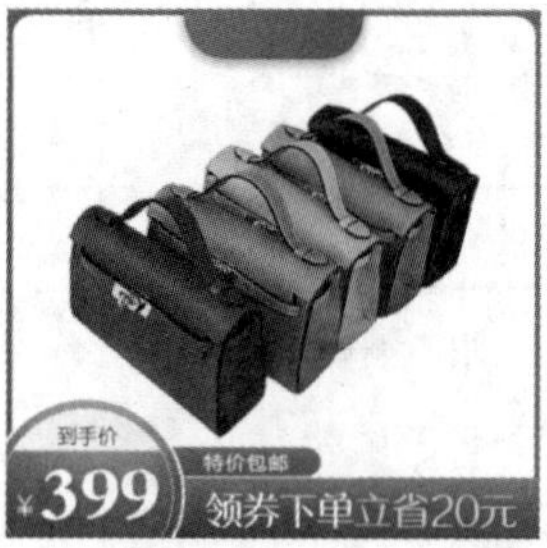

图 8-14

8.1.2　色相/饱和度

打开一幅图像。选择"图像 > 调整 > 色相/饱和度"命令，或按 Ctrl+U 组合键，弹出"色相/饱和度"对话框，设置如图 8-15 所示。单击"确定"按钮，效果如图 8-16 所示。

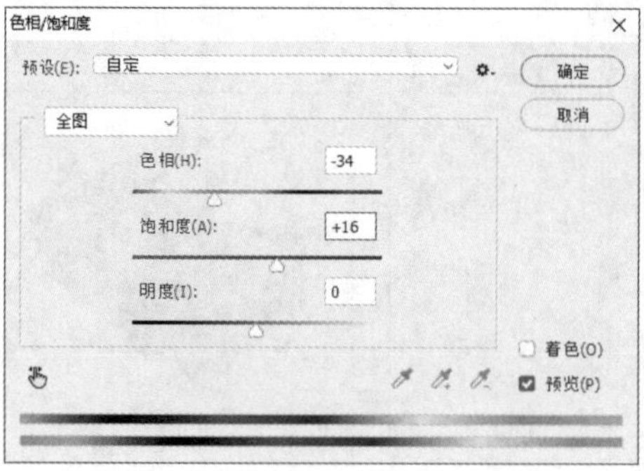

图 8-15

图 8-16

预设：用于选择预设的色相/饱和度，可以通过拖曳各选项中的滑块来调整图像的色相、饱和度和明度。着色：用于在由灰度模式转化而来的色彩模式图像中添加需要的颜色。

在对话框中勾选"着色"复选框，设置如图 8-17 所示，单击"确定"按钮，图像效果如图 8-18 所示。

图 8-17   图 8-18

8.1.3　亮度/对比度

"亮度/对比度"命令可以用来调整整个图像的亮度和对比度。

打开一幅图像，如图 8-19 所示。选择"图像 > 调整 > 亮度/对比度"命令，弹出"亮度/对比度"对话框，设置如图 8-20 所示，单击"确定"按钮，效果如图 8-21 所示。

　　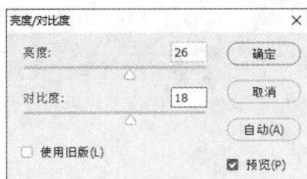　　

图 8-19   图 8-20   图 8-21

8.1.4　色彩平衡

选择"图像 > 调整 > 色彩平衡"命令，或按 Ctrl+B 组合键，弹出"色彩平衡"对话框，如图 8-22 所示。

色彩平衡：用于添加过渡色来平衡色彩效果，拖曳滑块可以调整整个图像的色彩，也可以在"色阶"选项的数值框中直接输入数值调整图像的色彩。

色调平衡：用于选取图像的调整区域，包括阴影区域、中间调区域和高光区域。

保持明度：用于保持原图像的明度。

设置不同的色彩平衡后，图像效果如图 8-23 所示。

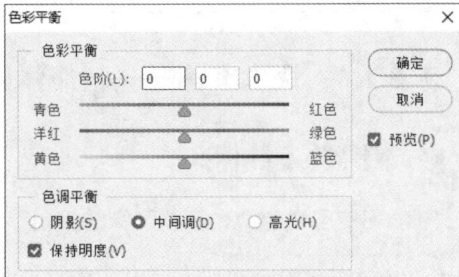

图 8-22

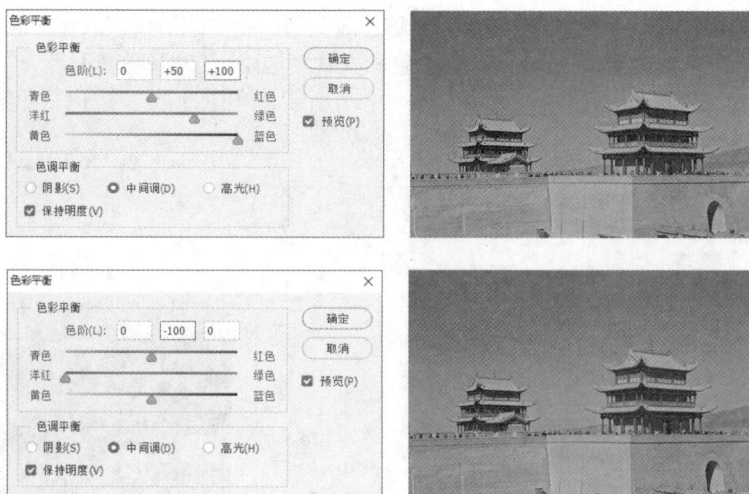

图 8-23

8.1.5　反相

选择"图像 > 调整 > 反相"命令，或按 Ctrl+I 组合键，可以将图像或选区的像素转换为补色，使其出现底片效果。不同色彩模式的图像反相后的效果如图 8-24 所示。

原图　　　　　　　　RGB 色彩模式下图像反相后的效果　　　　CMYK 色彩模式下图像反相后的效果

图 8-24

提示　反相效果是对图像的每一个色彩通道进行反相后的合成效果，不同色彩模式的图像反相后的效果是不同的。

8.1.6　课堂案例——制作休闲生活类公众号封面首图

案例学习目标

学习使用调色命令调整图像的颜色。

案例知识要点

使用"自动色调"命令和"色调均化"命令调整图像的颜色，最终效果如图 8-25 所示。

图 8-25

微课视频
制作休闲生活类
公众号封面首图

扩展阅读
制作休闲生活类
公众号封面首图

效果所在位置

Ch08/效果/制作休闲生活类公众号封面首图.psd。

（1）按 Ctrl+N 组合键，新建一个文件，设置"宽度"为 1175 像素，"高度"为 500 像素，"分辨率"为 72 像素/英寸，"颜色模式"为 RGB，"背景内容"为白色，单击"创建"按钮，新建文档。

（2）按 Ctrl+O 组合键，打开云盘中的"Ch08 > 素材 > 制作休闲生活类公众号封面首图 > 01"文件。选择"移动"工具，将"01"图像拖曳到新建的图像窗口中适当的位置，如图 8-26 所示，"图层"控制面板中生成新的图层，将其命名为"图片"。按 Ctrl+J 组合键，复制图层，如图 8-27 所示。

图 8-26

图 8-27

（3）选择"图像 > 自动色调"命令，调整图像的色调，效果如图 8-28 所示。选择"图像 > 调整 > 色调均化"命令，调整图像，效果如图 8-29 所示。

图 8-28

图 8-29

（4）按 Ctrl + O 组合键，打开云盘中的"Ch08 > 素材 > 制作休闲生活类公众号封面首图 > 02"文件。选择"移动"工具，将"02"图像拖曳到新建的图像窗口中适当的位置，效果如图 8-30 所示，"图层"控制面板中生成新的图层，将其命名为"文字"。休闲生活类公众号封面首图制作完成。

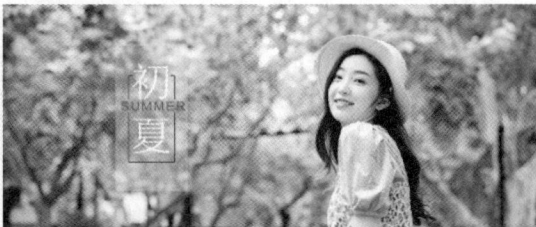

图 8-30

8.1.7　自动色调

"自动色调"命令可以用来对图像的色调进行自动调整。系统将以 0.10% 的色调调整幅度来对图像进行加亮和变暗。按 Shift+Ctrl+L 组合键，可以对图像的色调进行自动调整。

8.1.8　自动对比度

"自动对比度"命令可以用来对图像的对比度进行自动调整。按 Alt+Shift+Ctrl+L 组合键，可以对图像的对比度进行自动调整。

8.1.9　自动颜色

"自动颜色"命令可以用来对图像的色彩进行自动调整。按 Shift+Ctrl+B 组合键，可以对图像的色彩进行自动调整。

8.1.10　色调均化

"色调均化"命令用于调整图像或选区像素的过黑部分，使图像变得明亮，并将图像中其他的像素平均分配在亮度色谱中。

选择"图像 > 调整 > 色调均化"命令，在不同的色彩模式下图像将产生不同的效果，如图 8-31 所示。

原始图像　　　　　　　　　RGB 色彩模式下色调均化的效果

CMYK 色彩模式下色调均化的效果　　　Lab 色彩模式下色调均化的效果

图 8-31

8.1.11　课堂案例——调整过暗的图像

案例学习目标

学习使用调色命令调整过暗的图像。

案例知识要点

使用"色阶"命令调整过暗的图像，最终效果如图 8-32 所示。

图 8-32

微课视频
调整过暗的图像

扩展阅读
制作舞蹈培训
公众号运营海报

⊙ 效果所在位置

Ch08/效果/调整过暗的图像.psd。

（1）按 Ctrl+O 组合键，打开云盘中的
"Ch08 > 素材 > 调整过暗的图像 > 01"文件，
如图 8-33 所示。

（2）选择"图像 > 调整 > 色阶"命令，弹
出"色阶"对话框，选项的设置如图 8-34 所示，
单击"确定"按钮，图像效果如图 8-35 所示。

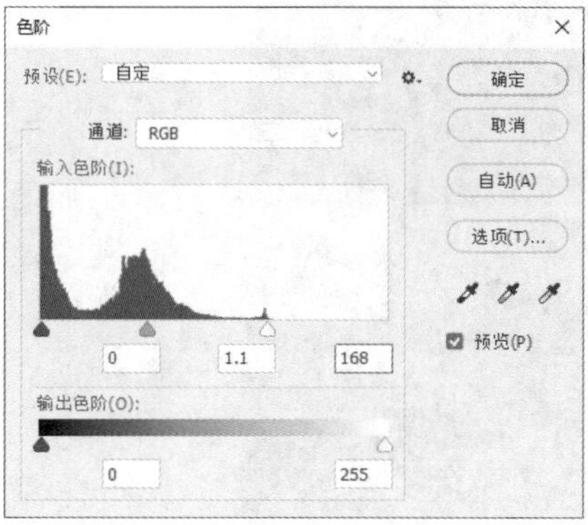

图 8-33

图 8-34

图 8-35

（3）按Ctrl+O 组合键，打开云盘中的"Ch08 >
素材 > 调整过暗的图像 > 02"文件。选择"移
动"工具 ⊕，将"02"图像拖曳到"01"图像窗
口中适当的位置，图像效果如图 8-36 所示，"图
层"控制面板中生成新的图层，将其命名为"文字"。
过暗的图像调整完成。

图 8-36

8.1.12 色阶

打开一幅图像，如图 8-37 所示。选择"图像 > 调整 > 色阶"命令，或按 Ctrl+L 组合键，
弹出"色阶"对话框，如图 8-38 所示。对话框中间是一个直方图，其横坐标的取值范围为 0～255，
表示亮度值，纵坐标为图像的像素值。

图 8-37 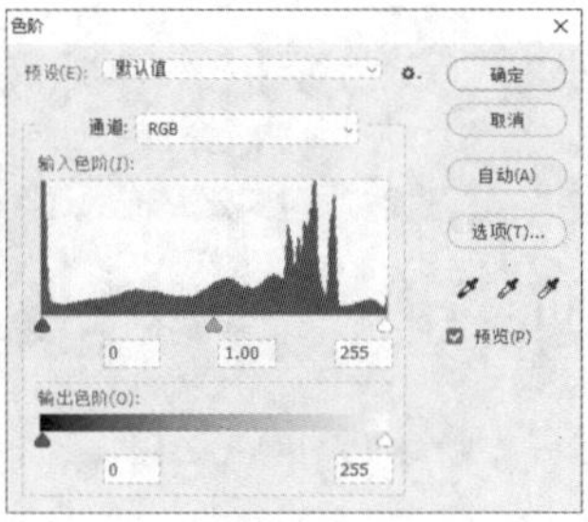 图 8-38

通道：可以选择不同的颜色通道来调整图像。如果想选择两个以上的色彩通道，要先在"通道"控制面板中选择所需要的通道，再调出"色阶"对话框。

输入色阶：可以通过输入数值或拖曳滑块来调整图像。左侧的数值框和黑色滑块用于调整黑色，图像中低于该亮度值的所有像素将变为黑色；中间的数值框和灰色滑块用于调整灰度，其数值范围为0.01～9.99；右侧的数值框和白色滑块用于调整白色，图像中高于该亮度值的所有像素将变为白色。

调整"输入色阶"选项的 3 个滑块至不同位置，图像将产生不同的色彩效果，如图 8-39 所示。

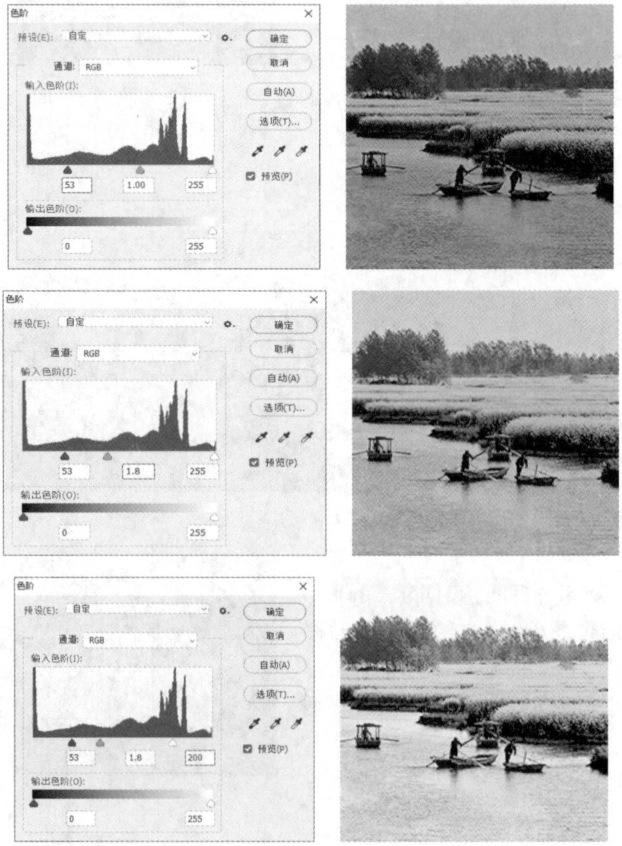

图 8-39

输出色阶：可以通过输入数值或拖曳滑块来控制图像的亮度范围。左侧的数值框和黑色滑块用于调整图像中最暗像素的亮度；右侧数值框和白色滑块用于调整图像中最亮像素的亮度。

调整"输出色阶"选项的两个滑块至不同位置，图像将产生不同的色彩效果，如图 8-40 所示。

图 8-40

自动(A)：用于自动调整图像并设置层次。 选项(T)...：单击此按钮，弹出"自动颜色校正选项"对话框，可以对图像进行加亮和变暗调整。 取消：按住 Alt 键，该按钮转换为 复位 按钮，单击此按钮可以将调整过的色阶复位还原，以便重新进行设置。

：分别为黑色吸管工具、灰色吸管工具和白色吸管工具。选中黑色吸管工具，在图像中单击，图像中暗于单击点的所有像素都会变为黑色；用灰色吸管工具在图像中单击，单击点的像素都会变为灰色，图像中的其他颜色也会有相应调整；用白色吸管工具在图像中单击，图像中亮于单击点的所有像素都会变为白色。双击任意吸管工具，可以在弹出的颜色选择对话框中设置吸管颜色。

8.1.13 曲线

选择"曲线"命令可以通过调整图像色彩曲线上的任意一个像素点来改变图像的色彩范围。

打开一幅图像。选择"图像 > 调整 > 曲线"命令，或按 Ctrl+M 组合键，弹出对话框，如图 8-41 所示。在图像中按住鼠标右键不放，如图 8-42 所示，对话框中图表的曲线上会出现一个圆圈，横坐标为色彩的输入值，纵坐标为色彩的输出值，如图 8-43 所示。

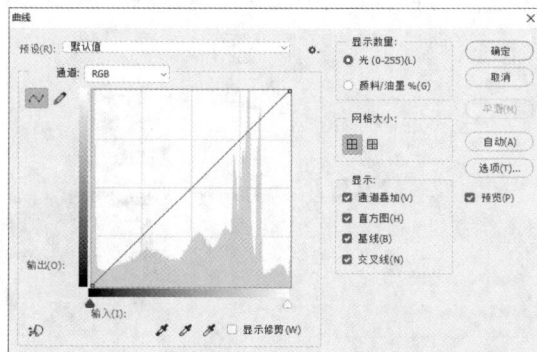

图 8-41

图 8-42   图 8-43

"通道"选项：用于选择图像的颜色调整通道。 ∿ ✎ ：用于改变曲线的形状，添加或删除控制点。输入/输出：用于显示图表中控制点所在位置的亮度值。显示数量：用于选择图表的显示方式。网格大小：用于选择图表中网格的显示大小。显示：用于选择图表的显示内容。 自动(A) ：用于自动调整图像的亮度。

调整不同曲线形状后的图像效果，如图 8-44 所示。

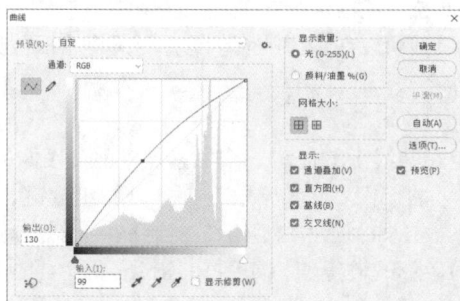

图 8-44

8.1.14　渐变映射

打开一幅图像。选择"图像 > 调整 > 渐变映射"命令，弹出"渐变映射"对话框，如图 8-45 所示。单击"点按可编辑渐变"按钮 ，在弹出的"渐变编辑器"对话框中设置渐变色，如图 8-46 所示。单击"确定"按钮，图像效果如图 8-47 所示。

| 图 8-45 | 图 8-46 | 图 8-47 |

灰度映射所用的渐变：用于选择和设置渐变。仿色：用于为转变色阶后的图像增加仿色。反向：用于反转转变色阶后的图像颜色。

8.1.15　阴影/高光

打开一幅图像。选择"图像 > 调整 > 阴影/高光"命令，弹出"阴影/高光"对话框，设置如图 8-48 所示。单击"确定"按钮，效果如图 8-49 所示。

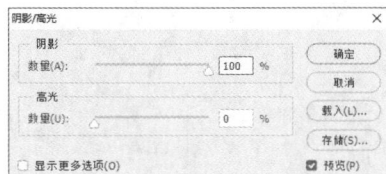

| 图 8-48 | 图 8-49 |

8.1.16　课堂案例——调整图像的色彩与明度

✍ 案例学习目标

学习使用不同的调色命令调整图像的颜色。

🔒 案例知识要点

使用"可选颜色"命令和"曝光度"命令调整图像的颜色，最终效果如图 8-50 所示。

微课视频

调整图像的色彩
与明度

扩展阅读

制作汽车工业行业
活动邀请 H5

图 8-50

◉ 效果所在位置

Ch08/效果/调整图像的色彩与明度.psd。

（1）按 Ctrl+O 组合键，打开云盘中的"Ch08 > 素材 > 调整图像的色彩与明度 > 01"文件，如图 8-51 所示。将"背景"图层拖曳到"图层"控制面板下方的"创建新图层"按钮 ⊞ 上进行复制，生成新的图层"背景 拷贝"，"图层"控制面板如图 8-52 所示。

图 8-51 　　　　　　　　　　　图 8-52

（2）选择"图像 > 调整 > 可选颜色"命令，弹出"可选颜色"对话框，选项的设置如图 8-53 所示。单击"颜色"选项右侧的按钮，在弹出的下拉列表中选择"蓝色"选项，切换到相应的对话框，设置如图 8-54 所示。单击"颜色"选项右侧的按钮，在弹出的下拉列表中选择"青色"选项，切换到相应的对话框，设置如图 8-55 所示，单击"确定"按钮。

图 8-53 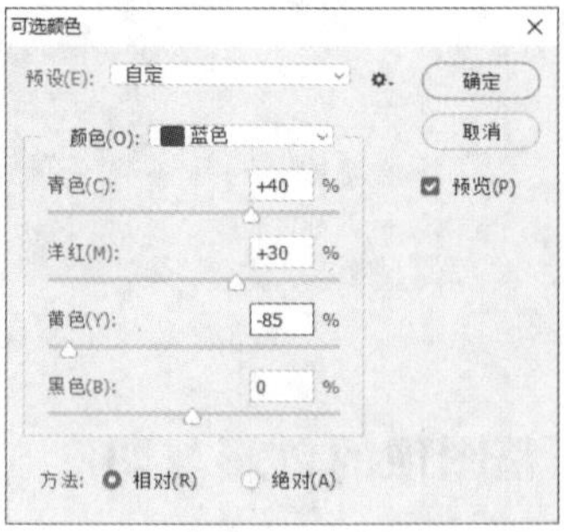　　　　　　　　　图 8-54 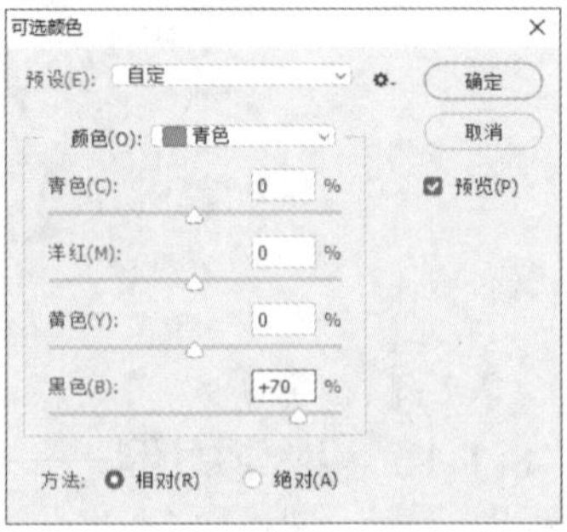　　　　　　　　　图 8-55

（3）选择"图像 > 调整 > 曝光度"命令，弹出"曝光度"对话框，选项的设置如图 8-56 所示，单击"确定"按钮，图像效果如图 8-57 所示。

（4）选择"横排文字"工具 T，在图像窗口中输入需要的文字并选取文字，在属性栏中选择合适的字体和文字大小，设置"文本颜色"为白色，图像效果如图 8-58 所示，在"图层"控制面板中生成新的文字图层。图像的色彩与明度调整完成。

图 8-56

图 8-57

图 8-58

8.1.17 可选颜色

打开一幅图像，如图 8-59 所示。选择"图像 > 调整 > 可选颜色"命令，弹出"可选颜色"对话框，设置如图 8-60 所示，单击"确定"按钮，效果如图 8-61 所示。

图 8-59　　　　　　　　　　图 8-60　　　　　　　　　　图 8-61

颜色：可以选择图像中含有的不同色彩，通过拖曳滑块或输入数值调整青色、洋红、黄色、黑色的百分比。方法：可以选择调整方法，包括"相对"和"绝对"。

8.1.18 曝光度

打开一幅图像。选择"图像 > 调整 > 曝光度"命令，弹出"曝光度"对话框，设置如图 8-62 所示。单击"确定"按钮，效果如图 8-63 所示。

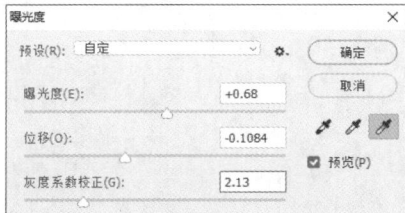

图 8-62

图 8-63

曝光度：可以调整色彩范围的高光端，对极限阴影的影响很轻微。位移：可以使阴影和中间调变暗，对高光的影响很轻微。灰度系数校正：可以使用乘方函数调整图像灰度系数。

8.1.19　照片滤镜

"照片滤镜"命令用于模仿传统相机的滤镜效果处理图像，通过调整图像颜色获得各种丰富的效果。

打开一幅图像。选择"图像 > 调整 > 照片滤镜"命令，弹出"照片滤镜"对话框，如图 8-64 所示。

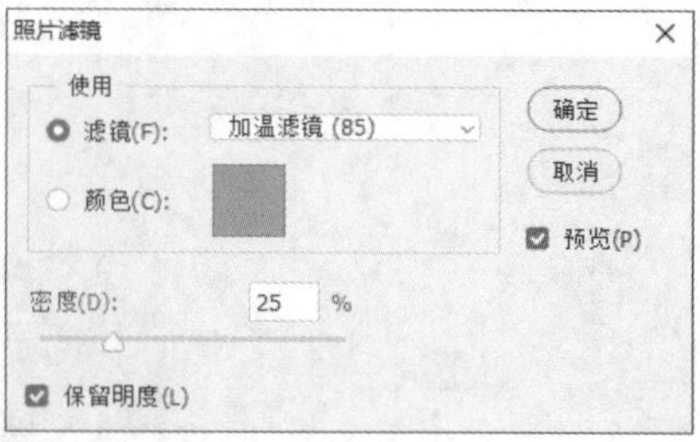

滤镜：用于选择颜色调整的过滤模式。颜色：单击右侧的图标，弹出"选择滤镜颜色"对话框，可以设置颜色值对图像进行过滤。密度：可以设置过滤颜色的百分比。保留明度：勾选此复选框，图像的白色部分颜色保持不变；取消勾选此复选框，则图像的全部颜色都随之改变，效果如图 8-65 所示。

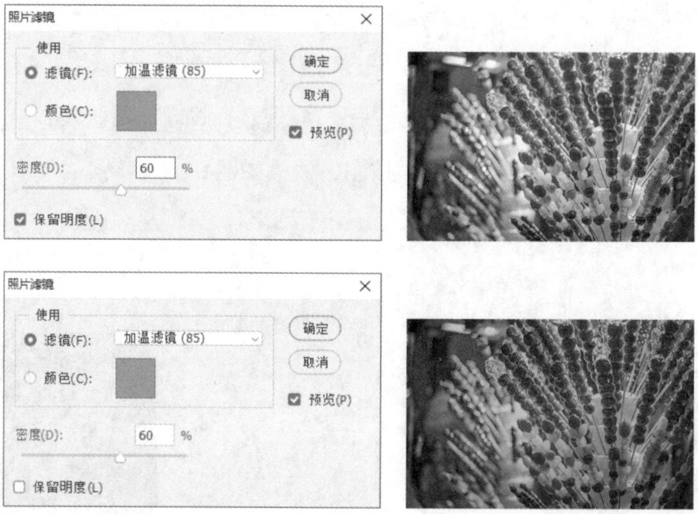

图 8-64

图 8-65

8.2　特殊颜色处理

"特殊颜色处理"命令可以使图像产生独特的颜色变化。

8.2.1　课堂案例——制作节气海报

案例学习目标

学习使用调整命令调整图像颜色。

案例知识要点

使用"色调分离"命令和"阈值"命令调整图像，最终效果如图 8-66 所示。

图 8-66

微课视频

制作节气海报

扩展阅读

制作女装网店
详情页主图

效果所在位置

Ch08/效果/制作节气海报.psd。

（1）按 Ctrl＋O 组合键，打开云盘中的"Ch08＞ 素材 ＞ 制作节气海报 ＞01"文件，如图 8-67 所示。将"背景"图层拖曳到"图层"控制面板下方的"创建新图层"按钮 □ 上进行复制，生成新的图层"背景 拷贝"。将该图层的混合模式选项设为"正片叠底"，如图 8-68 所示，图像效果如图 8-69 所示。

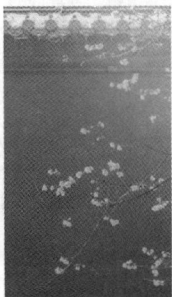

图 8-67　　　　　图 8-68　　　　　图 8-69

（2）选择"图像 ＞ 调整 ＞ 色调分离"命令，弹出"色调分离"对话框，选项的设置如图 8-70 所示，单击"确定"按钮，图像效果如图 8-71 所示。

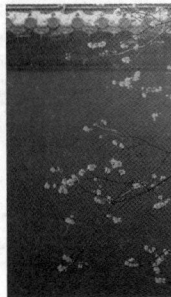

图 8-70　　　　　图 8-71

（3）单击"图层"控制面板下方的"添加图层蒙版"按钮 □，为"背景 拷贝"图层添加图层蒙版，如图 8-72 所示。选择"渐变"工具 ■，单击属性栏中的"点按可编辑渐变"按钮 ▣，弹出"渐变编辑器"对话框。将渐变色设为从黑色到白色，如图 8-73 所示，单击"确定"按钮。在图像窗口中由左下至右上拖曳鼠标填充渐变色，图像效果如图 8-74 所示。

图 8-72   图 8-73   图 8-74

（4）将"背景"图层拖曳到"图层"控制面板下方的"创建新图层"按钮 回 上进行复制，生成新的图层"背景 拷贝 2"，并将其拖曳到"背景 拷贝"图层的上方，如图 8-75 所示。将该图层的混合模式选项设为"线性减淡（添加）"，如图 8-76 所示，图像效果如图 8-77 所示。

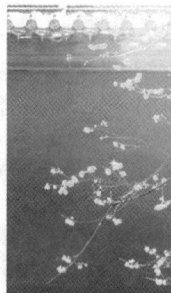

图 8-75   图 8-76   图 8-77

（5）选择"图像 > 调整 > 阈值"命令，弹出"阈值"对话框，选项的设置如图 8-78 所示，单击"确定"按钮，图像效果如图 8-79 所示。按住 Shift 键的同时，单击"背景"图层，将需要的图层同时选取。按 Ctrl+E 组合键，合并图层，如图 8-80 所示。

图 8-78   图 8-79   图 8-80

（6）选择"图像 > 调整 > 色相/饱和度"命令，在弹出的对话框中进行设置，如图 8-81 所示，单击"确定"按钮，图像效果如图 8-82 所示。

（7）选择"图像 > 调整 > 色阶"命令，在弹出的对话框中进行设置，如图 8-83 所示，单击"确定"按钮，图像效果如图 8-84 所示。

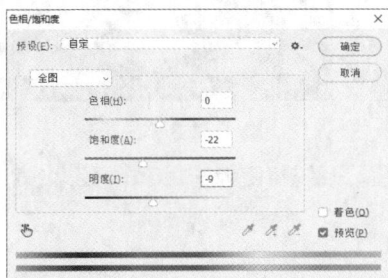

图 8-81　　　　　　　图 8-82　　　　　　　图 8-83　　　　　　　图 8-84

（8）选择"直排文字"工具，在图像窗口中输入需要的文字并选取文字，在属性栏中选择合适的字体并设置适当的文字大小，将"文本颜色"选项设为白色，在"图层"控制面板中生成新的文字图层。将光标插入文字间。按 Ctrl+T 组合键，弹出"字符"面板，选项的设置如图 8-85 所示，按 Enter 键确定操作，图像效果如图 8-86 所示。

（9）选择"直排文字"工具，在图像窗口中输入需要的文字并选取文字，在属性栏中选择合适的字体并设置适当的文字大小，"图层"控制面板中生成新的文

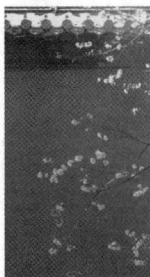

图 8-85　　　　　　　图 8-86

字图层。"字符"面板选项的设置如图 8-87 所示，按 Enter 键确定操作，图像效果如图 8-88 所示。节气海报制作完成，效果如图 8-89 所示。

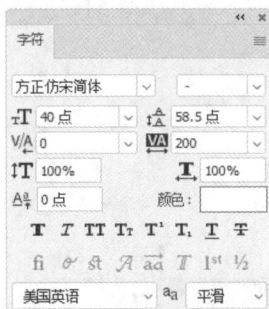

图 8-87　　　　　　　图 8-88　　　　　　　图 8-89

8.2.2　去色

选择"图像 > 调整 > 去色"命令，或按 Shift+Ctrl+U 组合键，可以去掉图像中的色彩，使图像变为灰度图，但图像的色彩模式并不改变。"去色"命令也可以对图像的选区使用，将选区中的图像去色。

8.2.3　阈值

打开一幅图像，如图 8-90 所示。选择"图像 > 调整 > 阈值"命令，弹出"阈值"对话框，设置如图 8-91 所示，单击"确定"按钮，图像效果如图 8-92 所示。

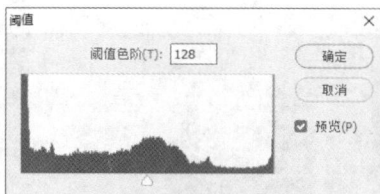

图 8-90　　　　　　　　　　图 8-91　　　　　　　　　　图 8-92

阈值色阶：可以通过拖曳滑块或输入数值来改变图像的阈值。系统将使大于阈值的像素变为白色，小于阈值的像素变为黑色，使图像呈现高度反差。

8.2.4　色调分离

打开一幅图像。选择"图像 > 调整 > 色调分离"命令，弹出"色调分离"对话框，设置如图 8-93 所示，单击"确定"按钮，效果如图 8-94 所示。

图 8-93　　　　　　　　　　图 8-94

色阶：用于指定色阶数，对图像中的像素亮度进行分配。色阶数值越大，图像产生的变化越小。

8.2.5　替换颜色

打开一幅图像。选择"图像 > 调整 > 替换颜色"命令，弹出"替换颜色"对话框。在图像中单击吸取要替换的颜色，再调整色相、饱和度和明度，设置"结果"选项为黄色，其他选项的设置如图 8-95 所示，单击"确定"按钮，效果如图 8-96 所示。

图 8-95　　　　　　　　　　图 8-96

8.2.6　课堂案例——制作旅游出行公众号封面首图

案例学习目标

学习使用调整命令调整图像颜色。

案例知识要点

使用"通道混合器"命令和"黑白"命令调整图像，最终效果如图 8-97 所示。

微课视频　　　　　　扩展阅读

制作旅游出行公众号　　制作旅游出行
封面首图　　　　　公众号封面首图

图 8-97

效果所在位置

Ch08/效果/制作旅游出行公众号封面首图.psd。

（1）按 Ctrl＋O 组合键，打开云盘中的"Ch08 ＞ 素材 ＞ 制作旅游出行公众号封面首图 ＞ 01"文件，如图 8-98 所示。将"背景"图层拖曳到"图层"控制面板下方的"创建新图层"按钮 □ 上进行复制，生成新的图层"背景 拷贝"，如图 8-99 所示。

图 8-98　　　　　　　　　　　　　图 8-99

（2）选择"图像 ＞ 调整 ＞ 通道混合器"命令，在弹出的对话框中进行设置，如图 8-100 所示，单击"确定"按钮，效果如图 8-101 所示。

图 8-100 　　　　　　　　　　　　图 8-101

（3）按 Ctrl+J 组合键，复制"背景 拷贝"图层，生成新的图层，将其命名为"黑白"。选择"图像 > 调整 > 黑白"命令，在弹出的对话框中进行设置，如图 8-102 所示，单击"确定"按钮，效果如图 8-103 所示。

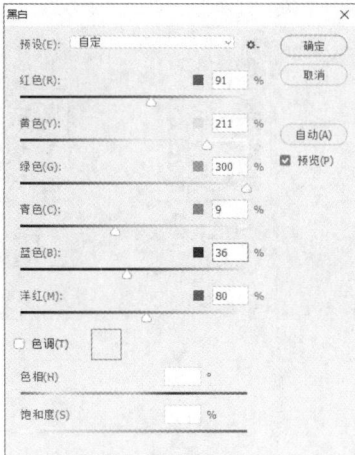

图 8-102

图 8-103

（4）在"图层"控制面板上方，将"黑白"图层的混合模式设为"滤色"，如图 8-104 所示，图像效果如图 8-105 所示。

图 8-104

图 8-105

（5）按住 Ctrl 键的同时，选择"黑白"图层和"背景 拷贝"图层。按 Ctrl+E 组合键，合并图层，将其命名为"效果"。选择"图像 > 调整 > 色相/饱和度"命令，在弹出的对话框中进行设置，如图 8-106 所示，单击"确定"按钮，效果如图 8-107 所示。

图 8-106

图 8-107

（6）按 Ctrl + O 组合键，打开云盘中的"Ch08 > 素材 > 制作旅游出行公众号封面首图 > 02"文件。选择"移动"工具 ⊕，将"02"图像拖曳到"01"图像窗口中适当的位置，效果如图 8-108 所示，在"图层"控制面板中生成新的图层，将其命名为"文字"。旅游出行公众号封面首图制作完成。

图 8-108

8.2.7 通道混合器

打开一幅图像。选择"图像 > 调整 > 通道混合器"命令，弹出"通道混合器"对话框，设置如图 8-109 所示，单击"确定"按钮，效果如图 8-110 所示。

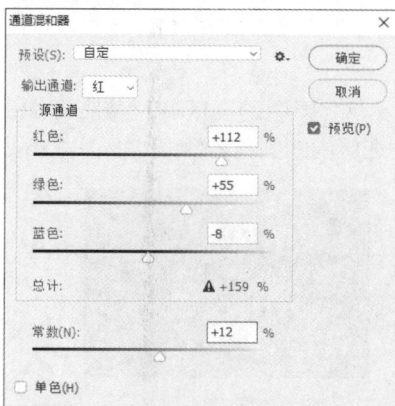
图 8-109

图 8-110

输出通道：可以选择要调整的通道。源通道：可以设置输出通道中源通道所占的百分比。常数：可以调整输出通道的灰度值。单色：可以将彩色图像转换为黑白图像。

> **提示** 所选图像的色彩模式不同，则"通道混合器"对话框中的内容也不同。

8.2.8 匹配颜色

"匹配颜色"命令用于对色调不同的图像进行调整，统一成协调的色调。

打开两幅不同色调的图像，分别如图 8-111 和图 8-112 所示。选择需要调整的图像，选择"图像 > 调整 > 匹配颜色"命令，弹出"匹配颜色"对话框，在"源"选项中选择匹配文件的名称，再设置其他各选项，如图 8-113 所示，单击"确定"按钮，效果如图 8-114 所示。

图 8-111

图 8-112

图 8-113

图 8-114

目标：显示所选择匹配文件的名称。

应用调整时忽略选区：勾选此复选框，可以忽略图中的选区调整整张图像的颜色，效果如图 8-115 所示；不勾选此复选框，只调整图像中选区内的颜色，效果如图 8-116 所示。

图 8-115

图 8-116

图像选项：可以通过拖曳滑块或输入数值来调整图像的明亮度、颜色强度和渐隐的数值。中和：用于确定是否消除图像中的色偏。图像统计：可以设置图像的颜色来源。

课堂练习——制作传统美食公众号封面次图

🔗 练习知识要点

使用"照片滤镜"命令和"阴影/高光"命令调整图像颜色，使用"横排文字"工具输入文字，最终效果如图 8-117 所示。

图 8-117

微课视频

制作传统美食公众号
封面次图

◉ 效果所在位置

Ch08/效果/制作传统美食公众号封面次图.psd。

课后习题——制作数码影视公众号封面首图

🔗 习题知识要点

使用"色相/饱和度"命令、"曲线"命令和"照片滤镜"命令调整图像的颜色，最终效果如图 8-118 所示。

微课视频

制作数码影视公众号
封面首图

图 8-118

◉ 效果所在位置

Ch08/效果/制作数码影视公众号封面首图.psd。

09

第 9 章
图层的应用

本章介绍

本章将主要介绍图层的高级应用，包括图层的混合模式、图层的样式、填充和调整图层、智能对象图层等。通过本章的学习，学习者可以应用图层制作出多变的图像效果，可以对图像快速添加样式，还可以单独对智能对象图层进行编辑。

学习目标

- 掌握图层混合模式的使用方法。
- 熟练掌握图层样式的添加技巧。
- 熟练掌握填充图层和调整图层的方法。
- 了解图层复合、盖印图层和智能对象图层的创建和编辑方法。

技能目标

- 掌握"家电网站首页 Banner"的制作方法。
- 掌握"计算器图标"的制作方法。
- 掌握"化妆品网店详情页主图"的制作方法。

素养目标

- 培养责任感和创造性思维。
- 培养良好的组织和管理能力。
- 培养能够通过学习和实践不断进取的能力。

9.1 图层混合模式

图层混合模式在图像处理及效果制作中被广泛应用，特别是在多个图像合成方面更有其独特的作用及灵活性。

9.1.1 课堂案例——制作家电网站首页 Banner

案例学习目标

学习使用图层混合模式和图层样式制作家电网站首页 Banner。

案例知识要点

使用"移动"工具添加图像，使用图层混合模式和图层样式制作图像融合，最终效果如图 9-1 所示。

微课视频

扩展阅读

制作家电网站首页
Banner

制作豆浆机广告

图 9-1

效果所在位置

Ch09/效果/制作家电网站首页 Banner.psd。

（1）按 Ctrl+N 组合键，新建一个文件，设置"宽度"为 1920 像素，"高度"为 1080 像素，"分辨率"为 72 像素/英寸，"颜色模式"为 RGB，"背景内容"设为白色，单击"创建"按钮，新建文档。

（2）将前景色设为黑灰色（33、33、33）。选择"矩形选框"工具 ⬚，在图像窗口中绘制矩形选区。按 Alt+Delete 组合键，用前景色填充选区。按 Ctrl+D 组合键，取消选区，效果如图 9-2 所示。

（3）按 Ctrl+O 组合键，打开云盘中的"Ch09 > 素材 > 制作家电网站首页 Banner > 01、02"文件。选择"移动"工具 ✛，分别将"01"和"02"图像拖曳到新建的图像窗口中适当的位置，效果如图 9-3 所示，"图层"控制面板中生成 2 个新图层，将其分别命名为"吸尘器"和"效果"。

图 9-2

图 9-3

（4）在"图层"控制面板上方，将"效果"图层的混合模式设为"强光"，如图 9-4 所示，图像效果如图 9-5 所示。

图 9-4   图 9-5

（5）选中"吸尘器"图层。单击"图层"控制面板下方的"添加图层样式"按钮 fx ，在弹出的菜单中选择"投影"命令，在弹出的对话框中进行设置，如图 9-6 所示，单击"确定"按钮，效果如图 9-7 所示。

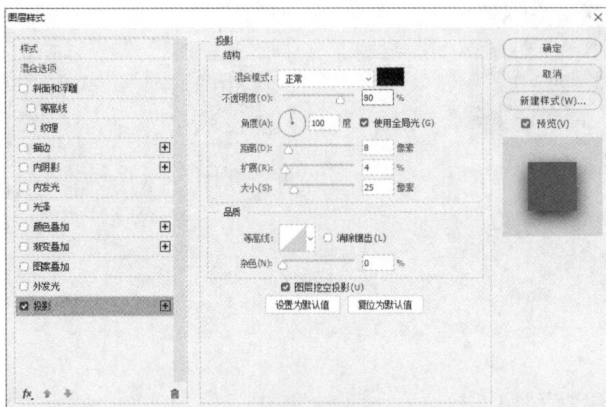

图 9-6   图 9-7

（6）按 Ctrl+O 组合键，打开云盘中的"Ch09 > 素材 > 制作家电网站首页 Banner > 03"文件。选择"移动"工具 ，将"03"图像拖曳到新建的图像窗口中适当的位置，效果如图 9-8 所示，"图层"控制面板中生成新图层，将其命名为"文字"。

（7）在"图层"控制面板上方，将"文字"图层的混合模式设为"浅色"，图像效果如图 9-9 所示。家电网站首页 Banner 制作完成。

图 9-8   图 9-9

9.1.2　不同的图层混合模式

图层混合模式的设置，决定了当前图层中的图像与其下面图层中的图像以何种模式进行混合。

在"图层"控制面板中，"设置图层的混合模式"选项 `正常` 用于设置图层的混合模式，它包含 27 种模式。打开图 9-10 所示的图像，"图层"控制面板如图 9-11 所示。

图 9-10　　　　　　　　　图 9-11

在对"月亮"图层应用不同的图层混合模式后，图像效果如图 9-12 所示。

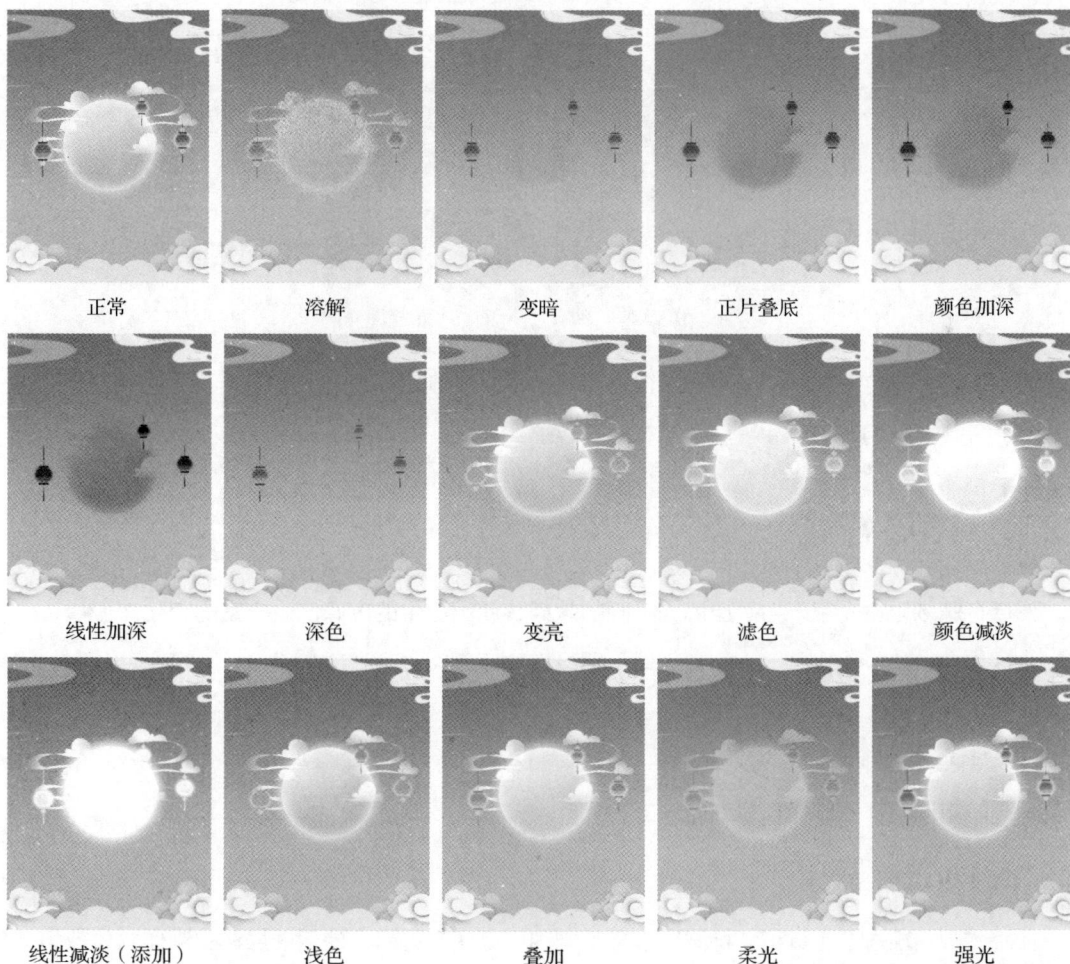

正常	溶解	变暗	正片叠底	颜色加深
线性加深	深色	变亮	滤色	颜色减淡
线性减淡（添加）	浅色	叠加	柔光	强光

图 9-12

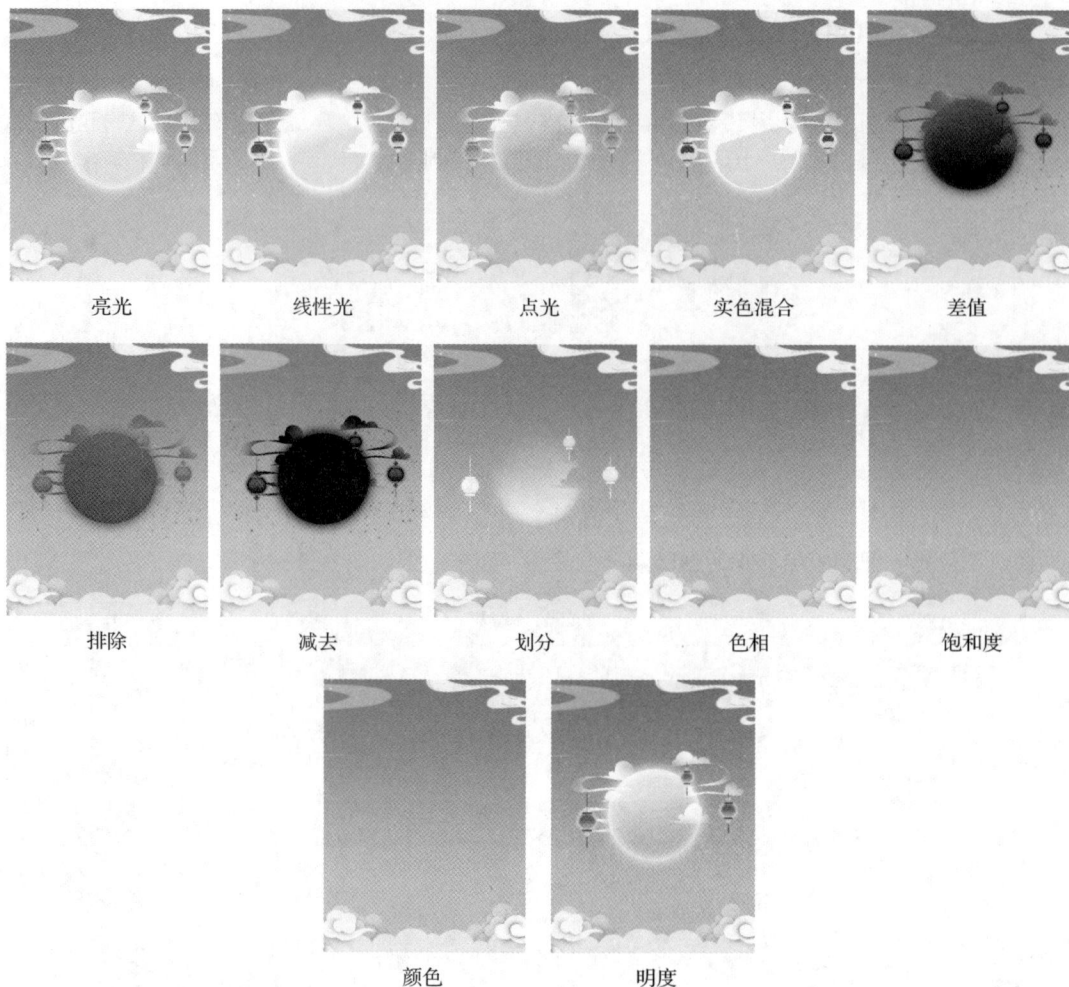

亮光	线性光	点光	实色混合	差值

排除	减去	划分	色相	饱和度

颜色	明度

图 9-12（续）

9.2　图层样式

图层特殊效果命令用于为图层添加不同的效果，使图层中的图像产生丰富的变化。

9.2.1　课堂案例——制作计算器图标

案例学习目标

学习使用图层样式制作计算器图标。

案例知识要点

使用"圆角矩形"工具和"椭圆"工具绘制图标底图和符号，使用图层样式制作立体效果，最终效果如图 9-13 所示。

图 9-13

微课视频　　制作计算器图标

扩展阅读　　绘制收音机图标

效果所在位置

Ch09/效果/制作计算器图标.psd。

（1）按 Ctrl＋N 组合键，新建一个文件，设置"宽度"为 8.5 厘米，"高度"为 8.5 厘米，"分辨率"为 150 像素/英寸，"颜色模式"为 RGB，"背景内容"为白色，单击"创建"按钮，新建文档。

（2）选择"窗口 > 图案"命令，弹出"图案"控制面板。单击"图案"控制面板右上方的 ≡ 图标，弹出其"面板"菜单，选择"旧版图案及其他"命令添加旧版图案，如图 9-14 所示。

（3）选择"油漆桶"工具 ，在属性栏中将"设置填充区域的源"选项设为"图案"，单击右侧的图案选项，弹出图案选择面板，在面板中选择"旧版图案及其他 > 旧版图案 > 彩色纸"中需要的图案，如图 9-15 所示。在图像窗口中单击填充图像，效果如图 9-16 所示。

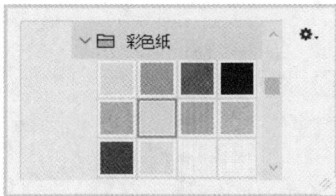

图 9-14　　　　　　　　图 9-15　　　　　　　　图 9-16

（4）选择"圆角矩形"工具 ，将属性栏中的"选择工具模式"选项设为"形状"，"半径"选项设为 80 像素，在图像窗口中拖曳鼠标绘制圆角矩形，效果如图 9-17 所示。单击"图层"控制面板下方的"添加图层样式"按钮 ，在弹出的菜单中选择"斜面和浮雕"命令，弹出对话框，将"高光模式"的颜色设为浅青色（230、234、244），"阴影模式"的颜色设为深灰色（74、77、86），其他选项的设置如图 9-18 所示。

（5）选择"渐变叠加"选项，弹出相应的对话框，单击"渐变"选项右侧的"点按可编辑渐变"按钮 ，弹出"渐变编辑器"对话框，将渐变色设为从浅青色（213、219、239）到青灰色（184、194、216），如图 9-19 所示，单击"确定"按钮。返回"渐变叠加"对话框，其他选项的设置如图 9-20 所示。

（6）选择"投影"选项，弹出相应的对话框，选项的设置如图 9-21 所示，单击"确定"按钮，图像效果如图 9-22 所示。

图 9-17   图 9-18

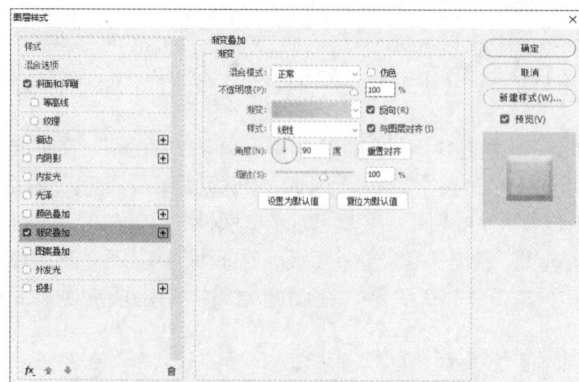

图 9-19   图 9-20

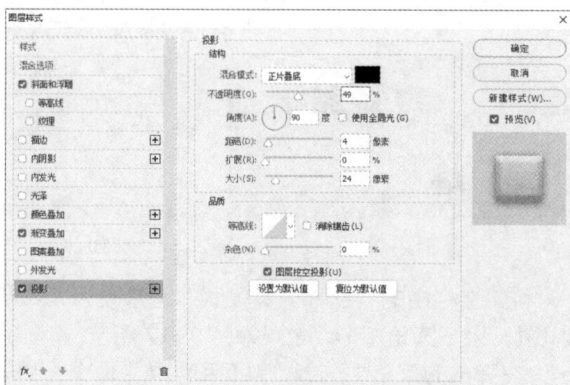

图 9-21   图 9-22

（7）选择"圆角矩形"工具 ⬜，在属性栏中将"半径"选项设为 60 像素，在图像窗口中拖曳鼠标绘制形状，在属性栏中将"填充"颜色设为白色，效果如图 9-23 所示。选择"窗口 > 属性"命令，弹出"属性"控制面板，取消圆角链接状态，选项的设置如图 9-24 所示，按 Enter 键确定操作，效果如图 9-25 所示。

（8）单击"图层"控制面板下方的"添加图层样式"按钮 fx，在弹出的菜单中选择"斜面和浮雕"命令，在弹出的对话框中进行设置，如图 9-26 所示。选择"投影"选项，切换到相应的对话框，将投影颜色设为暗灰色（95、98、104），其他选项的设置如图 9-27 所示，单击"确定"按钮。

图 9-23 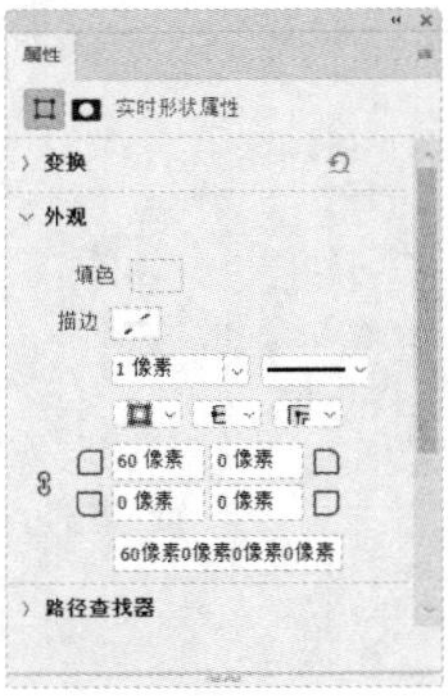　　　　　　　　　图 9-24 　　　　　　　　　图 9-25

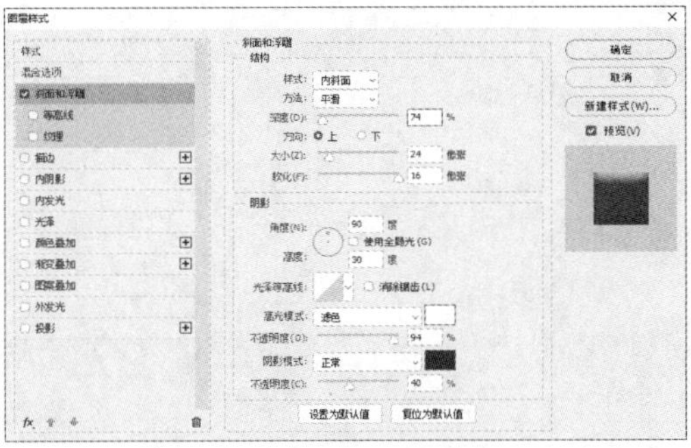

图 9-26 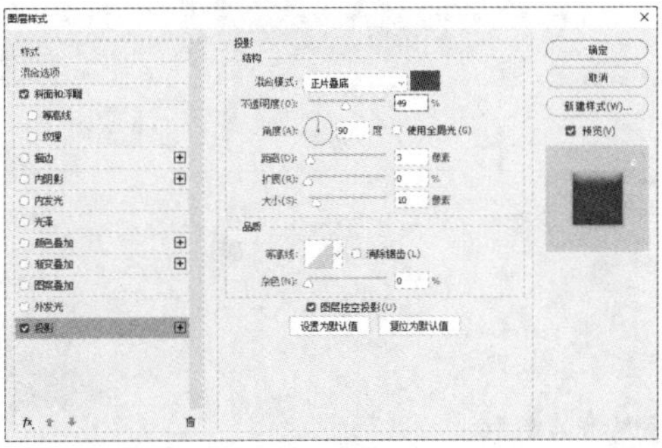　　　　　　　　　　　　　　　　　图 9-27

（9）选择"移动"工具 ⊕，按住 Alt 键的同时将图形拖曳到适当的位置，复制图形，效果如图 9-28 所示。按 Ctrl+T 组合键，图形周围出现变换框，在变换框中单击鼠标右键，在弹出的快捷菜单中选择"水平翻转"命令，水平翻转图形，按 Enter 键确定操作，效果如图 9-29 所示。

（10）按住 Shift 键的同时，同时选取"圆角矩形 2"图层和"圆角矩形 2 拷贝"图层，如图 9-30 所示。按住 Alt 键的同时将图形拖曳到适当的位置，复制图形，效果如图 9-31 所示。

图 9-28 　　　　　　　　图 9-29 　　　　　　　　图 9-30 　　　　　　　　图 9-31

（11）按 Ctrl+T 组合键，图形周围出现变换框，在变换框中单击鼠标右键，在弹出的快捷菜单中选择"垂直翻转"命令，垂直翻转图形，按 Enter 键确定操作，效果如图 9-32 所示。双击最上方图层的"斜面和浮雕"图层样式，弹出对话框，将"高光模式"颜色设为暗红色（133、1、0），其他选项的设置如图 9-33 所示。

（12）选择"颜色叠加"选项，弹出相应的对话框，将叠加颜色设为红色（204、36、34），其他选项的设置如图 9-34 所示，单击"确定"按钮，效果如图 9-35 所示。

（13）选择"椭圆"工具 ◯，将属性栏中的"选择工具模式"选项设为"形状"，按住 Shift 键的同时，在图像窗口中绘制圆形。在属性栏中将"填充"颜色设为红色（204、36、34），填充图形，如图 9-36 所示。

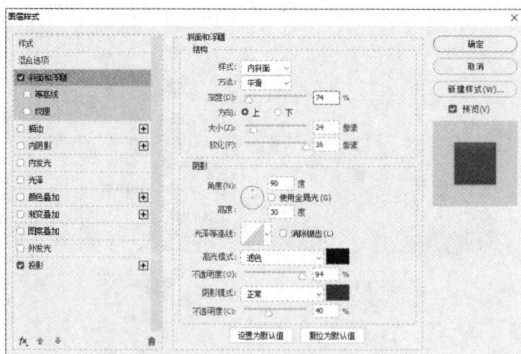

图 9-32   图 9-33

图 9-34   图 9-35   图 9-36

（14）单击"图层"控制面板下方的"添加图层样式"按钮 fx ，在弹出的快捷菜单中选择"渐变叠加"命令，弹出对话框，单击"渐变"选项右侧的"点按可编辑渐变"按钮，弹出"渐变编辑器"对话框，将渐变色设为从红色（222、60、58）到暗红色（204、19、18），如图 9-37 所示。单击"确定"按钮。返回"图层样式"对话框，其他选项的设置如图 9-38 所示。

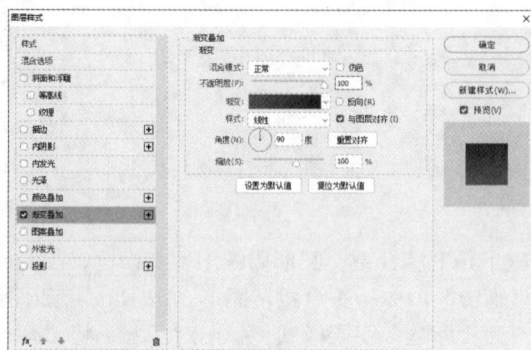

图 9-37   图 9-38

（15）选择"外发光"选项，弹出相应的对话框，将发光颜色设为浅红色（254、143、141），其他选项的设置如图 9-39 所示，单击"确定"按钮，效果如图 9-40 所示。

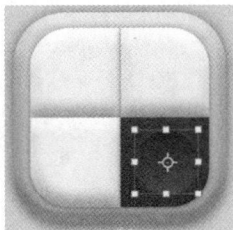

图 9-39   图 9-40

（16）选择"圆角矩形"工具 ⬜，在属性栏中将"半径"选项设为 5 像素，在图像窗口中拖曳鼠标绘制形状，在属性栏中将"填充"颜色设为青灰色（154、174、198），填充形状，效果如图 9-41 所示。在属性栏中单击"路径操作"按钮 ⬚，在弹出的菜单中选择"合并形状"命令，在图像窗口中绘制形状，如图 9-42 所示，"图层"控制面板中生成新图层，将其命名为"加号"。

（17）单击"图层"控制面板下方的"添加图层样式"按钮 fx，在弹出的快捷菜单中选择"描边"命令，弹出对话框，将描边颜色设为白色，其他选项的设置如图 9-43 所示。

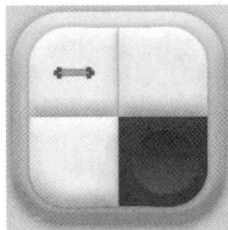   

图 9-41   图 9-42   图 9-43

（18）选择"内阴影"选项，弹出相应的对话框，将阴影颜色设为蓝黑色（28、44、62），其他选项的设置如图 9-44 所示，单击"确定"按钮，效果如图 9-45 所示。使用相同的方法制作其他符号，效果如图 9-46 所示。

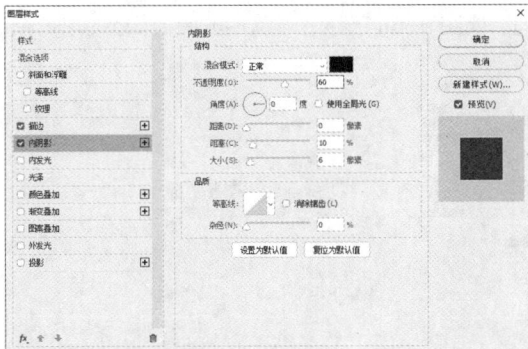

图 9-44

图 9-45   图 9-46

（19）选中"等号"图层。双击图层样式，选择"颜色叠加"选项，弹出相应的对话框，将叠加颜色设为白色，其他选项的设置如图 9-47 所示，单击"确定"按钮，效果如图 9-48 所示。计算器图标制作完成。

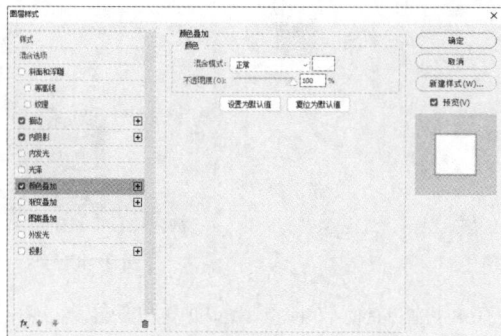

图 9-47　　　　　　　　　　　　　图 9-48

9.2.2 "样式"控制面板

"样式"控制面板用于存储各种图层特效，并将其快速地套用在要编辑的对象中，节省操作步骤和操作时间。

打开一幅图像，如图 9-49 所示。选择要添加样式的图层。选择"窗口 > 样式"命令，弹出"样式"控制面板，单击右上方的 ▤ 图标，在弹出的面板菜单中选择"旧版样式及其他"菜单，添加"旧版样式及其他"，如图 9-50 所示，选择"凹凸"样式，如图 9-51 所示，图形被添加样式，效果如图 9-52 所示。

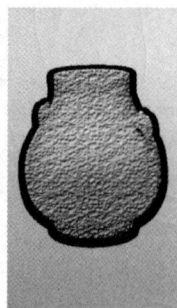

图 9-49　　　　　　图 9-50　　　　　　图 9-51　　　　　　图 9-52

样式添加完成后，"图层"控制面板如图 9-53 所示。如果要删除图层中某个样式，则将该样式直接拖曳到控制面板下方的"删除图层"按钮 🗑 上即可，如图 9-54 所示，删除后的面板如图 9-55 所示。

图 9-53　　　　　　　　图 9-54　　　　　　　　图 9-55

9.2.3 常用图层样式

Photoshop 提供了多种图层样式可供选择，可以单独为图像添加某一种样式，也可以同时为图像添加多种样式。

单击"图层"控制面板右上方的 ☰ 图标，在弹出的菜单中选择"混合选项"命令，弹出"图层样式"对话框，如图 9-56 所示。此对话框用于对当前图层进行特殊效果的处理。单击对话框左侧的任意选项，弹出相应的对话框。还可以单击"图层"控制面板下方的"添加图层样式"按钮 *fx*，弹出其菜单，如图 9-57 所示。

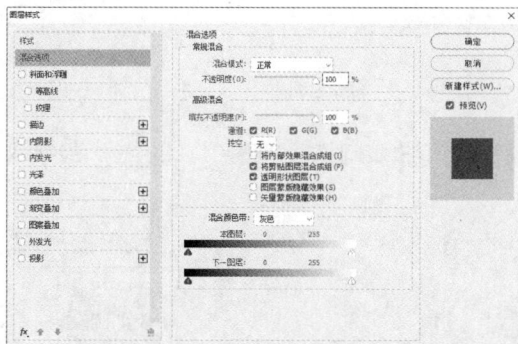

图 9-56   图 9-57

"斜面和浮雕"命令用于使图像产生一种倾斜与浮雕的效果，"描边"命令用于为图像描边，"内阴影"命令用于使图像内部产生阴影效果，"内发光"命令用于在图像的边缘内部产生一种辉光效果，"光泽"命令用于使图像产生一种光泽效果。5 种命令的效果如图 9-58 所示。

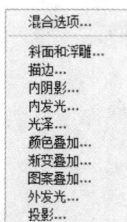

斜面和浮雕   描边   内阴影   内发光   光泽

图 9-58

"颜色叠加"命令用于使图像产生一种颜色叠加效果，"渐变叠加"命令用于使图像产生一种渐变叠加效果，"图案叠加"命令用于在图像上添加图案效果，"外发光"命令用于在图像的边缘外部产生一种辉光效果，"投影"命令用于使图像产生阴影效果。5 种命令的效果如图 9-59 所示。

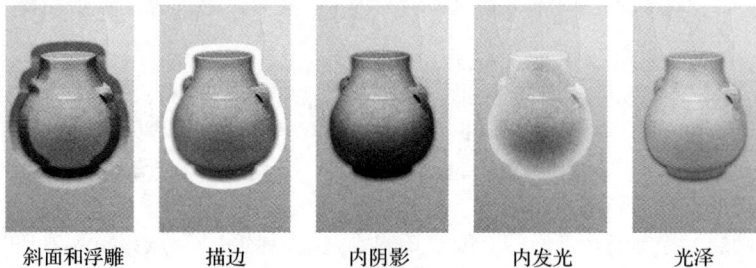

颜色叠加   渐变叠加   图案叠加   外发光   投影

图 9-59

9.3　填充图层和调整图层

填充图层和调整图层用于通过多种方式对图像进行填充和调整，使图像产生不同的效果。

9.3.1　课堂案例——制作化妆品网店详情页主图

案例学习目标

学习使用混合模式和调整图层调整图像。

案例知识要点

使用图层混合模式、"曝光度"命令和曲线调整层调整照片的质感，最终效果如图 9-60 所示。

微课视频

扩展阅读

制作化妆品网店
详情页主图

制作元宵节节日
宣传海报

图 9-60

效果所在位置

Ch09/效果/制作化妆品网店详情页主图.psd。

（1）按 Ctrl+O 组合键，打开云盘中的"Ch09 > 素材 > 制作化妆品网店详情页主图 > 01"文件，如图 9-61 所示。将"背景"图层拖曳到"图层"控制面板下方的"创建新图层"按钮 ⊡ 上进行复制，生成新的图层"背景 拷贝"。

（2）单击"图层"控制面板下方的"创建新的填充或调整图层"按钮 ◒，在弹出的菜单中选择"曝光度"命令。"图层"控制面板中生成"曝光度 1"图层，同时弹出曝光度的"属性"面板，设置如图 9-62 所示，按 Enter 键确定操作，图像效果如图 9-63 所示。

图 9-61　　　　　　　　图 9-62　　　　　　　　图 9-63

（3）单击"图层"控制面板下方的"创建新的填充或调整图层"按钮 ，在弹出的菜单中选择"曲线"命令。"图层"控制面板中生成"曲线 1"图层，同时弹出曲线的"属性"面板。在曲线上单击鼠标添加控制点，将"输入"选项设为 200，"输出"选项设为 219，如图 9-64 所示。

（4）在曲线上单击添加控制点，将"输入"选项设为 67，"输出"选项设为 41，如图 9-65 所示。按 Enter 键确定操作，图像效果如图 9-66 所示。

（5）按 Ctrl+O 组合键，打开云盘中的"Ch09 > 素材 > 制作化妆品网店详情页主图 > 02"文件。选择"移动"工具 ，将"02"图像拖曳到"01"图像窗口中适当的位置，如图 9-67 所示，"图层"控制面板中生成新的图层，将其命名为"装饰"。化妆品网店详情页主图制作完成。

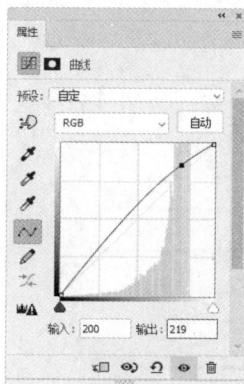
图 9-64

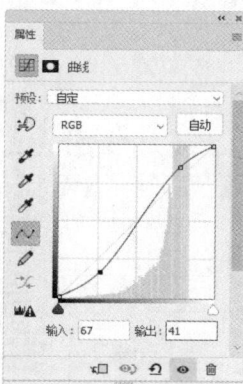
图 9-65

图 9-66

图 9-67

9.3.2 填充图层

当需要新建填充图层时，选择"图层 > 新建填充图层"命令，弹出填充图层的 3 种方式，如图 9-68 所示。选择其中的一种方式，弹出"新建图层"对话框，如图 9-69 所示，单击"确定"按钮，将根据选择的填充方式弹出不同的填充对话框。

图 9-68

图 9-69

以渐变填充为例，其填充对话框如图 9-70 所示，单击"确定"按钮，"图层"控制面板和图像的效果分别如图 9-71 和图 9-72 所示。

图 9-70

图 9-71

图 9-72

也可以单击"图层"控制面板下方的"创建新的填充和调整图层"按钮 ⊘，在弹出的菜单中选择需要的填充方式。

9.3.3 调整图层

选择"图层 > 新建调整图层"命令，或单击"图层"控制面板下方的"创建新的填充或调整图层"按钮 ⊘，弹出的菜单中包括 16 个调整图层命令，如图 9-73 所示，选择不同的调整图层命令，弹出"新建图层"对话框，如图 9-74 所示，单击"确定"按钮，将弹出不同的调整面板。以选择"色相/饱和度"命令为例，设置如图 9-75 所示，按 Enter 键确定操作，"图层"控制面板和图像的效果分别如图 9-76 和图 9-77 所示。

图 9-73　　　　　　　　　　　图 9-74　　　　　　　　　　　图 9-75

图 9-76　　　　　　　　　图 9-77

9.4 图层复合、盖印图层与智能对象图层

应用图层复合盖印图层和智能对象图层可以提高制作图像的效率，快速地得到所需效果。

9.4.1 图层复合

图层复合可将同一文件中的不同图层效果组合并另存为多个"图层效果组合"，可以更加方便、快捷地展示和比较不同图层组合设计的视觉效果。

1. 控制面板

设计好的图像效果如图 9-78 所示，"图层"控制面板如图 9-79 所示。选择"窗口 > 图层复合"命令，弹出"图层复合"控制面板，如图 9-80 所示。

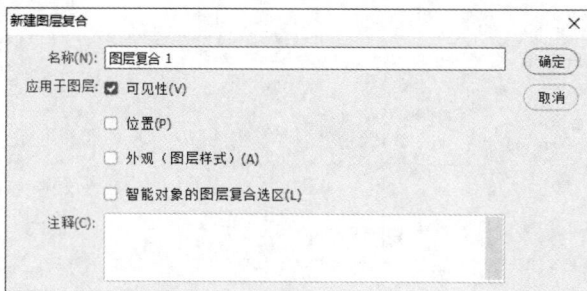

图 9-78　　　　　　　　　图 9-79　　　　　　　　　　　　　图 9-80

2. 创建图层复合

单击"图层复合"控制面板右上方的 ≡ 图标，在弹出的菜单中选择"新建图层复合"命令，弹出"新建图层复合"对话框，如图 9-81 所示，单击"确定"按钮，建立"图层复合 1"，如图 9-82 所示，所建立的"图层复合 1"中存储的是当前制作的效果。

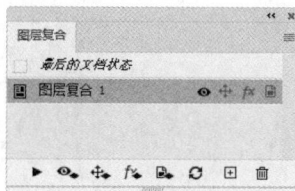

图 9-81　　　　　　　　　　　　　　　图 9-82

对图像进行修饰和编辑，图像效果如图 9-83 所示，"图层"控制面板如图 9-84 所示。选择"新建图层复合"命令，建立"图层复合 2"，如图 9-85 所示，所建立的"图层复合 2"中存储的是修饰编辑后的效果。

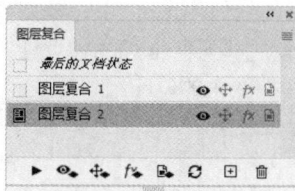

图 9-83　　　　　　　图 9-84　　　　　　　　　图 9-85

3. 查看图层复合

在"图层复合"控制面板中，单击"图层复合 1"左侧的方框，显示 ■ 图标，如图 9-86 所示，可以观察"图层复合 1"中的图像，效果如图 9-87 所示。单击"图层复合 2"左侧的方框，显示 ■ 图标，如图 9-88 所示，可以观察"图层复合 2"中的图像，效果如图 9-89 所示。

图 9-86　　　　　　图 9-87　　　　　　图 9-88　　　　　　图 9-89

9.4.2　盖印图层

盖印图层是将图像窗口中所有当前显示出来的图像合并到一个新的图层中。

在"图层"控制面板中选中一个可见图层，如图 9-90 所示，单击 Alt+Shift+Ctrl+E 组合键，将每个图层中的图像复制并合并到一个新的图层中，如图 9-91 所示。

图 9-90　　　　　　　　图 9-91

> 提示
>
> 在执行此操作时，必须选择一个可见的图层，否则将无法实现此操作。

9.4.3　智能对象图层

智能对象图层简称智能对象。智能对象可以将一个或多个图层，甚至是一个矢量图形文件包含在 Photoshop 文件中。以智能对象形式嵌入 Photoshop 文件中的位图或矢量文件，与当前的 Photoshop 文件能够保持相对的独立性。当对 Photoshop 文件进行修改或对智能对象进行变形、旋转时，不会影响嵌入的位图或矢量文件。

1. 创建智能对象

使用"置入"命令：选择"文件 > 置入"命令为当前的图像文件置入一个矢量文件或位图文件。

使用"转换为智能对象"命令：选中一个或多个图层后，选择"图层 > 智能对象 > 转换为智能对象"命令，可以将选中的图层转换为智能对象图层。

使用"粘贴"命令：先在 Illustrator 中对对象进行复制，再回到 Photoshop 中将复制的对象进行粘贴。

2. 编辑智能对象

智能对象及"图层"控制面板中的效果分别如图 9-92 和图 9-93 所示。

双击"瓷瓶"图层的缩览图，Photoshop 将打开一个新文件，即智能对象"瓷瓶"，如图 9-94 所示。此智能对象文件包含 1 个普通图层，如图 9-95 所示。

图 9-92　　　　　　　　图 9-93　　　　　　　　图 9-94　　　　　　　　图 9-95

在智能对象文件中对图像进行修改并保存，效果如图 9-96 所示，修改操作将影响嵌入此智能对象文件的图像最终效果，如图 9-97 所示。

图 9-96　　　　　　图 9-97

课堂练习——制作摄影展海报

练习知识要点

使用"移动"工具和图层混合模式制作创意图像的融合，使用图层蒙版和"画笔"工具调整图像的融合，最终效果如图 9-98 所示。

图 9-98

效果所在位置

Ch09/效果/制作摄影展海报.psd。

课后习题——制作生活摄影公众号首页次图

习题知识要点

使用色彩平衡调整层和"画笔"工具为衣服调色，最终效果如图 9-99 所示。

微课视频

制作生活摄影
公众号首页次图

图 9-99

效果所在位置

Ch09/效果/制作生活摄影公众号首页次图.psd。

10

第 10 章
文字的使用

本章介绍

    本章将主要介绍 Photoshop 中文字的输入及编辑方法。通过本章的学习，学习者可以了解并掌握文字的编辑，快速掌握点文字、段落文字的输入方法，掌握变形文字的设置及路径文字的制作方法。

学习目标

- 熟练掌握文字的输入与编辑技巧。
- 熟练掌握文字的变形方法。
- 掌握在路径上创建并编辑文字的方法。

技能目标

- 掌握"家装网站首页 Banner"的制作方法。
- 掌握"霓虹字"的制作方法。
- 掌握"餐厅招牌面宣传单"的制作方法。

素养目标

- 培养准确的表达能力和语言理解能力。
- 培养坚韧的毅力与不懈奋斗的精神。
- 培养正确的价值导向。

10.1 　文字的输入与编辑

文字工具可以输入文字，使用"字符"控制面板和"段落"控制面板对文字和段落进行调整。

10.1.1　课堂案例——制作家装网站首页 Banner

案例学习目标

学习使用文字工具和"字符"控制面板添加文字。

案例知识要点

使用"矩形选框"工具和"椭圆选框"工具制作阴影效果，使用图层样式制作投影效果，使用自然饱和度和照片滤镜调整层调整图像色调，使用"矩形"工具绘制边框，使用"横排文字"工具和"直排文字"工具输入需要的文字，最终效果如图 10-1 所示。

图 10-1

微课视频　　　　扩展阅读

制作家装网站首页　　制作服装饰品 App
Banner　　　　　首页 Banner

效果所在位置

Ch10/效果/制作家装网站首页 Banner.psd。

（1）按 Ctrl+N 组合键，弹出"新建文档"对话框，设置"宽度"为 1920 像素，"高度"为 800 像素，"分辨率"为 300 像素/英寸，"颜色模式"为 RGB，"背景内容"为白色，单击"创建"按钮，新建一个文件。

（2）按 Ctrl+O 组合键，打开云盘中的"Ch10 > 素材 > 制作家装网站首页 Banner > 01、02"文件，选择"移动"工具 ，将"01"和"02"图像分别拖曳到新建的图像窗口中适当的位置，效果如图 10-2 所示，"图层"控制面板中生成新的图层，分别将其命名为"底图"和"沙发"，如图 10-3 所示。

图 10-2

图 10-3

（3）新建图层并将其命名为"阴影 1"。将前景色设为黑色。选择"矩形选框"工具 ⬚，在属性栏中将"羽化"选项设为 20 像素，在图像窗口中拖曳鼠标绘制选区，如图 10-4 所示。按 Alt+Delete 组合键，用前景色填充选区，效果如图 10-5 所示。按 Ctrl+D 组合键，取消选区。

图 10-4   图 10-5

（4）将"阴影 1"图层拖曳到"沙发"图层的下方，效果如图 10-6 所示。使用相同的方法绘制另一个阴影，效果如图 10-7 所示，该图层命名为"阴影 2"。

图 10-6   图 10-7

（5）新建图层并将其命名为"阴影 3"。选择"椭圆选框"工具 ⬭，在属性栏中选中"添加到选区"按钮 ⬚，将"羽化"选项设为 3 像素，如图 10-8 所示，在图像窗口中拖曳鼠标绘制多个选区，效果如图 10-9 所示。

图 10-8   图 10-9

（6）按 Alt+Delete 组合键，用前景色填充选区。按 Ctrl+D 组合键，取消选区。在"图层"控制面板上方，将该图层的"不透明度"选项设为 38%，按 Enter 键确定操作。将"阴影 3"图层拖曳到"阴影 2"图层的下方，"图层"控制面板如图 10-10 所示，效果如图 10-11 所示。

图 10-10   图 10-11

（7）按 Ctrl+O 组合键，打开云盘中的"Ch10 > 素材 > 制作家装网站首页 Banner > 03"文件。选择"移动"工具 ✛，将"03"图像拖曳到新建的图像窗口中适当的位置，效果如图 10-12

所示，"图层"控制面板中生成新的图层，将其命名为"小圆桌"。

（8）新建图层并将其命名为"阴影 4"。选择"椭圆选框"工具 ◯，在属性栏中将"羽化"选项设为 2 像素，在图像窗口中拖曳鼠标绘制多个选区，如图 10-13 所示。按 Alt+Delete 组合键，用前景色填充选区。按 Ctrl+D 组合键，取消选区。在"图层"控制面板上方，将该图层的"不透明度"选项设为 29%，按 Enter 键确定操作，效果如图 10-14 所示。将"阴影 4"图层拖曳到"小圆桌"图层的下方，效果如图 10-15 所示。

图 10-12   图 10-13   图 10-14   图 10-15

（9）使用相同的方法添加衣架并制作阴影，效果如图 10-16 所示。按 Ctrl+O 组合键，打开云盘中的"Ch10 > 素材 > 制作家装网站首页 Banner > 05"文件。选择"移动"工具 ✥，将"05"图像拖曳到新建的图像窗口中适当的位置，效果如图 10-17 所示，"图层"控制面板中生成新的图层，将其命名为"挂画"。

图 10-16   图 10-17

（10）单击"图层"控制面板下方的"添加图层样式"按钮 fx，在弹出的菜单中选择"投影"命令，弹出对话框，选项的设置如图 10-18 所示，单击"确定"按钮，图像效果如图 10-19 所示。

图 10-18   图 10-19

（11）单击"图层"控制面板下方的"创建新的填充或调整图层"按钮 ◑，在弹出的菜单中选择"自然饱和度"命令，"图层"控制面板中生成"自然饱和度 1"图层，同时弹出自然饱和度的"属性"面板，选项的设置如图 10-20 所示，按 Enter 键确定操作，图像效果如图 10-21 所示。

图 10-20

图 10-21

（12）单击"图层"控制面板下方的"创建新的填充或调整图层"按钮 ◑，在弹出的菜单中选择"照片滤镜"命令，"图层"控制面板中生成"照片滤镜 1"图层，同时弹出照片滤镜的"属性"面板，将"滤镜"选项设为"青"，其他选项的设置如图 10-22 所示，按 Enter 键确定操作，图像效果如图 10-23 所示。

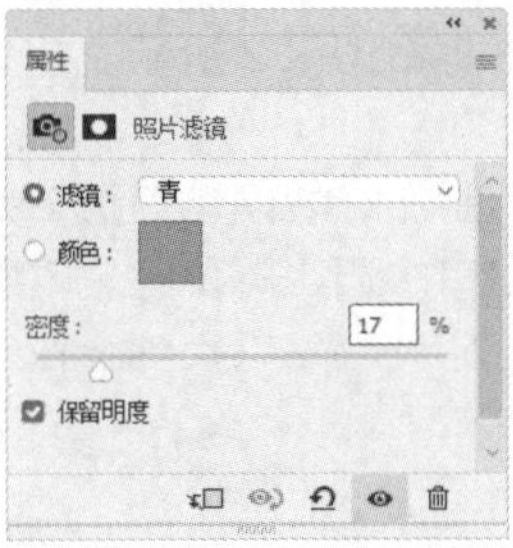

图 10-22

图 10-23

（13）选择"矩形"工具 ▭，在属性栏中的"选择工具模式"选项中选择"形状"，将"填充"选项设为无，"描边"颜色设为浅灰色（112、112、111），"描边宽度"选项设为 2.5 像素，在图像窗口中拖曳鼠标绘制矩形，效果如图 10-24 所示，"图层"控制面板中生成新的形状图层"矩形 1"。将该图层的"不透明度"选项设为 60%，如图 10-25 所示，按 Enter 键确定操作，效果如图 10-26 所示。

（14）选择"移动"工具 ✛，按住 Alt 键的同时，将矩形拖曳到适当的位置，复制矩形，"图层"控制面板中生成新的形状图层"矩形 1 拷贝"。选择"矩形"工具 ▭，在属性栏中将"描边"颜色设为深灰色（67、67、67），效果如图 10-27 所示。

图 10-24

图 10-25

图 10-26

图 10-27

（15）选择"横排文字"工具 **T.**，在适当的位置输入需要的文字并选取文字。选择"窗口 > 字符"命令，弹出"字符"控制面板，将"颜色"选项设为灰色（75、75、75），其他选项的设置如图 10-28 所示，按 Enter 键确定操作，效果如图 10-29 所示。再次在适当的位置输入需要的文字并选取文字，在"字符"控制面板中进行设置，如图 10-30 所示，按 Enter 键确定操作，效果如图 10-31 所示，在"图层"控制面板中分别生成新的文字图层。

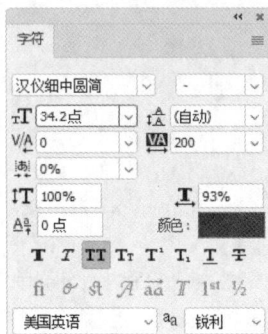  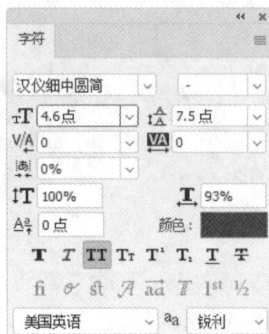 

图 10-28　　　　　　图 10-29　　　　　　图 10-30　　　　　　图 10-31

（16）选择"直排文字"工具 **IT.**，在适当的位置输入需要的文字并选取文字。在"字符"控制面板中，将"颜色"设为灰色（75、75、75），其他选项的设置如图 10-32 所示，按 Enter 键确定操作，效果如图 10-33 所示。

（17）按 Ctrl+O 组合键，打开云盘中的"Ch10 > 素材 > 制作家装网站首页 Banner > 06"文件。选择"移动"工具 **✛.**，将"06"图像拖曳到新建的图像窗口中适当的位置，效果如图 10-34 所示，"图层"控制面板中生成新的图层，将其命名为"花瓶"。家装网站首页 Banner 制作完成。

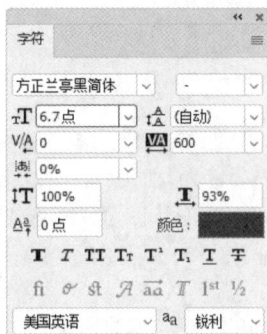  

图 10-32　　　　　　图 10-33　　　　　　　　　图 10-34

10.1.2　输入横排、直排文字

选择"横排文字"工具 **T.**，或反复按 T 键切换到该工具，其属性栏状态如图 10-35 所示。

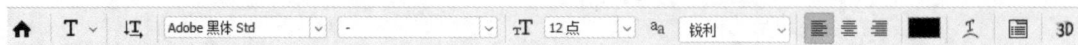

图 10-35

切换文本取向 **⥮**：用于切换文字的输入方向。

Adobe 黑体 Std | - ：用于设置文字的字体及样式。

T 12 点 ：用于设置字体的大小。

🅰a 锐利 ∨ ：用于设置消除文字的锯齿的方法，包括无、锐利、犀利、浑厚和平滑 5 个选项。

▤ ▥ ▦：用于设置文字的段落格式，分别是左对齐、居中对齐和右对齐。

■：用于设置文字的颜色。

创建文字变形 ⬓：用于对文字进行变形操作。

切换字符和段落面板 ▤：用于打开"段落"和"字符"控制面板。

取消所有当前编辑 ⊘：在输入文字的状态下会显示此按钮，用于取消对文字的操作。

提交所有当前编辑 ✓：在输入文字的状态下会显示此按钮，用于确定对文字的操作。

从文本创建 3D 𝟹𝙳：用于从文字图层创建 3D 对象。

选择"直排文字"工具 ⬓T，可以在图像中创建直排文字。直排文字工具属性栏和横排文本工具属性栏的功能基本相同，这里就不再赘述。

10.1.3　创建文字形状选区

"横排文字蒙版"工具 ⬓：用于在图像中创建横排文字的选区。横排文字蒙版工具属性栏和横排文字工具属性栏的功能基本相同，这里就不再赘述。

"直排文字蒙版"工具 ⬓：用于在图像中创建直排文字的选区。直排文字蒙版工具属性栏和直排文字工具属性栏的功能基本相同，这里就不再赘述。

10.1.4　字符设置

"字符"控制面板用于编辑文本。

选择"窗口 > 字符"命令，弹出"字符"控制面板，如图 10-36所示。

字体 Adobe 黑体 Std ∨：单击选项右侧的 ∨ 按钮，可在其下拉列表中选择字体。

字体大小 ⯅T 12点 ∨：可以在选项的数值框中直接输入数值，也可以单击选项右侧的 ∨ 按钮，在其下拉列表中选择表示字体大小的数值。

设置行距 ⯅A (自动) ∨：在选项的数值框中直接输入数值，或单击选项右侧的 ∨ 按钮，在其下拉列表中选择需要的行距数值，可以调整文本段落的行距，效果如图 10-37 所示。

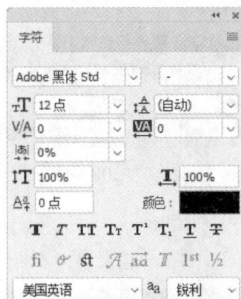

图 10-36

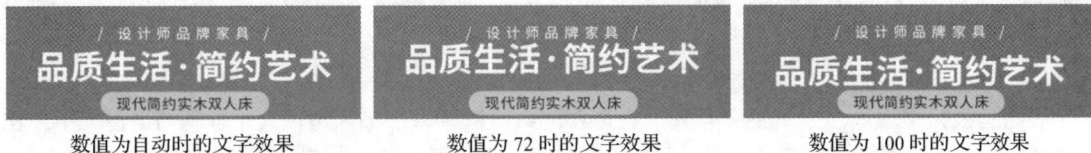

数值为自动时的文字效果　　　　数值为 72 时的文字效果　　　　数值为 100 时的文字效果

图 10-37

设置两个字符间的字距微调 VͣA 0 ∨：在两个字符间插入光标，在选项的数值框中输入数值，或单击选项右侧的 ∨ 按钮，在其下拉列表中选择需要的字距数值。输入正值时，字符的间距加大；输入负值时，字符的间距缩小，效果如图 10-38 所示。

数值为 0 时的文字效果　　　　数值为 200 时的文字效果　　　　数值为-100 时的文字效果

图 10-38

　　设置所选字符的字距调整 VA 0 ⌄ ：在选项的数值框中直接输入数值，或单击选项右侧的 ⌄ 按钮，在其下拉列表中选择字距数值，可以调整文本段落的字距。输入正值时，字距加大；输入负值时，字距缩小，效果如图 10-39 所示。

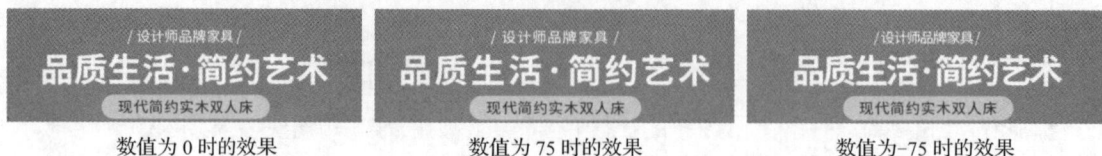

数值为 0 时的效果　　　　　　数值为 75 时的效果　　　　　　数值为-75 时的效果

图 10-39

　　设置所选字符的比例间距 ⊿ 0% ⌄ ：在其下拉列表中选择百分比数值，可以对所选字符的比例间距进行细微的调整，效果如图 10-40 所示。

数值为 0%时的文字效果　　　　　　数值为 100%时的文字效果

图 10-40

　　垂直缩放 �T 100% ：在选项的数值框中直接输入数值，可以调整字符的高度，效果如图 10-41 所示。

数值为 100%时的文字效果　　　　数值为 80%时的文字效果　　　　数值为 120%时的文字效果

图 10-41

　　水平缩放 T 100% ：在选项的数值框中输入数值，可以调整字符的宽度，效果如图 10-42 所示。

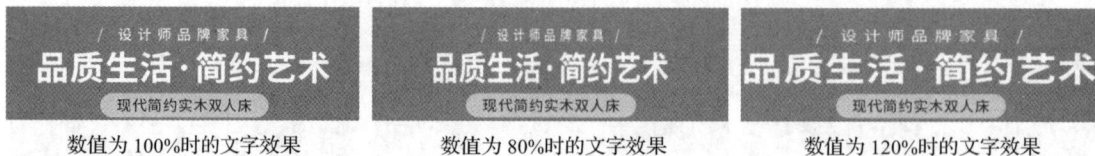

数值为 100%时的文字效果　　　　数值为 80%时的文字效果　　　　数值为 120%时的文字效果

图 10-42

　　设置基线偏移 A⫯ 0点 ：选中字符，在选项的数值框中直接输入数值，可以调整字符上下或左右移动。输入正值时，横排字符上移或直排字符右移；输入负值时，横排字符下移或直排字符左移，效果如图 10-43 所示。

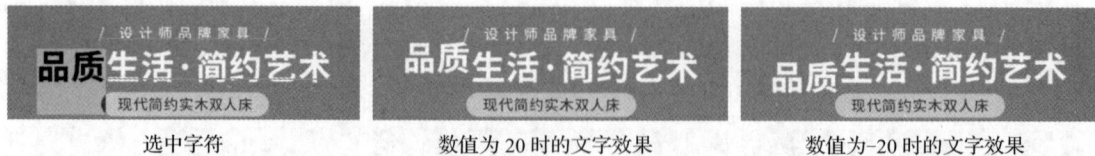

选中字符　　　　　　数值为 20 时的文字效果　　　　数值为-20 时的文字效果

图 10-43

　　设置文本颜色 颜色：■ ：在图标上单击，弹出"选择文本颜色"对话框，在对话框中设置需要的颜色后，单击"确定"按钮，可改变文字的颜色。

　　设定字符形式 T *T* TT Tᴛ T¹ T₁ T̲ T̶ ：从左到右依次为"仿粗体"按钮 T、"仿斜体"按钮 *T*、

"全部大写字母"按钮 **TT**、"小型大写字母"按钮 **Tr**、"上标"按钮 **T¹**、"下标"按钮 **T₁**、"下划线"按钮 **T** 和"删除线"按钮 **T**。单击不同的按钮，可得到不同的字符形式，效果如图 10-44 所示。

正常效果

仿粗体效果

仿斜体效果

全部大写字母效果

小型大写字母效果

上标效果

下标效果

下划线效果

删除线效果

图 10-44

语言设置 [美国英语 ∨]：单击选项右侧的 ∨ 按钮，可在其下拉列表中选择需要的语言，以便进行拼写检查和连字的设定。

设置消除锯齿的方法 ᵃ[锐利 ∨]：包括无、锐利、犀利、浑厚和平滑 5 种消除锯齿的方法。

10.1.5 栅格化文字

"图层"控制面板中的文字图层如图 10-45 所示，要栅格化文字，可以选择"图层 > 栅格化 > 文字"命令，将文字图层转换为图像图层，如图 10-46 所示；也可在文字图层上单击鼠标右键，在弹出的快捷菜单中选择"栅格化文字"命令；还可以选择"文字 > 栅格化文字图层"命令。

图 10-45   图 10-46

10.1.6 输入段落文字

选择"横排文字"工具 **T**，将鼠标指针移动到图像窗口中，鼠标指针变为 **I** 图标。在图像窗口中拖曳鼠标创建一个段落定界框，如图 10-47 所示。插入点显示在段落定界框的左上角，段落定界框具有自动换行功能，如果输入的文字较多，则当文字遇到段落定界框时，会自动换到下一行显示。输入文字，效果如图 10-48 所示。

如果输入的文字需要分段落，可以按 Enter 键进行操作。还可以对段落定界框进行旋转、拉伸等操作。

图 10-47

图 10-48

10.1.7　编辑段落文字的定界框

　　将鼠标指针放在定界框的控制点上，鼠标指针变为 ↖ 图标，如图 10-49 所示，拖曳边框上的控制点可以按需求缩放定界框，如图 10-50 所示。如果按住 Shift 键的同时拖曳边框上的控制点，可以成比例地缩放定界框。

图 10-49

图 10-50

　　将鼠标指针放在定界框的外侧，鼠标指针变为 ↻ 图标，此时拖曳边框上的控制点可以旋转定界框，如图 10-51 所示。按住 Ctrl 键的同时，将鼠标指针放在定界框的外侧，鼠标指针变为 ↔ 图标，拖曳鼠标可以改变定界框的倾斜度，效果如图 10-52 所示。

图 10-51

图 10-52

10.1.8　段落设置

　　选择"窗口 > 段落"命令，弹出"段落"控制面板，如图 10-53 所示。

　　▤ ▤ ▤：用于调整文本段落中每行的对齐方式，包括左对齐、中间对齐、右对齐。

　　▤ ▤ ▤：用于调整段落的对齐方式，包括段落最后一行左对齐、段落最后一行中间对齐、段落最后一行右对齐。

　　全部对齐 ▤：用于设置整个段落中的行两端对齐。

　　左缩进 ▸▤：在选项的数值框中输入数值可以设置段落左端的缩进量。

　　右缩进 ▤◂：在选项的数值框中输入数值可以设置段落右端的缩进量。

图 10-53

　　首行缩进 ▸▤：在选项的数值框中输入数值可以设置段落第一行的左端缩进量。

　　段前添加空格 ▸▤：在选项的数值框中输入数值可以设置当前段落与前一段落的距离。

　　段后添加空格 ▸▤：在选项的数值框中输入数值可以设置当前段落与后一段落的距离。

避头尾法则设置、间距组合设置：用于设置段落的样式。

连字：用于设置文字是否与连字符连接。

10.1.9 横排文字与直排文字的转换

在图像窗口中输入直排文字，如图 10-54 所示。选择"文字 > 文本排列方向 > 横排"命令，文字将从垂直方向转换为水平方向，如图 10-55 所示。

图 10-54 图 10-55

10.1.10 文字、路径、形状的转换

1. 点文字与段落文字的转换

在图像中建立点文字图层，选择"文字 > 转换为段落文本"命令，将点文字图层转换为段落文字图层。

要将建立的段落文字图层转换为点文字图层，选择"文字 > 转换为点文本"命令即可。

2. 将文字转换为路径

在图像中输入文字，如图 10-56 所示，选择"文字 > 创建工作路径"命令，将文字转换为路径，效果如图 10-57 所示。

图 10-56 图 10-57

3. 将文字转换为形状

在图像中输入文字，如图 10-58 所示。选择"文字 > 转换为形状"命令，将文字转换为形状，效果如图 10-59 所示，在"图层"控制面板中，文字图层转换为形状路径图层，如图 10-60 所示。

图 10-58 图 10-59 图 10-60

10.2　文字变形效果

使用"文字变形"命令，可以根据需要将输入完成的文字进行各种变形。

10.2.1　课堂案例——制作霓虹字

案例学习目标

学习使用"创建变形文字"命令制作变形文字。

案例知识要点

使用"横排文字"工具输入文字，使用"创建变形文字"命令制作变形文字，使用图层样式为文字添加特殊效果，最终效果如图 10-61 所示。

图 10-61

微课视频
制作霓虹字

扩展阅读
制作购物节
Banner 广告

效果所在位置

Ch10/效果/制作霓虹字.psd。

（1）按 Ctrl+O 组合键，打开云盘中的"Ch10 > 素材 > 制作霓虹字 > 01"文件，如图 10-62 所示。选择"横排文字"工具 **T.**，在适当的位置输入需要的文字并选取文字，"图层"控制面板中生成新的文字图层。选择"窗口 > 字符"命令，弹出"字符"控制面板，将"颜色"选项设为白色，其他选项的设置如图 10-63 所示，按 Enter 键确定操作，效果如图 10-64 所示。

图 10-62

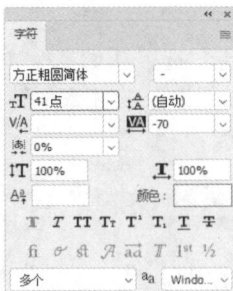

图 10-63

图 10-64

（2）单击"图层"控制面板下方的"添加图层样式"按钮 **fx.**，在弹出的菜单中选择"描边"命令，弹出对话框，将描边颜色设为白色，其他选项的设置如图 10-65 所示。选择"内发光"选项，切换到相应的对话框，将发光颜色设为玫红色（207、11、101），其他选项的设置如图 10-66 所示。

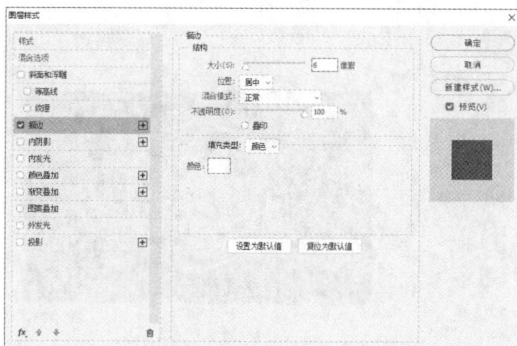

图 10-65　　　　　　　　　　　　　　　图 10-66

（3）选择"外发光"选项，切换到相应的对话框，将发光颜色设为玫红色（207、11、101），其他选项的设置如图 10-67 所示，单击"确定"按钮，图像效果如图 10-68 所示。

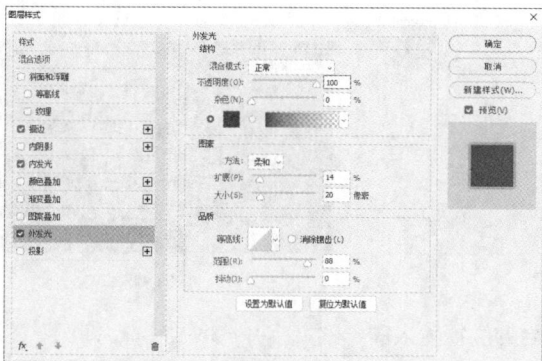

图 10-67　　　　　　　　　　　　　　　图 10-68

（4）选择"文字 > 文字变形"命令，弹出"变形文字"对话框，选项的设置如图 10-69 所示，单击"确定"按钮，文字效果如图 10-70 所示。

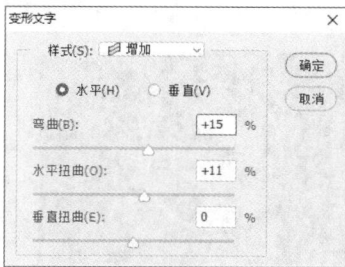

图 10-69　　　　　　　　　　　　　　　图 10-70

（5）选择"椭圆"工具 ◯，将属性栏中的"选择工具模式"选项设为"形状"，"填充"颜色设为无，"描边"颜色设为白色，"粗细"选项设为 11 像素，按住 Shift 键的同时，在图像窗口中绘制一个圆形，效果如图 10-71 所示，"图层"控制面板中生成新的形状图层，命名为"椭圆 1"。将"椭圆 1"图层拖曳到文字图层的下方，如图 10-72 所示，图像效果如图 10-73 所示。

（6）单击"图层"控制面板下方的"添加图层样式"按钮 *fx*，在弹出的菜单中选择"外发光"选项，弹出对话框，将发光颜色设为玫红色（207、11、101），其他选项的设置如图 10-74 所示，单击"确定"按钮，图像效果如图 10-75 所示。

图 10-71　　　　　　　　　　　　　图 10-72　　　　　　　　　　　　　图 10-73

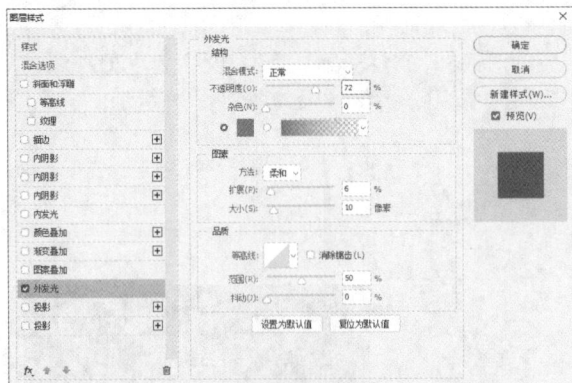

图 10-74　　　　　　　　　　　　　　　　　　　　　　图 10-75

（7）选择"横排文字"工具 **T.**，在适当的位置输入需要的文字并选取文字，"图层"控制面板中生成新的文字图层。在"字符"控制面板中，将"颜色"选项设为黄色（228、205、48），其他选项的设置如图 10-76 所示，按 Enter 键确定操作，图像效果如图 10-77 所示。霓虹字制作完成。

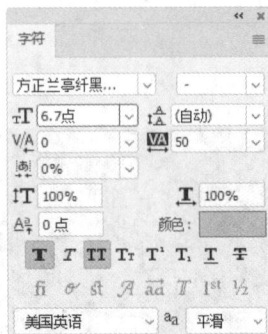

图 10-76　　　　　　　　　　　　　　　图 10-77

10.2.2　变形文字

应用"变形文字"对话框可以将文字进行多种样式的变形，如扇形、旗帜、波浪、膨胀、扭转等。

1．制作扭曲变形文字

选择"横排文字"工具 **T.**，在图像窗口中输入文字，如图 10-78 所示，单击属性栏中的"创建文字变形"按钮 **I.**，弹出"变形文字"对话框，如图 10-79 所示，"样式"选项的下拉列表中包含多种文字的变形效果，如图 10-80 所示。应用不同的变形样式后，效果如图 10-81 所示。

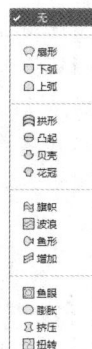

图 10-78　　　　　图 10-79　　　　　图 10-80

扇形

下弧

上弧

拱形

凸起

贝壳

花冠

旗帜

波浪

鱼形

增加

鱼眼

膨胀

挤压

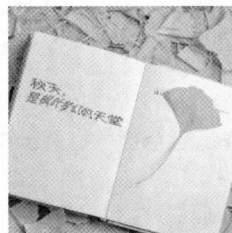

扭转

图 10-81

2．修改文字的变形效果

如果要修改文字的变形效果，可以调出"变形文字"对话框，在对话框中重新设置样式或更改当前应用样式的数值。

3．取消文字的变形效果

如果要取消文字的变形效果，可以调出"变形文字"对话框，在"样式"选项的下拉列表中选择"无"。

10.3　在路径上创建并编辑文字

Photoshop 可以像 Illustrator 一样，把文本沿着路径放置。在 Photoshop 中创建的路径文字还可以在 Illustrator 中直接编辑。

10.3.1　课堂案例——制作餐厅招牌面宣传单

案例学习目标

学习使用绘图工具和文字工具制作餐厅招牌面宣传单。

案例知识要点

使用"移动"工具添加素材图像，使用"椭圆"工具、"横排文字"工具和"字符"控制面板制作路径文字，使用"横排文字"工具和"矩形"工具添加其他信息，最终效果如图 10-82 所示。

微课视频　　扩展阅读

制作餐厅招牌面　　制作餐厅招牌面
宣传单　　　　　宣传单

图 10-82

效果所在位置

Ch10/效果/制作餐厅招牌面宣传单.psd。

（1）按 Ctrl+O 组合键，打开云盘中的"Ch10 > 素材 > 制作餐厅招牌面宣传单 > 01、02"文件。选择"移动"工具 ⊕，将"02"图像拖曳到"01"图像窗口中适当的位置，效果如图 10-83 所示，"图层"控制面板中生成新的图层，将其命名为"面"。

（2）单击"图层"控制面板下方的"添加图层样式"按钮 fx，在弹出的菜单中选择"投影"命令，在弹出的对话框中进行设置，如图 10-84 所示，单击"确定"按钮，效果如图 10-85 所示。

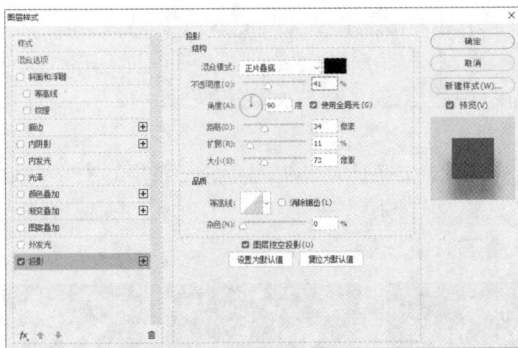

| 图 10-83 | 图 10-84 | 图 10-85 |

（3）选择"椭圆"工具 ，将属性栏中的"选择工具模式"选项设为"路径"，在图像窗口中绘制一个椭圆形路径，效果如图 10-86 所示。

（4）选择"横排文字"工具 ，将鼠标指针放置在路径上，鼠标指针会变为 图标，单击后出现一个带有选中文字的文字区域，此处成为输入文字的起始点，输入需要的文字。选取文字，在属性栏中选择合适的字体并设置文字大小，将文本颜色设为白色，效果如图 10-87 所示，"图层"控制面板中生成新的文字图层。

（5）选取文字。按 Ctrl+T 组合键，弹出"字符"控制面板，将"设置所选字符的字距调整" 选项设置为-450，其他选项的设置如图 10-88 所示，按 Enter 键确定操作，效果如图 10-89 所示。

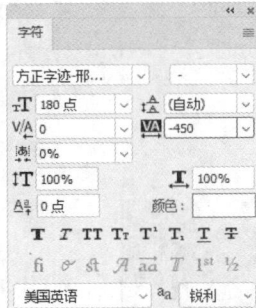
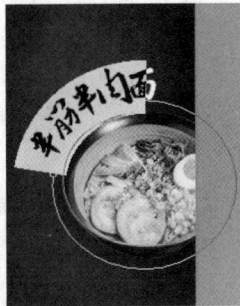

| 图 10-86 | 图 10-87 | 图 10-88 | 图 10-89 |

（6）选取文字"筋半肉面"。在属性栏中设置文字大小，效果如图 10-90 所示。在文字"肉"右侧单击插入光标，在"字符"控制面板中，将"设置两个字符间的字距微调" 选项设置为 60，其他选项的设置如图 10-91 所示，按 Enter 键确定操作，效果如图 10-92 所示。

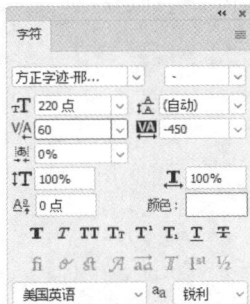
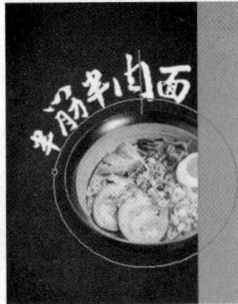

| 图 10-90 | 图 10-91 | 图 10-92 |

（7）用步骤（3）～（6）所述方法制作其他路径文字，效果如图 10-93 所示。按 Ctrl+O 组合键，打开云盘中的"Ch10 > 素材 > 制作餐厅招牌面宣传单 > 03"文件，选择"移动"工具 ，将"03"图像拖曳到图像窗口中适当的位置，效果如图 10-94 所示，"图层"控制面板中生成新图层，将其命名为"筷子"。

（8）选择"横排文字"工具 ，在适当的位置输入需要的文字并选取文字，在属性栏中选择合适的字体并设置文字大小，将文本颜色设为浅棕色（209、192、165），效果如图 10-95 所示，在"图层"控制面板中生成新的文字图层。

图 10-93　　　　　　　　图 10-94　　　　　　　　图 10-95

（9）选择"横排文字"工具 ，在适当的位置分别输入需要的文字并选取文字，在属性栏中选择合适的字体并设置文字大小，将文本颜色设为白色，效果如图 10-96 所示，"图层"控制面板中生成新的文字图层。

（10）选取文字"订餐……**"。在"字符"控制面板中，将"设置所选字符的字距调整" 选项设为 75，其他选项的设置如图 10-97 所示，按 Enter 键确定操作，效果如图 10-98 所示。

 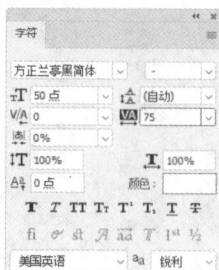 

图 10-96　　　　　　　　图 10-97　　　　　　　　图 10-98

（11）选取数字"400-78**89**"。在属性栏中选择合适的字体并设置文字大小，效果如图 10-99 所示。选取符号"**"。在"字符"控制面板中，将"设置基线偏移" 选项设为-15 点，其他选项的设置如图 10-100 所示，按 Enter 键确定操作，效果如图 10-101 所示。

图 10-99　　　　　　　　图 10-100　　　　　　　　图 10-101

（12）用相同的方法调整另一组符号的基线偏移，效果如图 10-102 所示。选择"横排文字"工具 **T**，在适当的位置输入需要的文字并选取文字，在属性栏中选择合适的字体并设置文字大小，将文本颜色设为浅棕色（209、192、165），效果如图 10-103 所示，"图层"控制面板中生成新的文字图层。

（13）在"字符"控制面板中，将"设置所选字符的字距调整"选项设为 340，其他选项的设置如图 10-104 所示，按 Enter 键确定操作，效果如图 10-105 所示。

图 10-102　　　　　图 10-103　　　　　图 10-104　　　　　图 10-105

（14）选择"矩形"工具 **□**，将属性栏中的"选择工具模式"选项设为"形状"，"填充"颜色设为浅棕色（209、192、165），"描边"颜色设为无，在图像窗口中绘制一个矩形，效果如图 10-106 所示，"图层"控制面板中生成新的形状图层，命名为"矩形 1"。

（15）选择"横排文字"工具 **T**，在适当的位置输入需要的文字并选取文字，在属性栏中选择合适的字体并设置文字大小，将文本颜色设为黑色，效果如图 10-107 所示，"图层"控制面板中生成新的文字图层。

图 10-106　　　　　　　　图 10-107

（16）在"字符"控制面板中，将"设置所选字符的字距调整"选项设为 340，其他选项的设置如图 10-108 所示，按 Enter 键确定操作，效果如图 10-109 所示。餐厅招牌面宣传单制作完成，效果如图 10-110 所示。

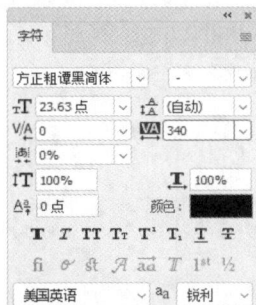

图 10-108　　　　　　图 10-109　　　　　　图 10-110

10.3.2　路径文字

应用路径可以将输入的文字排列成需要的效果。创建文字时可以将文字建立在路径上，并应用路径对文字进行调整。

1. **在路径上创建文字**

选择"椭圆"工具 ◯，在属性栏中的"选择工具模式"选项中选择"路径"，按住 Shift 键的同时，在图像窗口中绘制圆形路径，如图 10-111 所示。选择"横排文字"工具 T，将鼠标指针放在路径上，鼠标指针将变为 ⤶ 图标，如图 10-112 所示。单击路径出现闪烁的光标，此处为输入文字的起始点。输入的文字会沿着路径的形状进行排列，效果如图 10-113 所示。

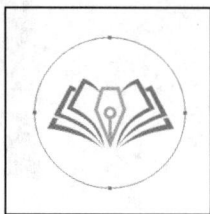 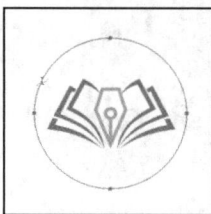 

图 10-111　　　　　　　　图 10-112　　　　　　　　图 10-113

> **提示**
> "路径"控制面板中的文字路径层与"图层"控制面板中相对的文字图层是相链接的，删除文字图层时，与其链接的文字路径层会自动被删除，删除其他工作路径不会对文字的排列产生影响。如果要修改文字的排列形状，需要对文字路径进行修改。

文字输入完成后，"路径"控制面板中会自动生成文字路径层，如图 10-114 所示。取消"视图/显示额外内容"命令的选中状态，可以隐藏文字路径，如图 10-115 所示。

图 10-114　　　　　　　　　　图 10-115

2. **在路径上移动文字**

选择"路径选择"工具 ▸，将鼠标指针放置在文字上，鼠标指针显示为 ⤶ 图标，如图 10-116 所示，沿着路径拖曳文字，可以移动文字，效果如图 10-117 所示。

图 10-116　　　　　　　　图 10-117

3. 在路径上翻转文字

选择"路径选择"工具 ▶ ，将鼠标指针放置在文字上，鼠标指针显示为 图标，如图 10-118 所示，将文字沿路径向下拖曳，可以沿路径翻转文字，效果如图 10-119 所示。

图 10-118　　　　　　图 10-119

4. 修改路径绕排文字的形态

创建了路径绕排文字后，同样可以编辑文字绕排的路径。选择"直接选择"工具 ▶ ，在路径上单击，路径上显示出控制手柄，拖曳控制手柄修改路径的形状，如图 10-120 所示，文字会按照修改后的路径进行排列，效果如图 10-121 所示。

图 10-120　　　　　　图 10-121

课堂练习——制作文字海报

练习知识要点

使用"置入嵌入对象"命令添加素材图像，使用"横排文字"工具、"直排文字"工具和"字符"控制面板输入并编辑文字，最终效果如图 10-122 所示。

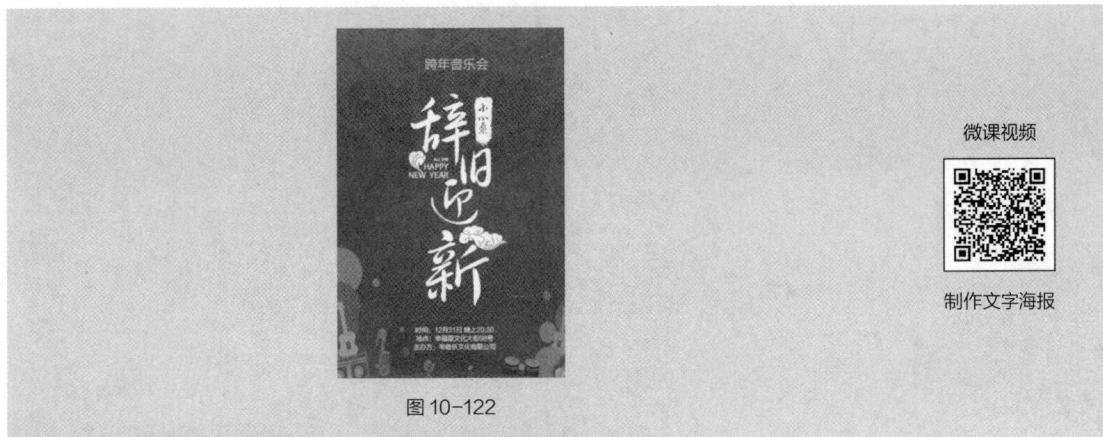

图 10-122

微课视频

制作文字海报

◎ **效果所在位置**

Ch10/效果/制作文字海报.psd。

课后习题——制作服饰类 App 主页 Banner

🔗 **习题知识要点**

使用"横排文字"工具输入文字，使用"栅格化文字"命令将文字转换为图像，使用"变换"命令制作文字特效，使用图层样式添加文字描边，使用"钢笔"工具绘制高光，使用"多边形套索"工具绘制装饰图形，最终效果如图 10-123 所示。

图 10-123

微课视频

制作服饰类 App
主页 Banner

◎ **效果所在位置**

Ch10/效果/制作服饰类 App 主页 Banner.psd。

第 11 章
通道的应用

本章介绍

　　本章将主要介绍通道的基本操作、通道的运算及通道蒙版，通过多个实际应用案例讲解通道命令的使用方法。通过本章的学习，学习者能够快速地掌握知识要点，能够合理地利用通道设计与制作作品。

学习目标

- 了解"通道"控制面板。
- 熟练掌握通道的创建、复制、删除。
- 了解专色通道，掌握"分离通道"命令与"合并通道"命令的使用方法。
- 掌握通道的运算和通道蒙版的应用。

技能目标

- 掌握"婚纱摄影类公众号运营海报"的制作方法。
- 掌握"活力青春公众号封面首图"的制作方法。
- 掌握"女性健康公众号首页次图"的制作方法。
- 掌握"婚纱摄影类公众号封面首图"的制作方法。

素养目标

- 培养自主获取信息和评估的能力。
- 培养责任感和团队合作精神。
- 培养能够对信息加工处理，并合理使用的能力。

11.1 通道的基本操作

应用"通道"控制面板可以对通道进行创建、复制、删除、分离与合并等操作。

11.1.1 课堂案例——制作婚纱摄影类公众号运营海报

案例学习目标

学习使用"通道"控制面板抠出婚纱。

案例知识要点

使用"钢笔"工具绘制选区，使用"色阶"命令调整图像，使用"通道"控制面板和"计算"命令抠出婚纱，最终效果如图 11-1 所示。

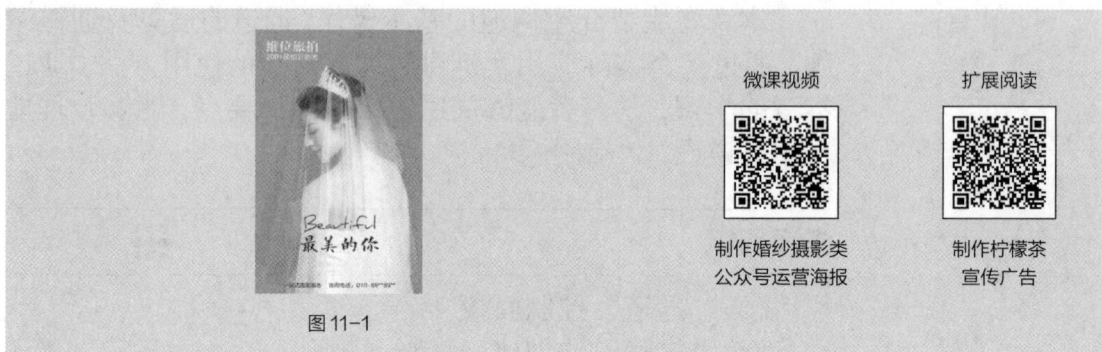

图 11-1

微课视频
制作婚纱摄影类
公众号运营海报

扩展阅读
制作柠檬茶
宣传广告

效果所在位置

Ch11/效果/制作婚纱摄影类公众号运营海报.psd。

（1）按 Ctrl+O 组合键，打开云盘中的"Ch11 > 素材 > 制作婚纱摄影类公众号运营海报 > 01"文件，如图 11-2 所示。

（2）选择"钢笔"工具 ，在属性栏的"选择工具模式"选项中选择"路径"，沿着人物的轮廓绘制路径，绘制时要避开半透明的头纱，如图 11-3 所示。

图 11-2

图 11-3

（3）选择"路径选择"工具 ，选取绘制的路径。按 Ctrl+Enter 组合键，将路径转换为选区，效果如图 11-4 所示。单击"通道"控制面板下方的"将选区存储为通道"按钮 ，将选区存储为通道，如图 11-5 所示。

图 11-4   图 11-5

（4）将"红"通道拖曳到控制面板下方的"创建新通道"按钮 ⊞ 上，复制通道，如图 11-6 所示。选择"钢笔"工具 ⬚ ，在图像窗口中沿着婚纱边缘绘制路径，如图 11-7 所示。按 Ctrl+Enter 组合键，将路径转换为选区，效果如图 11-8 所示。

图 11-6   图 11-7   图 11-8

（5）按 Shift+Ctrl+I 组合键，反选选区，如图 11-9 所示。将前景色设为黑色。按 Alt+Delete 组合键，用前景色填充选区。按 Ctrl+D 组合键，取消选区，效果如图 11-10 所示。

图 11-9   图 11-10

（6）选择"图像 > 计算"命令，在弹出的对话框中进行设置，如图 11-11 所示，单击"确定"按钮，得到新的通道图像，效果如图 11-12 所示。

图 11-11   图 11-12

（7）选择"图像 > 调整 > 色阶"命令，在弹出的对话框中进行设置，如图 11-13 所示，单击"确定"按钮，调整图像，效果如图 11-14 所示。

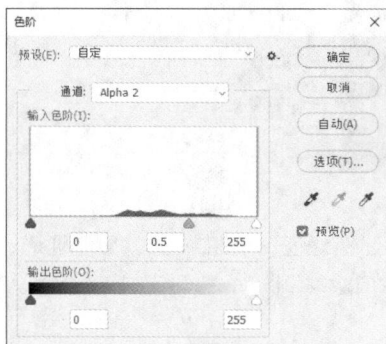

图 11-13　　　　　　　　　　　　　图 11-14

（8）按住 Ctrl 键的同时，单击"Alpha 2"通道的缩览图，如图 11-15 所示，载入婚纱选区，效果如图 11-16 所示。

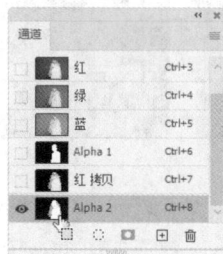 

图 11-15　　　　　　　　图 11-16

（9）单击"RGB"通道，显示彩色图像。单击"图层"控制面板下方的"添加图层蒙版"按钮 ◻ ，添加图层蒙版，如图 11-17 所示，抠出婚纱图像，效果如图 11-18 所示。

图 11-17　　　　　　　　图 11-18

（10）按 Ctrl+N 组合键，弹出"新建文档"对话框，设置"宽度"为 265 毫米，"高度"为 417 毫米，"分辨率"为 72 像素/英寸，"背景内容"为灰蓝色（143、153、165），单击"创建"按钮，新建一个文件，效果如图 11-19 所示。

（11）选择"横排文字"工具 T，在适当的位置输入需要的文字并选取文字，在属性栏中选择合适的字体并设置文字大小，将"文本颜色"设置为浅灰色（235、235、235），效果如图 11-20 所示，"图层"控制面板中生成新的文字图层。按 Ctrl+T 组合键，文字周围出现变换框，拖曳左侧中间的控制手柄到适当的位置，调整文字，并拖曳到适当的位置，按 Enter 键确定操作，效果如图 11-21 所示。

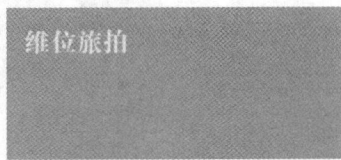

图 11-19 　　　　　图 11-20 　　　　　图 11-21

（12）选择"移动"工具 ，将"01"图像拖曳到新建的图像窗口中适当的位置并调整大小，效果如图 11-22 所示，"图层"控制面板中生成新的图层，将其命名为"人物"，如图 11-23 所示。

（13）按 Ctrl+L 组合键，弹出"色阶"对话框，选项的设置如图 11-24 所示，单击"确定"按钮，图像效果如图 11-25 所示。

（14）按 Ctrl+O 组合键，打开云盘中的"Ch11 > 素材 > 制作婚纱摄影类公众号运营海报 > 02"文件。选择"移动"工具 ，将"02"图像拖曳到新建的图像窗口中适当的位置，效果如图 11-26 所示，"图层"控制面板中生成新的图层，将其命名为"文字"。婚纱摄影类公众号运营海报制作完成。

图 11-22 　　　　　图 11-23

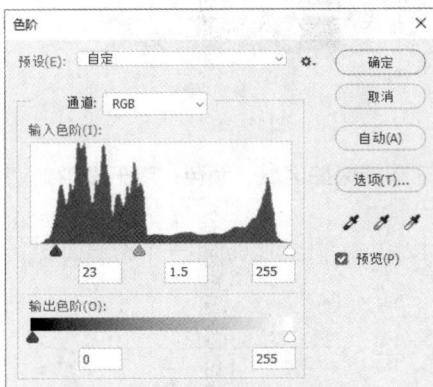

图 11-24

图 11-25 　　　　　图 11-26

11.1.2　"通道"控制面板

"通道"控制面板用于管理所有的通道并对通道进行编辑。

选择"窗口 > 通道"命令，弹出"通道"控制面板，如图 11-27 所示。"通道"控制面板中存放当前图像中存在的所有通道。如果选中的只是其中的一个通道，则只有这个通道处于选中状态，通道上将出现一个灰色条。如果想选中多个通道，可以按住 Shift 键，再单击其他通道。通道左侧的眼睛图标 ◉ 用于显示或隐藏颜色通道。

"通道"控制面板的底部有 4 个工具按钮，如图 11-28 所示。

图 11-27

图 11-28

"将通道作为选区载入"按钮 ⊙：用于将通道作为选择区域调出。

"将选区存储为通道"按钮 ▭：用于将选择区域存入通道中。

"创建新通道"按钮 ⊞：用于创建或复制新的通道。

"删除当前通道"按钮 🗑：用于删除图像中的通道。

11.1.3　创建新通道

单击"通道"控制面板右上方的 ≣ 图标，弹出其"面板"菜单，选择"新建通道"命令，弹出"新建通道"对话框，如图 11-29 所示。单击"确定"按钮，"通道"控制面板中将创建一个新通道，即"Alpha 1"，"通道"控制面板如图 11-30 所示。

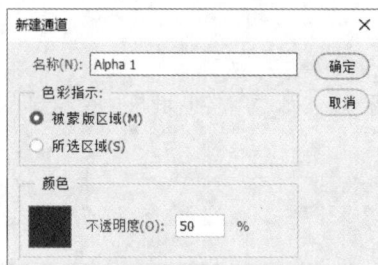

图 11-29

图 11-30

名称：用于设置新通道的名称。色彩指示：用于选择保护区域。颜色：用于设置新通道的颜色。不透明度：用于设置新通道的不透明度。

单击"通道"控制面板下方的"创建新通道"按钮 ⊞，也可以创建一个新通道。

11.1.4　复制通道

单击"通道"控制面板右上方的 ≣ 图标，弹出其"面板"菜单，选择"复制通道"命令，弹出"复制通道"对话框，如图 11-31 所示。

为：用于设置复制出的新通道的名称。文档：用于设置复制通道的文件来源。

将需要复制的通道拖曳到控制面板下方的"创建新通道"按钮 ⊞ 上，也可将所选的通道复制为一个新的通道。

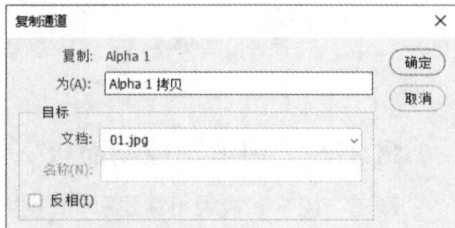

图 11-31

11.1.5　删除通道

单击"通道"控制面板右上方的 ≣ 图标，弹出其"面板"菜单，选择"删除通道"命令，即可将通道删除。

单击"通道"控制面板下方的"删除当前通道"按钮 🗑 ，弹出提示对话框，如图 11-32 所示，单击"是"按钮，也可将通道删除。还可以将需要删除的通道直接拖曳到"删除当前通道"按钮 🗑 上进行删除。

图 11-32

11.1.6　专色通道

单击"通道"控制面板右上方的 ▤ 图标，弹出其"面板"菜单，选择"新建专色通道"命令，弹出"新建专色通道"对话框，如图 11-33 所示。单击"确定"按钮即可新建一个主色通道。

单击"通道"控制面板中新建的专色通道。选择"画笔"工具 ✐ ，在属性栏中单击"切换画笔设置面板"按钮 ☑ ，弹出"画笔设置"控制面板，设置如图 11-34 所示，在图像窗口中进行绘制，效果如图 11-35 所示，"通道"控制面板如图 11-36 所示。

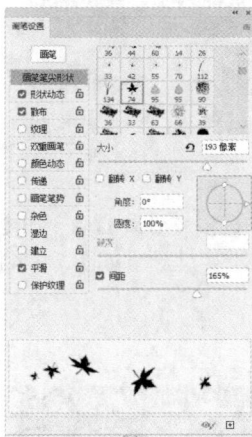

图 11-33

图 11-34　　　　　　　图 11-35　　　　　　　图 11-36

> **提示**　前景色为黑色，绘制时的专色是不透明的；前景色为其他中间色，绘制时的专色是不同透明度的颜色；前景色为白色，绘制时的专色是透明的。

11.1.7　课堂案例——制作活力青春公众号封面首图

案例学习目标

学习使用"通道"控制面板制作出公众号封面首图。

案例知识要点

使用"分离通道"命令和"合并通道"命令处理图像，使用"彩色半调"命令为通道添加滤镜效果，使用"色阶"命令和"曝光度"命令调整各通道颜色，最终效果如图 11-37 所示。

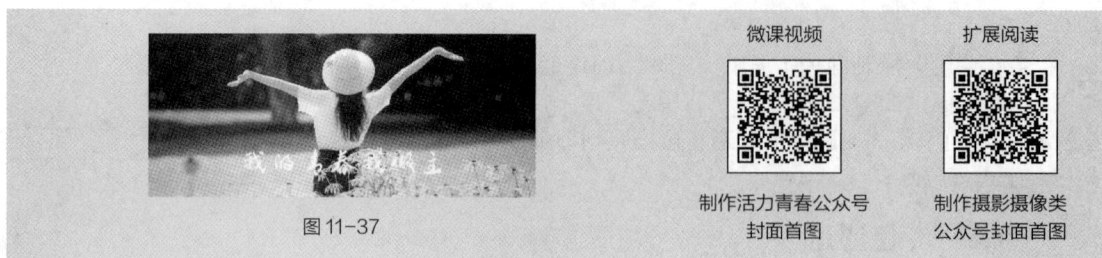

图 11-37

微课视频　　　　扩展阅读

制作活力青春公众号　　制作摄影摄像类
封面首图　　　　公众号封面首图

效果所在位置

Ch11/效果/制作活力青春公众号封面首图.psd。

（1）按 Ctrl+O 组合键，打开云盘中的"Ch11 > 素材 > 制作活力青春公众号封面首图 > 01"文件，如图 11-38 所示。选择"窗口 > 通道"命令，弹出"通道"控制面板，如图 11-39 所示。

图 11-38　　　　　　　　　　　　　图 11-39

（2）单击"通道"控制面板右上方的 ▤ 图标，在弹出的菜单中选择"分离通道"命令，将图像分离成"红""绿""蓝"3 个通道文件，如图 11-40 所示。选择通道文件"蓝"，如图 11-41 所示。

图 11-40　　　　　　　　　　　图 11-41

（3）选择"滤镜 > 像素化 > 彩色半调"命令，在弹出的对话框中进行设置，如图 11-42 所示，单击"确定"按钮，效果如图 11-43 所示。

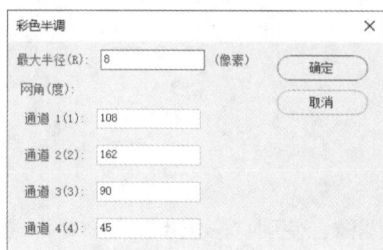

图 11-42

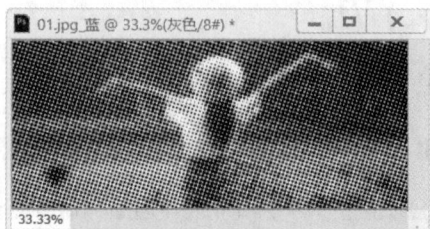

图 11-43

（4）选择通道文件"绿"。按 Ctrl+L 组合键，弹出"色阶"对话框，选项的设置如图 11-44 所示，单击"确定"按钮，效果如图 11-45 所示。

图 11-44　　　　　　　　　　　　　　　图 11-45

（5）选择通道文件"红"。选择"图像 > 调整 > 曝光度"命令，在弹出的对话框中进行设置，如图 11-46 所示，单击"确定"按钮，效果如图 11-47 所示。

图 11-46　　　　　　　　　　　　　　　图 11-47

（6）单击"通道"控制面板右上方的 ☰ 图标，在弹出的菜单中选择"合并通道"命令，在弹出的对话框中进行设置，如图 11-48 所示，单击"确定"按钮。弹出"合并 RGB 通道"对话框，如图 11-49 所示，单击"确定"按钮，合并通道，图像效果如图 11-50 所示。

（7）将前景色设为白色。选择"横排文字"工具 T，在适当的位置输入需要的文字并选取文字，在属性栏中选择合适的字体并设置文字大小，效果如图 11-51 所示，"图层"控制面板中生成新的文字图层。活力青春公众号封面首图制作完成。

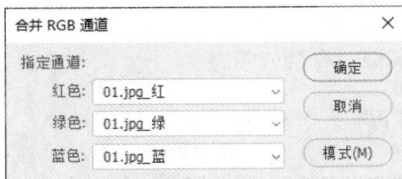

图 11-48　　　　　　　　　　　　　　　图 11-49

图 11-50　　　　　　　　　　　　　　　图 11-51

11.1.8 分离与合并通道

单击"通道"控制面板右上方的 ☰ 图标，弹出其"面板"菜单，选择"分离通道"命令，将图像中的每个通道分离成各自独立的灰度图像。图像原始效果如图 11-52 所示，分离后的效果如图 11-53 所示。

图 11-52　　　　　　　图 11-53

单击"通道"控制面板右上方的 ☰ 图标，弹出其"面板"菜单，选择"合并通道"命令，弹出"合并通道"对话框，设置如图 11-54 所示，单击"确定"按钮，弹出"合并 RGB 通道"对话框，可以在选定的色彩模式中为每个通道指定一幅灰度图像，被指定的图像可以是同一幅图像，也可以是不同的图像。在合并之前，所有要合并的图像都必须是打开状态，尺寸要保持一致，且为灰度图像。如图 11-55 所示，单击"确定"按钮，将分离的通道合并。

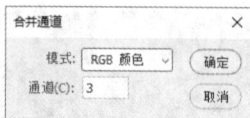
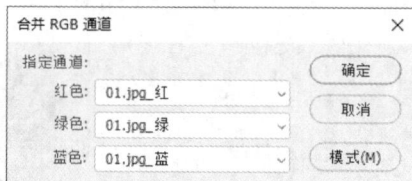

图 11-54　　　　　　　　图 11-55

11.2　通道运算

"应用图像"命令可以用来计算处理通道内的图像，使图像混合产生特殊效果。"计算"命令同样可以用来计算处理两个通道内的相应内容，但主要用于合成单个通道的内容。

11.2.1 课堂案例——制作女性健康公众号首页次图

✎ 案例学习目标

学习使用通道运算命令合成图像。

🔒 案例知识要点

使用"应用图像"命令制作合成图像，最终效果如图 11-56 所示。

图 11-56

微课视频　　　　扩展阅读

制作女性健康公众号　　制作女性健康公众号
首页次图　　　　　　　首页次图

效果所在位置

Ch11/效果/制作女性健康公众号首页次图.psd。

（1）按 Ctrl+O 组合键，打开云盘中的"Ch11 > 素材 > 制作女性健康公众号首页次图 > 01、02"文件，如图 11-57 和图 11-58 所示。

（2）选择"图像 > 应用图像"命令，在弹出的对话框中进行设置，如图 11-59 所示，单击"确定"按钮，图像效果如图 11-60 所示。

图 11-57

图 11-58

图 11-59

图 11-60

（3）选择"图像 > 调整 > 曲线"命令，弹出对话框，在曲线上单击添加控制点，设置如图 11-61 所示，再次单击添加控制点，设置如图 11-62 所示，单击"确定"按钮，效果如图 11-63 所示。女性健康公众号首页次图制作完成。

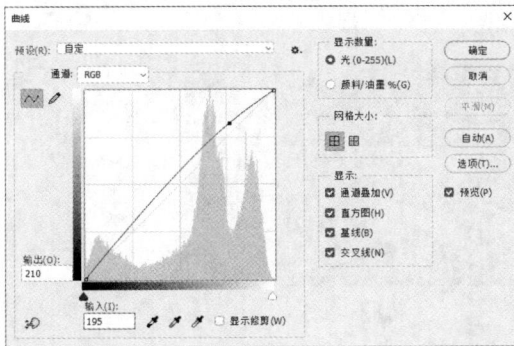

图 11-61

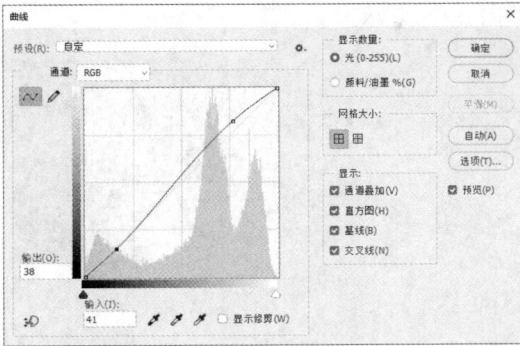

图 11-62

图 11-63

11.2.2　应用图像

选择"图像 > 应用图像"命令，弹出"应用图像"对话框，如图 11-64 所示。

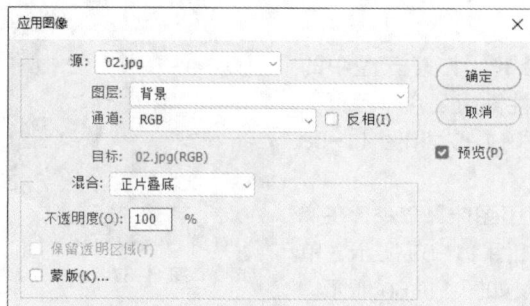

图 11-64

源：用于选择源文件。图层：用于选择源文件的层。通道：用于选择源通道。反相：用于在处理前先反转通道中的内容。目标：显示目标文件的文件名、层、通道及色彩模式等信息。混合：用于选择混合模式，即选择两个通道对应像素的计算方法。不透明度：用于设定图像的不透明度。蒙版：用于添加蒙版以限定选区。

> **提示**
>
> "应用图像"命令要求源文件与目标文件的尺寸必须相同，因为参加计算的两个通道内的像素是一一对应的。

打开图像素材，如图 11-65 和图 11-66 所示。选中"02"图像，选择"图像 > 应用图像"命令，弹出"应用图像"对话框，设置如图 11-67 所示，单击"确定"按钮，两幅图像混合后的效果如图 11-68 所示。

图 11-65

图 11-66

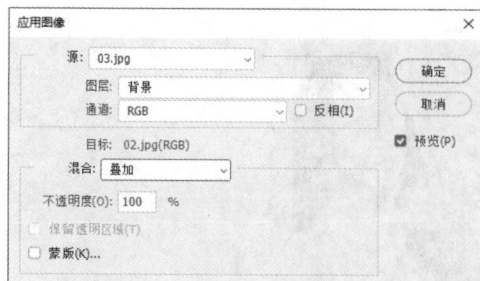

图 11-67

图 11-68

在"应用图像"对话框中勾选"蒙版"复选框，显示出蒙版的相关选项，其他选项的设置如图 11-69 所示，单击"确定"按钮，两幅图像混合后的效果如图 11-70 所示。

图 11-69　　　　　　　　　　　图 11-70

11.2.3　计算

选择"图像 > 计算"命令，弹出"计算"对话框，如图 11-71 所示。

源 1：用于选择源文件 1。图层：用于选择源文件 1 中的层。通道：用于选择源文件 1 中的通道。反相：用于反转通道中的内容。源 2：用于选择源文件 2。混合：用于选择混色模式。不透明度：用于设定不透明度。结果：用于指定处理结果的存放位置。

尽管"计算"命令与"应用图像"命令都是对两个通道的相应内容进行计算处理的命令，但是二者也有区别。用"应用图像"命令处理后的结果可作为源文件或目标文件使用，而用"计算"命令处理后的结果则存储为一个通道，如存储为 Alpha 通道，使其可转变为选区以供其他工具使用。

图 11-71

选择"图像 > 计算"命令，弹出"计算"对话框，按照图 11-72 所示进行设置，单击"确定"按钮，运算后得到的新通道如图 11-73 所示，图像效果如图 11-74 所示。

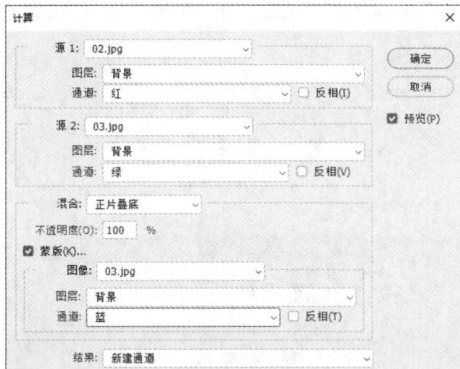  

图 11-72　　　　　　　　图 11-73　　　　　　　　图 11-74

11.3　通道蒙版

在通道中可以快速地创建蒙版，还可以存储蒙版。

11.3.1　课堂案例——制作婚纱摄影类公众号封面首图

案例学习目标

学习使用快速蒙版制作公众号封面首图。

案例知识要点

使用快速蒙版和"画笔"工具制作图像画框，使用"移动"工具添加文字，最终效果如图 11-75
所示。

微课视频

制作婚纱摄影类
公众号封面首图

扩展阅读

制作时尚蒙版画

图 11-75

效果所在位置

Ch11/效果/制作婚纱摄影类公众号封面首图.psd。

（1）按 Ctrl+N 组合键，新建一个文件，设置"宽度"为 900 像素，"高度"为 383 像素，"分
辨率"为 72 像素/英寸，"颜色模式"为 RGB，"背景内容"为白色，单击"创建"按钮，新建
文档。

（2）按 Ctrl+O 组合键，打开云盘中的"Ch11 > 素材 > 制作婚纱摄影类公众号封面首图 > 01、
02"文件。选择"移动"工具 ⊕，分别将"01"和"02"图像拖曳到新建的图像窗口中适当的位
置，使"纹理"图像完全遮挡"底图"图像，效果如图 11-76 所示，"图层"控制面板中生成新图
层，将其命名为"底图"和"纹理"，如图 11-77 所示。

图 11-76　　　　　　　　　　　　　　　　　　图 11-77

（3）选中"纹理"图层。在"图层"控制面板上方将该图层的混合模式选项设为"正片叠底"，如图 11-78 所示，图像效果如图 11-79 所示。

图 11-78

图 11-79

（4）单击"图层"控制面板下方的"添加图层蒙版"按钮 ▣，为图层添加蒙版。将前景色设为黑色。选择"画笔"工具 ✐，在属性栏中单击"画笔"选项，弹出画笔选择面板，选择需要的画笔形状，将"大小"选项设为 100 像素，如图 11-80 所示。在图像窗口中拖曳鼠标擦除不需要的图像，效果如图 11-81 所示。

图 11-80

图 11-81

（5）新建图层并将其命名为"画笔"。将前景色设为白色。按 Alt+Delete 组合键，用前景色填充图层。单击工具箱下方的"以快速蒙版模式编辑"按钮 ▣，进入蒙版状态。将前景色设为黑色。选择"画笔"工具 ✐，在属性栏中单击"画笔"选项，弹出画笔选择面板。在面板中选择"旧版画笔 > 粗画笔"选项组，选择需要的画笔形状，将"大小"选项设为 30 像素，如图 11-82 所示。在图像窗口中拖曳鼠标绘制图像，效果如图 11-83 所示。

图 11-82

图 11-83

（6）单击工具箱下方的"以标准模式编辑"按钮 ▣，恢复到标准编辑状态，在图像窗口中生成选区，如图 11-84 所示。按 Shift+Ctrl+I 组合键，将选区反选。按 Delete 键，删除选区中的图像。按 Ctrl+D 组合键，取消选区，效果如图 11-85 所示。

图 11-84

图 11-85

（7）按 Ctrl+O 组合键，打开云盘中的"Ch11 >
素材 > 制作婚纱摄影类公众号封面首图 > 03"
文件。选择"移动"工具 ⊕，将"03"图像拖曳
到新建的图像窗口中适当的位置，效果如图 11-86
所示，"图层"控制面板中生成新图层，将其命
名为"文字"。婚纱摄影类公众号封面首图制作
完成。

图 11-86

11.3.2　快速蒙版的制作

打开一幅图像。选择"快速选择"工具 ⟋，在图像窗口中绘制选区，如图 11-87 所示。

单击工具箱下方的"以快速蒙版模式编辑"按钮 ◙，进入蒙版状态，选区暂时消失，图像的
未选择区域添加了半透明的红色模板，如图 11-88 所示。"通道"控制面板中将自动生成快速蒙版，
如图 11-89 所示。快速蒙版图像如图 11-90 所示。

图 11-87

图 11-88

图 11-89

图 11-90

> 提示　系统预设蒙版颜色为半透明的红色。

选择"画笔"工具 ⟋，在"画笔"工具的属性栏中进行设定，如图 11-91 所示。将快速蒙版
中需要的区域绘制为白色，图像效果如图 11-92 所示，"通道"控制面板如图 11-93 所示。

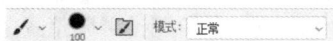

图 11-91　　　　　　　图 11-92　　　　　　　图 11-93

11.3.3　在 Alpha 通道中存储蒙版

在图像中绘制选区，如图 11-94 所示。选择"选择 > 存储选区"命令，弹出"存储选区"对话框，如图 11-95 所示进行设置，单击"确定"按钮，建立通道蒙版"楼房"。或单击"通道"控制面板中的"将选区存储为通道"按钮 ◙，建立通道蒙版"楼房"，如图 11-96 所示，图像效果如图 11-97 所示，将图像保存。

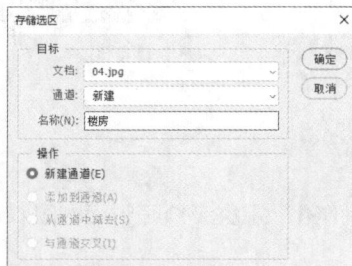

图 11-94　　　　　　　　　　图 11-95

图 11-96　　　　　　　　图 11-97

再次打开图像时，选择"选择 > 载入选区"命令，弹出"载入选区"对话框，如图 11-98 所示进行设置，单击"确定"按钮，将"楼房"通道的选区载入。或单击"通道"控制面板中的"将通道作为选区载入"按钮 ◌，将"楼房"通道作为选区载入，效果如图 11-99 所示。

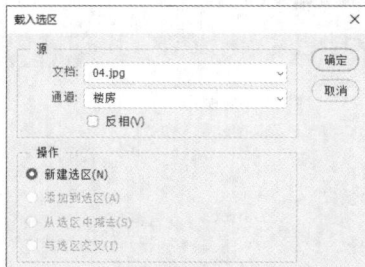

图 11-98　　　　　　　　图 11-99

课堂练习——制作化妆品类公众号封面次图

🔗 练习知识要点

使用"色阶"命令和"通道"控制面板抠出人物，使用色相/饱和度和色阶调整层调整图像颜色，使用"移动"工具添加文字，最终效果如图 11-100 所示。

微课视频

制作化妆品类公众号
封面次图

图 11-100

◎ 效果所在位置

Ch11/效果/制作化妆品类公众号封面次图.psd。

课后习题——制作摄影摄像类公众号封面首图

🔗 习题知识要点

使用"通道"控制面板调整图像颜色，使用"横排文字"工具添加宣传文字，最终效果如图 11-101 所示。

微课视频

制作摄影摄像类
公众号封面首图

图 11-101

◎ 效果所在位置

Ch11/效果/制作摄影摄像类公众号封面首图.psd。

12

第 12 章
蒙版的使用

本章介绍

　　本章主要讲解蒙版的创建及编辑方法，包括图层蒙版、剪贴蒙版及矢量蒙版的应用技巧。通过本章的学习，学习者可以快速地掌握蒙版的使用技巧，制作出独特的图像效果。

学习目标

- 熟练掌握添加、隐藏图层蒙版的技巧。
- 了解图层蒙版的链接技巧。
- 掌握应用及删除图层蒙版的技巧。
- 掌握剪贴蒙版与矢量蒙版的使用方法。

技能目标

- 掌握"饰品类公众号封面首图"的制作方法。
- 掌握"服装类 App 主页 Banner"的制作方法。

素养目标

- 培养高效的执行力和工作效率。
- 培养尊重他人、团队合作的协作能力。
- 培养能够运用逻辑思维研究和分析问题的能力。

12.1　图层蒙版

图层蒙版可以使图层中图像的某些部分被处理成透明和半透明的效果，而且可以恢复已经处理过的图像。在编辑图像时可以为某一图层或多个图层添加蒙版，并对添加的蒙版进行编辑、隐藏、链接、删除等操作。

12.1.1　课堂案例——制作饰品类公众号封面首图

案例学习目标

学习使用混合模式和图层蒙版制作公众号封面首图。

案例知识要点

使用图层混合模式融合图像，使用"变换"命令、图层蒙版和"画笔"工具制作倒影，最终效果如图 12-1 所示。

微课视频　　　扩展阅读

制作饰品类公众号　　制作草莓宣传
封面首图　　　广告 oc

图 12-1

效果所在位置

Ch12/效果/制作饰品类公众号封面首图.psd。

（1）按 Ctrl+O 组合键，打开云盘中的"Ch12 > 素材 > 制作饰品类公众号封面首图 > 01、02"文件。选择"移动"工具 ⊕ ，将"02"图像拖曳到"01"图像窗口中适当的位置，效果如图 12-2 所示，"图层"控制面板中生成新图层，将其命名为"齿轮"。

（2）在"图层"控制面板上方将"齿轮"图层的混合模式设为"正片叠底"，如图 12-3 所示，图像效果如图 12-4 所示。

图 12-2

（3）按 Ctrl+O 组合键，打开云盘中的"Ch12 > 素材 > 制作饰品类公众号封面首图 > 03"文件。选择"移动"工具 ⊕ ，将"03"图像拖曳到"01"图像窗口中适当的位置，效果如图 12-5 所示，"图层"控制面板中生成新图层，将其命名为"手表 1"。

（4）按 Ctrl+J 组合键，复制图层，"图层"控制面板中生成新的图层"手表 1 拷贝"，将其拖曳到"手表 1"图层的下方，如图 12-6 所示。

图 12-3

图 12-4

图 12-5

图 12-6

（5）按 Ctrl+T 组合键，图像周围出现变换框。在变换框中单击鼠标右键，在弹出的菜单中选择"垂直翻转"命令，垂直翻转图像，并将其拖曳到适当的位置，按 Enter 键确定操作，效果如图 12-7 所示。单击"图层"控制面板下方的"添加图层蒙版"按钮 ◘，为图层添加蒙版，如图 12-8 所示。

图 12-7

图 12-8

（6）按 D 键，恢复默认的前景色和背景色。选择"渐变"工具 ▣，单击属性栏中的"点按可编辑渐变"按钮 ▭，弹出"渐变编辑器"对话框。选择"基础"预设中的"前景色到背景色渐变"，如图 12-9 所示，单击"确定"按钮。在图像下方从下向上拖曳渐变色，效果如图 12-10 所示。

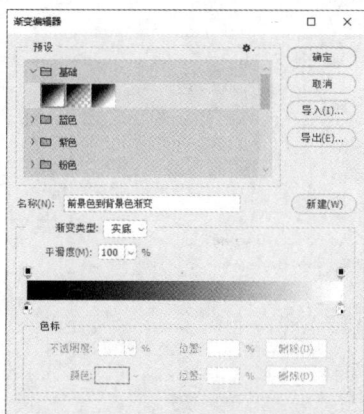

图 12-9

图 12-10

（7）按 Ctrl+O 组合键，打开云盘中的"Ch12 ＞ 素材 ＞ 制作饰品类公众号封面首图 ＞ 04"文件。选择"移动"工具 ⊕，将"04"图像拖曳到"01"图像窗口中适当的位置，效果如图 12-11 所示，"图层"控制面板中生成新图层，将其命名为"手表 2"。

（8）按 Ctrl+J 组合键，复制图层，"图层"控制面板中生成新的图层"手表 2 拷贝"，将其拖曳到"手表 2"图层的下方。用相同的方法制作手表倒影效果，如图 12-12 所示。

图 12-11   图 12-12

（9）按 Ctrl+O 组合键，打开云盘中的"Ch12 ＞ 素材 ＞ 制作饰品类公众号封面首图 ＞ 05"文件。选择"移动"工具 ⊕，将"05"图像拖曳到"01"图像窗口中适当的位置，效果如图 12-13 所示，"图层"控制面板中生成新图层，将其命名为"文字"。饰品类公众号封面首图制作完成。

图 12-13

12.1.2　添加图层蒙版

单击"图层"控制面板下方的"添加图层蒙版"按钮 ▫，可以创建图层蒙版，如图 12-14 所示。按住 Alt 键的同时，单击"图层"控制面板下方的"添加图层蒙版"按钮 ▫，可以创建一个遮盖全部图层的蒙版，如图 12-15 所示。

图 12-14   图 12-15

12.1.3　隐藏图层蒙版

按住 Alt 键的同时，单击图层蒙版缩览图，图像窗口中的图像被隐藏，只显示蒙版缩览图中的

效果，如图 12-16 所示，"图层"控制面板如图 12-17
所示。按住 Alt 键的同时，再次单击图层蒙版缩览图，将
恢复图像窗口中的图像效果。按住 Alt+Shift 组合键的同
时，单击图层蒙版缩览图，将同时显示图像和图层蒙版的
内容。

　　选择"图层 > 图层蒙版 > 显示全部"命令，可以
显示全部图像。选择"图层 > 图层蒙版 > 隐藏全部"
命令，可以隐藏全部图像。

图 12-16　　　　　　　　图 12-17

12.1.4　图层蒙版的链接

　　在"图层"控制面板中，图层缩览图与图层蒙版缩览图之间存在链接图标，当图层图像与蒙
版关联时，移动图像时蒙版会同步移动。单击链接图标，将不显示此图标，此时可以分别对图像
与蒙版进行操作。

12.1.5　应用及删除图层蒙版

　　在"通道"控制面板中，双击蒙版通道，弹出"图层蒙版显示选项"对话框，如图 12-18 所示，
可以对蒙版的颜色和不透明度进行设置。

　　选择"图层 > 图层蒙版 > 停用"命令，或按住 Shift 键的同时，单击"图层"控制面板中的
图层蒙版缩览图，图层蒙版被停用，如图 12-19 所示，图像将全部显示，如图 12-20 所示。按住
Shift 键的同时，再次单击图层蒙版缩览图，将恢复图层蒙版，效果如图 12-21 所示。

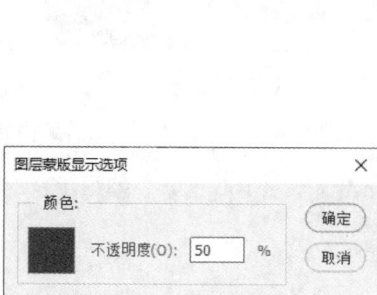   

图 12-18　　　　　　　图 12-19　　　　　　　图 12-20　　　　　　　图 12-21

　　选择"图层 > 图层蒙版 > 删除"命令，或在图层蒙版缩览图上单击鼠标右键，在弹出的快捷
菜单中选择"删除图层蒙版"命令，可以将图层蒙版删除。

12.2　剪贴蒙版与矢量蒙版

　　剪贴蒙版和矢量蒙版可以用遮盖的方式使图像产生特殊的效果。

12.2.1　课堂案例——制作服装类 App 主页 Banner

✐ **案例学习目标**

学习使用图层蒙版和剪贴蒙版制作服装类 App 主页 Banner。

🔒 案例知识要点

使用图层蒙版、"椭圆"工具和剪贴蒙版制作照片，使用"移动"工具添加宣传文字，最终效果如图 12-22 所示。

微课视频　　　　扩展阅读

图 12-22

制作服装类 App 主页　制作传统节日宣传
Banner　　　　　Banner

📍 效果所在位置

Ch12/效果/制作服装类 App 主页 Banner.psd。

（1）按 Ctrl+N 组合键，新建一个文件，设置"宽度"为 750 像素，"高度"为 200 像素，"分辨率"为 72 像素/英寸，"颜色模式"为 RGB，"背景内容"为灰色（224、223、221），单击"创建"按钮，新建文档。

（2）按 Ctrl+O 组合键，打开云盘中的"Ch12 > 素材 > 制作服装类 App 主页 Banner > 01"文件。选择"移动"工具 ⊹，将"01"图像拖曳到新建的图像窗口中适当的位置，效果如图 12-23 所示，"图层"控制面板中生成新图层，将其命名为"人物"。

图 12-23

（3）单击"图层"控制面板下方的"添加图层蒙版"按钮 ▢，为图层添加蒙版。将前景色设为黑色。选择"画笔"工具 ✐，在属性栏中单击"画笔"选项，弹出画笔选择面板，选择需要的画笔形状，将"大小"选项设为 100 像素，如图 12-24 所示。在图像窗口中拖曳鼠标擦除不需要的图像，效果如图 12-25 所示。

图 12-24

图 12-25

（4）选择"椭圆"工具 ◯，将属性栏中的"选择工具模式"选项设为"形状"，"填充"颜色设为白色，"描边"颜色设为无。按住 Shift 键的同时，在图像窗口中适当的位置绘制圆形，如图 12-26 所示，"图层"控制面板中生成新的形状图层"椭圆 1"。

图 12-26

（5）选择"文件 > 置入嵌入对象"命令，弹出"置入嵌入的对象"对话框。选择云盘中的"Ch12 > 素材 > 制作服装类 App 主页 Banner > 02"文件，单击"置入"按钮，将"02"图像置入到图像窗口中。将其拖曳到适当的位置并调整大小，按 Enter 键确定操作，"图层"控制面板中生成新图层，将其命名为"图 1"。按 Alt+Ctrl+G 组合键，为图层创建剪贴蒙版，效果如图 12-27 所示。

（6）按住 Shift 键的同时，单击"椭圆 1"图层，将需要的图层同时选取。按 Ctrl+G 组合键，群组图层并将图层组命名为"模特 1"，如图 12-28 所示。

图 12-27　　　　　　　　　　　图 12-28

（7）用步骤（4）～（6）所述方法分别制作"模特 2"和"模特 3"图层组，图像效果如图 12-29 所示，"图层"控制面板如图 12-30 所示。

图 12-29　　　　　　　　　　　图 12-30

（8）按 Ctrl+O 组合键，打开云盘中的"Ch12 > 素材 > 制作服装类 App 主页 Banner > 05"文件。选择"移动"工具 ✛.，将"05"图像拖曳到新建的图像窗口中适当的位置，效果如图 12-31 所示，"图层"控制面板中生成新图层，将其命名为"文字"。服装类 App 主页 Banner 制作完成。

图 12-31

12.2.2　剪贴蒙版

打开一幅图像，如图 12-32 所示，"图层"控制面板如图 12-33 所示。按住 Alt 键的同时，将鼠标指针放置到"图片"图层和"矩形"图层的中间位置，鼠标指针变为 ↧□图标，如图 12-34 所示。

单击创建剪贴蒙版，如图 12-35 所示，图像效果如图 12-36 所示。选择"移动"工具 ✛.，移动图像，效果如图 12-37 所示。

图 12-32 　　　　　　图 12-33 　　　　　　图 12-34

图 12-35 　　　　　　图 12-36 　　　　　　图 12-37

选中剪贴蒙版组中上方的图层，选择"图层 > 释放剪贴蒙版"命令，或按 Alt+Ctrl+G 组合键，即可删除剪贴蒙版。

12.2.3　矢量蒙版

打开一幅图像，如图 12-38 所示，"路径"控制面板如图 12-39 所示。

选择"图层 > 矢量蒙版 > 当前路径"命令，为图像添加矢量蒙版，如图 12-40 所示，图像窗口效果如图 12-41 所示。选择"直接选择"工具 ，可以修改路径的形状，从而修改蒙版的遮罩区域，如图 12-42 所示。

图 12-38 　　　　　　图 12-39

图 12-40 　　　　　　图 12-41 　　　　　　图 12-42

课堂练习——制作化妆品网站详情页主图

练习知识要点

使用图层蒙版、"画笔"工具和混合模式制作背景融合，使用照片滤镜调整层调整背景颜色，使用图层样式为化妆品添加外发光效果，使用图层蒙版和"渐变"工具制作化妆品投影，使用"移动"工具添加相关信息，最终效果如图 12-43 所示。

图 12-43

微课视频

制作化妆品网站
详情页主图

效果所在位置

Ch12/效果/制作化妆品网站详情页主图.psd。

课后习题——制作家电类网站首页 Banner

习题知识要点

使用"移动"工具添加图像，使用混合模式和图层蒙版制作火焰，最终效果如图 12-44 所示。

图 12-44

微课视频

制作家电类网站
首页 Banner

效果所在位置

Ch12/效果/制作家电类网站首页 Banner.psd。

13

第 13 章
滤镜效果

本章介绍

　　本章主要介绍 Photoshop 强大的滤镜功能，包括滤镜的分类、滤镜的特点及滤镜的使用技巧。通过本章的学习，学习者能够快速地掌握知识要点，应用丰富的滤镜资源制作出多变的图像效果。

学习目标

- 了解"滤镜"菜单。
- 掌握滤镜的使用技巧。

技能目标

- 掌握"汽车销售类公众号封面首图"的制作方法。
- 掌握"淡彩钢笔画"的制作方法。
- 掌握"文化传媒类公众号封面首图"的制作方法。

素养目标

- 培养对信息加工处理，并合理使用的能力。
- 培养能够有效解决问题的科学思维能力。
- 培养能够履行职责，为团队服务的责任意识。

13.1 "滤镜"菜单及应用

Photoshop 的"滤镜"菜单提供了多种滤镜，使用这些滤镜可以制作出奇妙的图像效果。"滤镜"菜单如图 13-1 所示。

Photoshop 的"滤镜"菜单分为 5 部分，各部分之间以横线划分。

第 1 部分为最近一次使用的滤镜，没有使用滤镜时，此命令为灰色，不可选择。使用任意一种滤镜后，当需要重复使用这种滤镜时，只要直接选择这种滤镜或按 Alt+Ctrl+F 组合键即可。

第 2 部分为转换为智能滤镜，智能滤镜可随时修改操作。

第 3 部分为新增的 Neural Filters 滤镜，可快速对照片进行创意编辑。

第 4 部分为 6 种 Photoshop 滤镜，每种滤镜的功能都十分强大。

第 5 部分为 11 种 Photoshop 滤镜组，每个滤镜组中都包含多种滤镜。

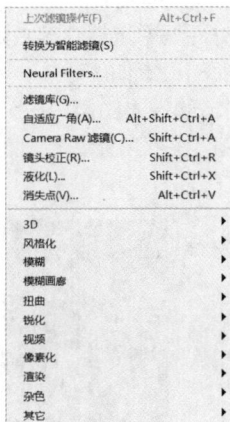

图 13-1

13.1.1 课堂案例——制作汽车销售类公众号封面首图

案例学习目标

学习使用滤镜库制作公众号封面首图。

案例知识要点

使用滤镜库中的艺术效果和纹理滤镜制作特效，使用"移动"工具添加宣传文字，最终效果如图 13-2 所示。

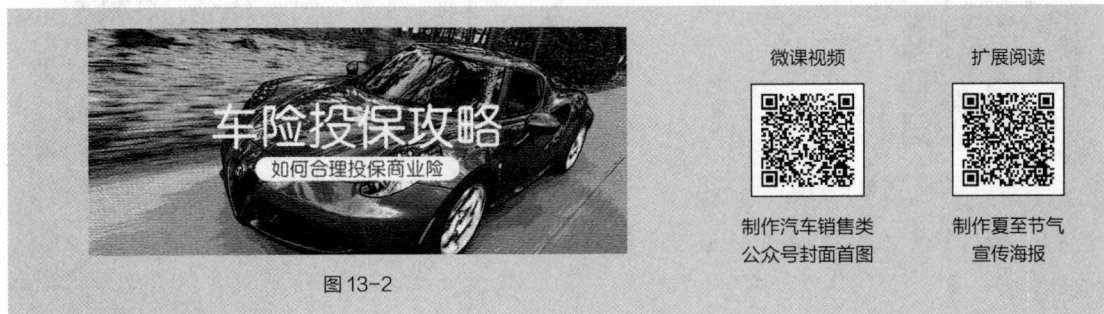

图 13-2

微课视频

扩展阅读

制作汽车销售类
公众号封面首图

制作夏至节气
宣传海报

效果所在位置

Ch13/效果/制作汽车销售类公众号封面首图.psd。

（1）按 Ctrl＋N 组合键，弹出"新建文档"对话框，设置"宽度"为 1175 像素，"高度"为 500 像素，"分辨率"为 72 像素/英寸，"颜色模式"为 RGB，"背景内容"为白色，单击"创建"按钮，新建一个文件。

（2）按 Ctrl+O 组合键，打开云盘中的"Ch13 > 素材 > 制作汽车销售类公众号封面首图 > 01"文件。选择"移动"工具 ⊕ ，将"01"图像拖曳到新建的图像窗口中适当的位置并调整大小，效果如图 13-3 所示，"图层"控制面板中生成新的图层，将其命名为"图片"。

（3）选择"滤镜 > 滤镜库"命令，在弹出的对话框中选择"艺术效果 > 海报边缘"滤镜，选项的设置如图 13-4 所示，单击对话框右下方的"新建效果图层"按钮 ⊞，生成新的效果图层，如图 13-5 所示。

图 13-3

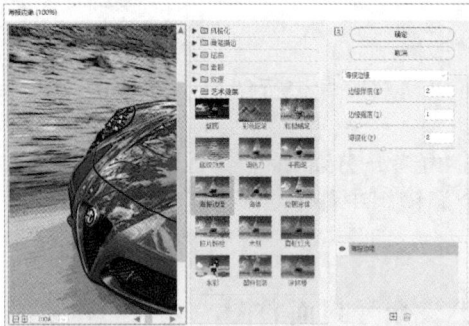

图 13-4

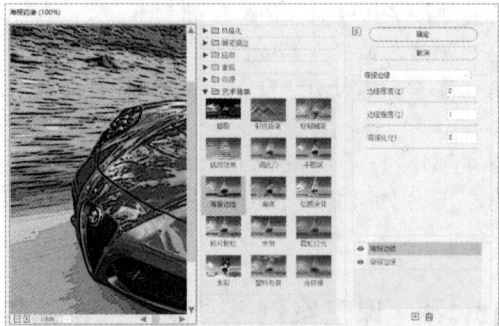

图 13-5

（4）在对话框中选择"纹理 > 纹理化"滤镜，切换到相应的对话框，选项的设置如图 13-6 所示，单击"确定"按钮，效果如图 13-7 所示。

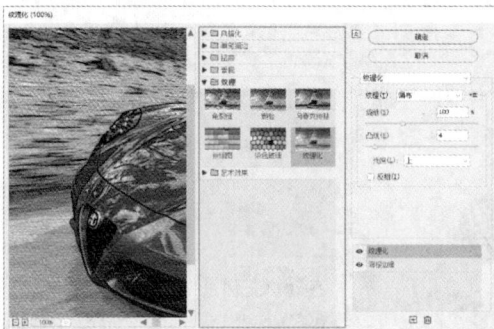

图 13-6

图 13-7

（5）按 Ctrl+O 组合键，打开云盘中的"Ch13 > 素材 > 制作汽车销售类公众号封面首图 > 02"文件，如图 13-8 所示。选择"移动"工具 ⊕，将"02"图像拖曳到新建的图像窗口中适当的位置，效果如图 13-9 所示，"图层"控制面板中生成新的图层，将其命名为"文字"。汽车销售类公众号封面首图制作完成。

图 13-8

图 13-9

13.1.2　Neural Filters 滤镜

打开一幅图像，如图 13-10 所示。选择"滤镜 > Neural Filters"命令，弹出"Neural Filters"对话框，如图 13-11 所示。在对话框中，左侧为滤镜类别，包括特色滤镜和 Beta 滤镜；中部为滤镜列表，若列表右侧显示为按钮，单击打开即可使用该滤镜，若列表右侧显示为云图标，可从云端下载后使用；右侧为滤镜参数设置栏，可设置所用滤镜的各个参数值。下方左侧为预览切换图标，右侧为输出方式。

图 13-10

图 13-11

单击"皮肤平滑度"列表，设置如图 13-12 所示，单击"确定"按钮，效果如图 13-13 所示。

图 13-12

图 13-13

13.1.3　滤镜库的功能

Photoshop 的滤镜库将常用滤镜组组合在一起，以折叠菜单的方式显示，并为每一个滤镜提供了直观的效果预览，使用十分方便。

选择"滤镜 > 滤镜库"命令，弹出"滤镜库"对话框，在对话框中，左侧为滤镜预览框，可显示滤镜应用后的效果；中部为滤镜列表，每个滤镜组都包含多个特色滤镜，单击需要的滤镜组，可以浏览该滤镜组中的滤镜和其相应的滤镜效果；右侧为滤镜参数设置栏，可设置所用滤镜的各个参数值，如图 13-14 所示。

图 13-14

1. 风格化滤镜组

风格化滤镜组只包含一个照亮边缘滤镜，如图 13-15 所示。应用此滤镜可以搜索图像中主要颜色的变化区域并强化其过渡像素，产生轮廓发光的效果。应用滤镜前后的效果如图 13-16 和图 13-17所示。

图 13-15　　　　　　　　图 13-16　　　　　　　　图 13-17

2. 画笔描边滤镜组

画笔描边滤镜组包含 8 个滤镜，如图 13-18 所示。此滤镜组可以使用不同的画笔和油墨描边效果创造出独特的绘画效果。应用不同的滤镜制作出的效果如图 13-19 所示。

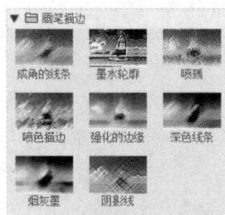

图 13-18

原图　　　　　　成角的线条　　　　　墨水轮廓　　　　　　喷溅　　　　　　喷色描边

图 13-19

| 强化的边缘 | 深色线条 | 烟灰墨 | 阴影线 |

图 13-19（续）

3．扭曲滤镜组

扭曲滤镜组包含 3 个滤镜，如图 13-20 所示。应用这些滤镜可以生成扭曲图像的变形效果。应用不同的滤镜制作出的效果如图 13-21 所示。

图 13-20

| 原图 | 玻璃 | 海洋波纹 | 扩散亮光 |

图 13-21

4．素描滤镜组

素描滤镜组包含 14 个滤镜，如图 13-22 所示。应用这些滤镜可以制作出多种素描绘画效果。应用不同的滤镜制作出的效果如图 13-23 所示。

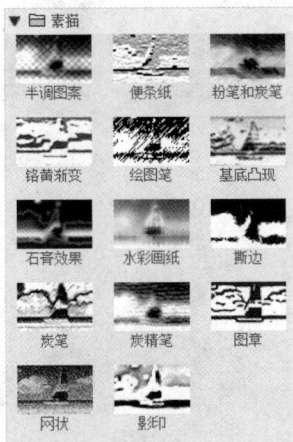

图 13-22

原图	半调图案	便条纸	粉笔和炭笔	铬黄渐变
绘图笔	基底凸现	石膏效果	水彩画纸	撕边
炭笔	炭精笔	图章	网状	影印

图 13-23

5. 纹理滤镜组

纹理滤镜组包含 6 个滤镜，如图 13-24 所示。应用这些滤镜可以使图像中各颜色之间产生过渡变形的效果。应用不同滤镜制作出的效果如图 13-25 所示。

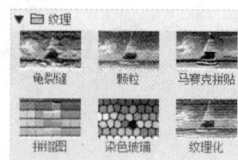

图 13-24

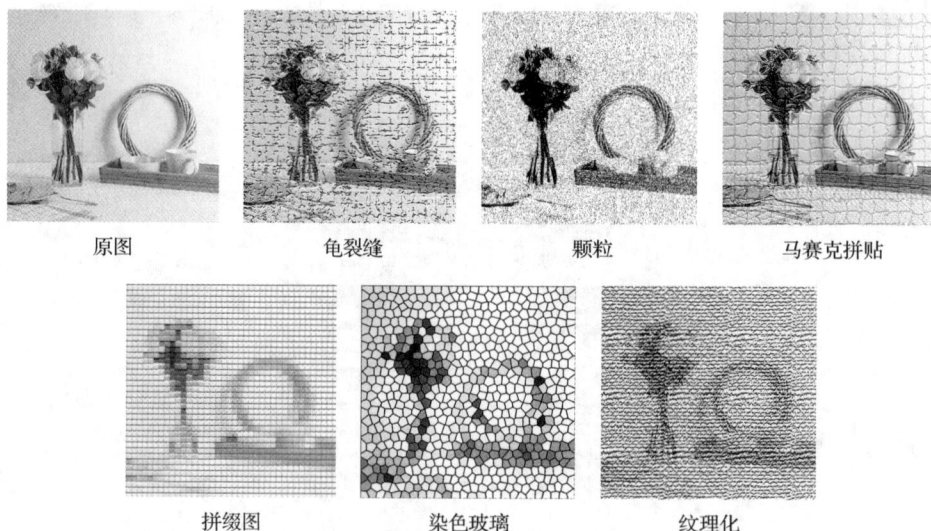

原图	龟裂缝	颗粒	马赛克拼贴
拼缀图	染色玻璃	纹理化	

图 13-25

6. 艺术效果滤镜组

艺术效果滤镜组包含 15 个滤镜，如图 13-26 所示。应用这些滤镜可以模仿不同的艺术效果。应用不同滤镜制作出的效果如图 13-27 所示。

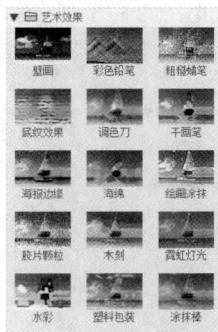

图 13-26

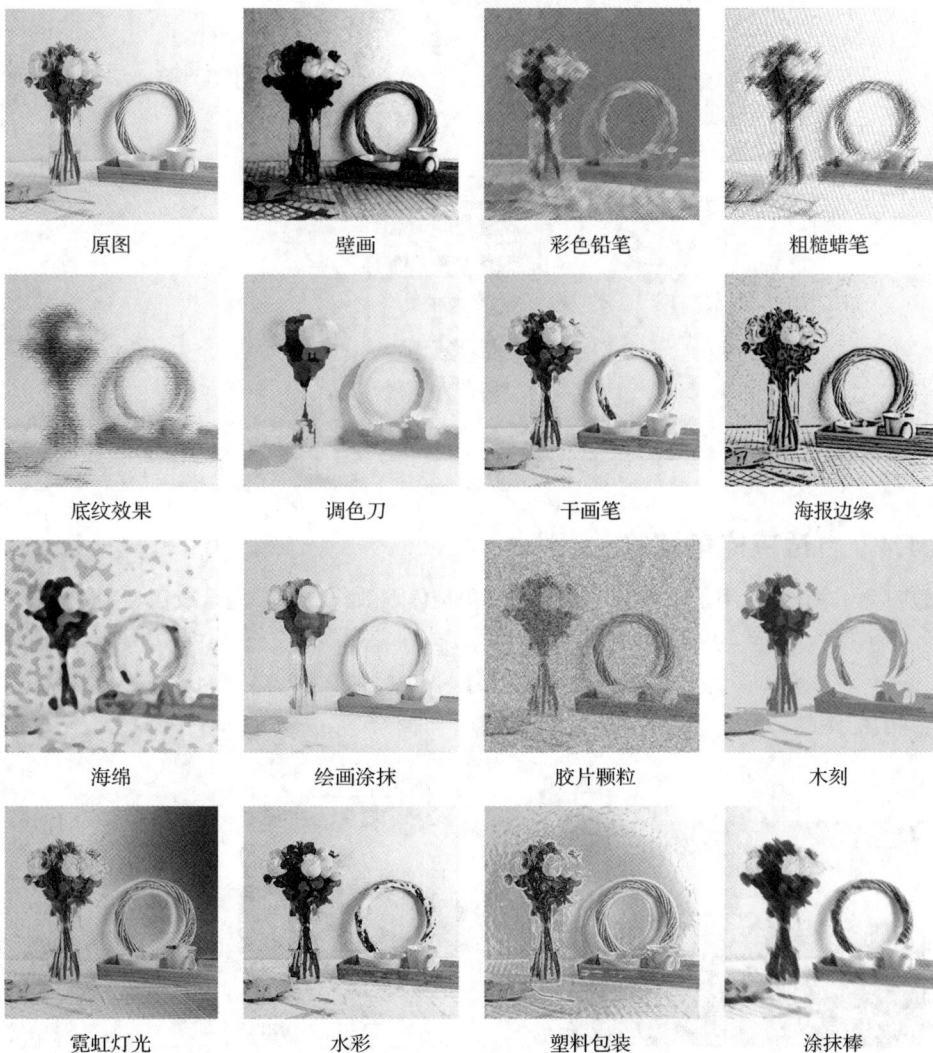

原图	壁画	彩色铅笔	粗糙蜡笔
底纹效果	调色刀	干画笔	海报边缘
海绵	绘画涂抹	胶片颗粒	木刻
霓虹灯光	水彩	塑料包装	涂抹棒

图 13-27

7．滤镜叠加

在"滤镜库"对话框中可以创建多个效果图层，每个图层可以应用不同的滤镜，从而使图像产生多个滤镜叠加后的效果。

为图像添加"强化的边缘"滤镜，如图 13-28 所示，单击"新建效果图层"按钮⊞，生成新的效果图层，如图 13-29 所示。为图像添加"海报边缘"滤镜，叠加后的效果如图 13-30 所示。

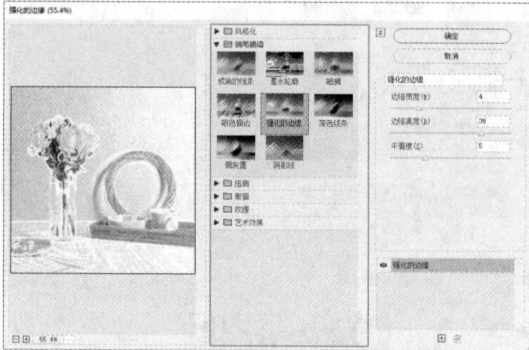

图 13-28

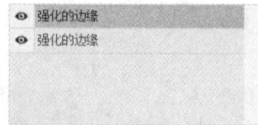

图 13-29

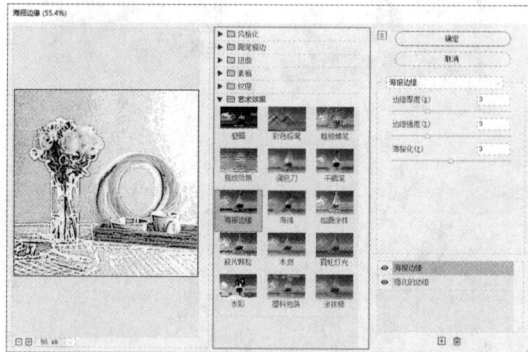

图 13-30

13.1.4　自适应广角滤镜

自适应广角滤镜可以用于对具有广角、超广角及鱼眼效果的图像进行校正。

打开一幅图像，如图 13-31 所示。选择"滤镜 > 自适应广角"命令，弹出对话框，如图 13-32 所示。

图 13-31

图 13-32

在对话框左侧图像上需要调整的位置拖曳出一条直线，如图 13-33 所示。再将左侧第 2 个控制节点拖曳到适当的位置，旋转绘制的直线，如图 13-34 所示。单击"确定"按钮，图像调整后的效果如图 13-35 所示。用相同的方法调整图像上方，效果如图 13-36 所示。

图 13-33

图 13-34

图 13-35

图 13-36

13.1.5　Camera Raw 滤镜

Camera Raw 滤镜可以用于调整照片的颜色，包括白平衡、色温和色调等，还能对图像进行锐化处理、减少图像杂色、纠正镜头问题及重新修饰图像。

打开一幅图像。选择"滤镜 > Camera Raw 滤镜"命令，弹出图 13-37 所示的对话框。

图 13-37

单击"基本"选项卡，设置如图 13-38 所示，单击"确定"按钮，效果如图 13-39 所示。

图 13-38

图 13-39

13.1.6　镜头校正滤镜

镜头校正滤镜可以用于修复常见的镜头瑕疵，如桶形失真、枕形失真、晕影和色差等，也可以用于旋转图像，或修复由于相机在垂直或水平方向上倾斜而导致的图像透视错视现象。

打开一幅图像，如图 13-40 所示。选择"滤镜 > 镜头校正"命令，弹出图 13-41 所示的对话框。

图 13-40

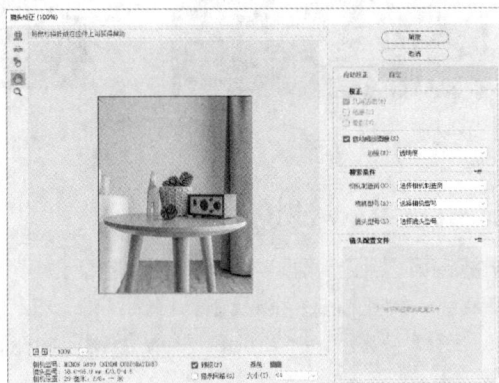

图 13-41

单击"自定"选项卡，设置如图 13-42 所示，单击"确定"按钮，效果如图 13-43 所示。

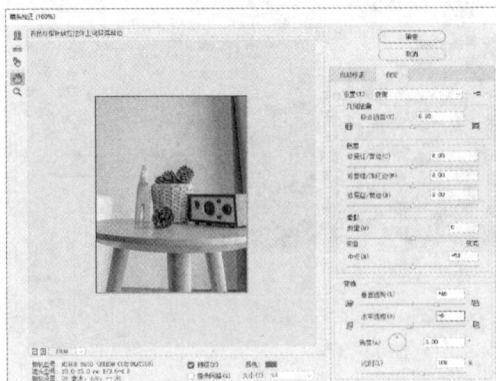

图 13-42

图 13-43

13.1.7　液化滤镜

液化滤镜可以用于制作出各种类似液化的图像变形效果。

打开一幅图像。选择"滤镜 > 液化"命令，或按 Shift+Ctrl+X 组合键，弹出"液化"对话框，如图 13-44 所示。

图 13-44

左侧的工具箱由上到下分别为"向前变形"工具 、"重建"工具 、"平滑"工具 ，"顺时针旋转扭曲"工具 、"褶皱"工具 、"膨胀"工具 、"左推"工具 、"冻结蒙版"工具 、"解冻蒙版"工具 、"脸部"工具 、"抓手"工具 和"缩放"工具 。

画笔工具选项组："大小"选项用于设置所选工具的笔触大小；"密度"选项用于设置画笔的密度；"压力"选项用于设置画笔的压力，压力越小，变形的过程越慢；"速率"选项用于设置画笔的绘制速度；"光笔压力"选项用于设置压感笔的压力；"固定边缘"选项用于选中可锁定的图像边缘。

人脸识别液化组："眼睛"选项组用于设置眼睛的大小、高度、宽度、斜度和距离；"鼻子"选项组用于设置鼻子的高度和宽度；"嘴唇"选项组用于设置微笑、上嘴唇、下嘴唇、嘴唇的宽度和高度；"脸部形状"选项组用于设置脸部的前额、下巴、下颌和脸部宽度。

载入网格选项组：用于载入、使用和存储网格。

蒙版选项组：用于选择通道蒙版的形式。选择"无"，可以不制作蒙版；选择"全部蒙住"，可以为全部的区域制作蒙版；选择"全部反相"按钮，可以解冻蒙版区域并冻结剩余的区域。

视图选项组：勾选"显示参考线"复选框，可以显示参考线；勾选"显示面部叠加"复选框，可以显示面部的叠加部分；勾选"显示图像"复选框，可以显示图像；勾选"显示网格"复选框，可以显示网格，"网格大小"选项用于设置网格的大小，"网格颜色"选项用于设置网格的颜色；勾选"显示蒙版"复选框，可以显示蒙版，"蒙版颜色"选项用于设置蒙版的颜色；勾选"显示背景"复选框，在"使用"选项的下拉列表中可以选择图层，在"模式"选项的下拉列表中可以选择不同的模式，"不透明度"选项用于设置不透明度。

画笔重建选项组："重建"按钮用于对变形的图像进行重置；"恢复全部"按钮用于将图像恢复到打开时的状态。

在对话框中对图像进行变形，如图 13-45 所示，单击"确定"按钮，完成图像的液化变形，效果如图 13-46 所示。

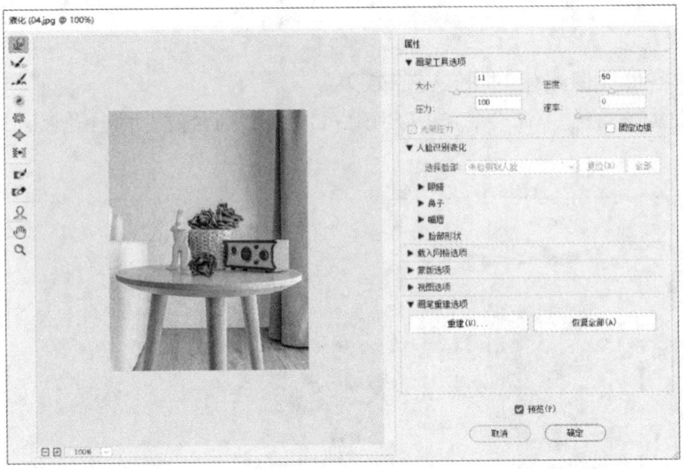

图 13-45

图 13-46

13.1.8　课堂案例——制作淡彩钢笔画

案例学习目标

学习使用滤镜库中的照亮边缘滤镜和中间值滤镜制作需要的效果。

案例知识要点

使用"反相"命令、"照亮边缘"命令、图层混合模式和中间值滤镜制作淡彩钢笔画，最终效果如图 13-47 所示。

微课视频　　　　　扩展阅读

制作淡彩钢笔画　　制作淡彩钢笔画

图 13-47

效果所在位置

Ch13/效果/制作淡彩钢笔画.psd

（1）按 Ctrl + O 组合键，打开云盘中的"Ch13 > 素材 > 制作淡彩钢笔画 > 01"文件，如图 13-48 所示。将"背景"图层拖曳到"图层"控制面板下方的"创建新图层"按钮 回 上进行复制，生成新的图层"背景 拷贝"。选择"滤镜 > 杂色 > 中间值"命令，在弹出的对话框中进行设置，如图 13-49 所示，单击"确定"按钮。

图 13-48

图 13-49

（2）再次将"背景"图层拖曳到"图层"控制面板下方的"创建新图层"按钮 ▣ 上进行复制，生成新的图层"背景 拷贝 2"。将"背景 拷贝 2"图层拖曳到"背景 拷贝"图层的上方，如图 13-50 所示。

（3）选择"滤镜 > 滤镜库"命令，在弹出的对话框中选择"风格化 > 照亮边缘"滤镜，选项的设置如图 13-51 所示，单击"确定"按钮，效果如图 13-52 所示。按 Ctrl+I 组合键，对图像进行反相操作，如图 13-53 所示。

图 13-50

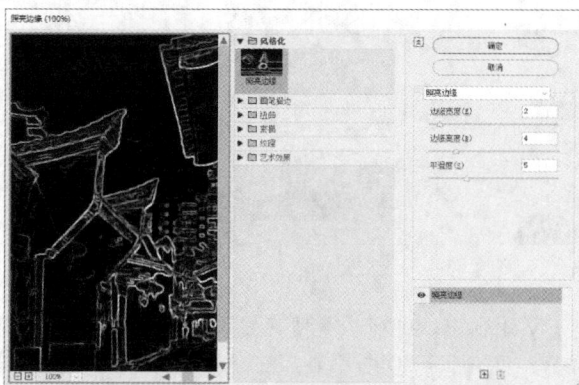

图 13-51

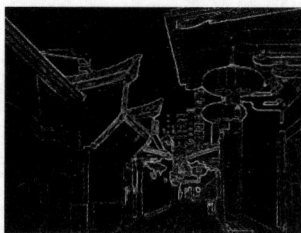

图 13-52

图 13-53

（4）在"图层"控制面板上方，将"背景 拷贝 2"图层的混合模式选项设置为"叠加"，"不透明度"选项设置为 70%，如图 13-54 所示，按 Enter 键确认操作，效果如图 13-55 所示。淡彩钢笔画效果制作完成。

图 13-54

图 13-55

13.1.9 消失点滤镜

消失点滤镜可以用于制作建筑物或任何矩形对象的透视效果。

　　打开一幅图像，绘制选区，如图 13-56 所示。按 Ctrl＋C 组合键，复制选区中的图像。按 Ctrl+D 组合键，取消选区。选择"滤镜 ＞ 消失点"命令，弹出对话框，在对话框的左侧选择"创建平面"工具 田，在图像窗口中单击定义 4 个点，如图 13-57 所示，各点之间会自动连接为透视平面，如图 13-58 所示。

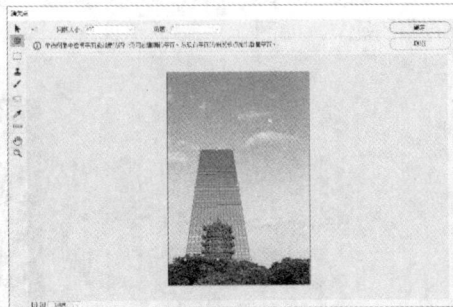

图 13-56　　　　　　　　　　　图 13-57　　　　　　　　　　　　　　　图 13-58

　　按 Ctrl＋V 组合键，将刚才复制的图像粘贴到对话框中，如图 13-59 所示。将粘贴的图像拖曳到透视平面中，如图 13-60 所示。按住 Alt 键的同时，向上拖曳复制建筑物，如图 13-61 所示。用相同的方法，再复制 2 次建筑物，如图 13-62 所示。单击"确定"按钮，建筑物的透视变形效果如图 13-63 所示。

图 13-59　　　　　　　　　　　　　　　　图 13-60

图 13-61　　　　　　　　　　　图 13-62　　　　　　　　　图 13-63

　　在"消失点"对话框中，透视平面显示为蓝色时为有效的平面；透视平面显示为红色时为无效的平面，无法计算平面的长宽比，也无法拉出垂直平面；透视平面显示为黄色时为无效的平面，无法解析平面的所有消失点，如图 13-64 所示。

蓝色透视平面   红色透视平面   黄色透视平面

图 13-64

13.1.10　3D 滤镜组

3D 滤镜组可以用于生成效果更好的凹凸图和法线图。3D 滤镜组的子菜单如图 13-65 所示。应用不同的滤镜制作出的效果如图 13-66 所示。

生成凹凸图...
生成法线图...

图 13-65

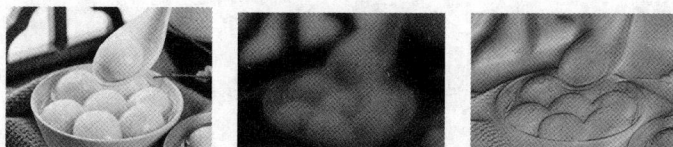

原图   生成凹凸图   生成法线图

图 13-66

13.1.11　风格化滤镜组

风格化滤镜组可以用于制作印象派和其他风格画派作品的效果，这些效果是完全模拟真实艺术手法进行创作的。风格化滤镜组的子菜单如图 13-67 所示。应用不同的滤镜制作出的效果如图 13-68 所示。

查找边缘
等高线...
风...
浮雕效果...
扩散...
拼贴...
曝光过度
凸出...
油画...

图 13-67

原图   查找边缘   等高线   风   浮雕效果

扩散   拼贴   曝光过度   凸出   油画

图 13-68

13.1.12　模糊滤镜组

模糊滤镜组可以用于使图像中过于清晰或对比度强烈的区域产生模糊效果，也可用于制作柔和阴影。模糊滤镜组的子菜单如图 13-69 所示。应用不同滤镜制作出的效果如图 13-70 所示。

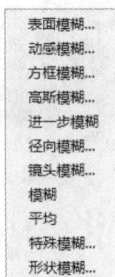

图 13-69

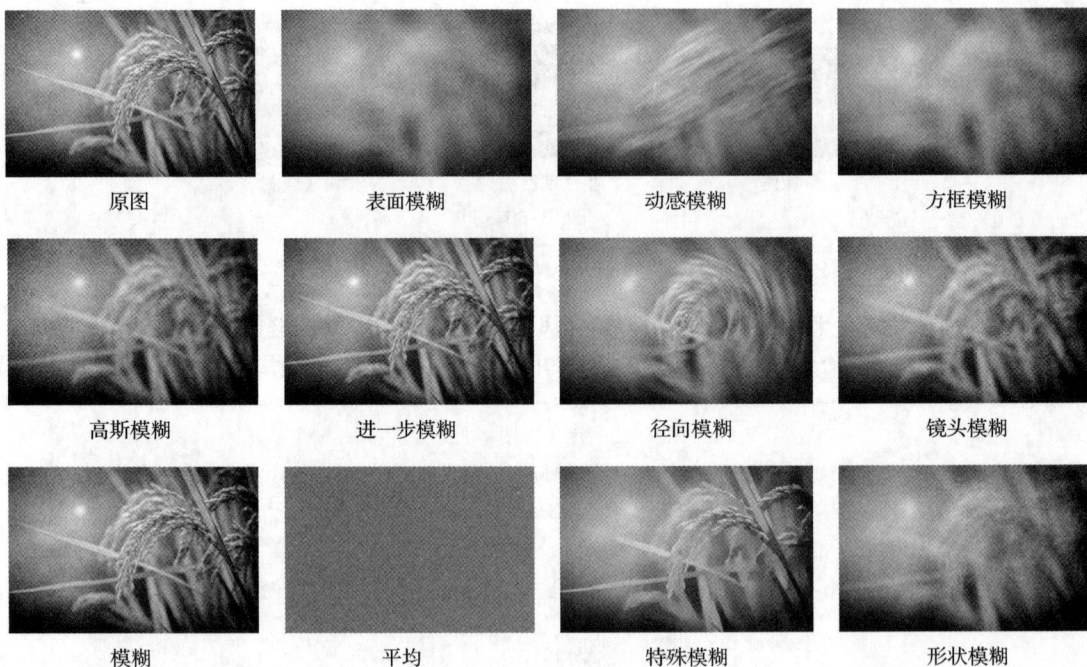

图 13-70

13.1.13　模糊画廊滤镜组

模糊画廊滤镜组可以使用图钉或路径来控制图像，制作模糊效果。模糊画廊滤镜组的子菜单如图 13-71 所示。应用不同滤镜制作出的效果如图 13-72 所示。

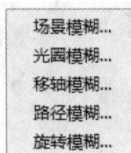

图 13-71

原图	场景模糊	光圈模糊
移轴模糊	路径模糊	旋转模糊

图 13-72

13.1.14　扭曲滤镜组

扭曲滤镜组可以用于生成一组从波纹到扭曲图像的变形效果。扭曲滤镜组的子菜单如图 13-73 所示。应用不同滤镜制作出的效果如图 13-74 所示。

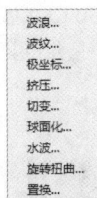

图 13-73

原图	波浪	波纹	极坐标	挤压
切变	球面化	水波	旋转扭曲	置换

图 13-74

13.1.15　课堂案例——制作文化传媒类公众号封面首图

案例学习目标

学习使用像素化滤镜和渲染滤镜制作公众号封面首图。

🔒 **案例知识要点**

　　使用彩色半调滤镜制作网点图像，使用高斯模糊滤镜和图层混合模式调整图像效果，使用镜头光晕滤镜添加光晕，最终效果如图 13-75 所示。

图 13-75

◎ **效果所在位置**

　　Ch13/效果/制作文化传媒类公众号封面首图.psd。

　　（1）按 Ctrl + O 组合键，打开云盘中的"Ch13 > 素材 > 制作文化传媒类公众号封面首图 > 01"文件，如图 13-76 所示。按 Ctrl+J 组合键，复制图层，"图层"控制面板如图 13-77 所示。

图 13-76　　　　　　　　　　　　　　　图 13-77

　　（2）选择"滤镜 > 像素化 > 彩色半调"命令，在弹出的对话框中进行设置，如图 13-78 所示，单击"确定"按钮，效果如图 13-79 所示。

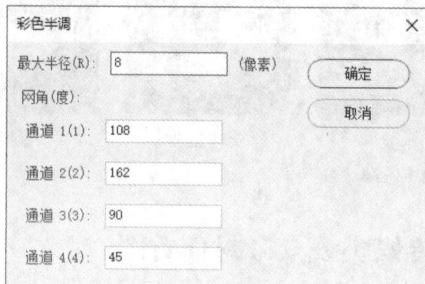

图 13-78　　　　　　　　　　　　　　　图 13-79

　　（3）选择"滤镜 > 模糊 > 高斯模糊"命令，在弹出的对话框中进行设置，如图 13-80 所示，单击"确定"按钮，效果如图 13-81 所示。

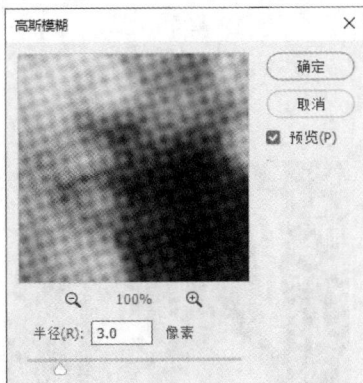
图 13-80

图 13-81

（4）在"图层"控制面板上方，将"图层 1"图层的混合模式选项设为"正片叠底"，如图 13-82 所示，图像效果如图 13-83 所示。

（5）选择"背景"图层。按 Ctrl+J 组合键，复制"背景"图层，将生成的新图层拖曳到"图层 1"的上方，如图 13-84 所示。

图 13-82

图 13-83

图 13-84

（6）按 D 键，恢复默认前景色和背景色。选择"滤镜 > 滤镜库"命令，在弹出的对话框中进行设置，如图 13-85 所示，单击"确定"按钮，效果如图 13-86 所示。

图 13-85

图 13-86

（7）选择"滤镜 > 渲染 > 镜头光晕"命令，在弹出的对话框中进行设置，如图 13-87 所示，单击"确定"按钮，效果如图 13-88 所示。

图 13-87   图 13-88

（8）在"图层"控制面板上方将"背景 拷贝"图层的混合模式设为"强光"，如图 13-89 所示，图像效果如图 13-90 所示。

图 13-89   图 13-90

（9）选择"背景"图层。按 Ctrl+J 组合键，复制"背景"图层，生成新的图层"背景 拷贝 2"。按住 Shift 键的同时，选择"背景 拷贝"图层和"背景 拷贝 2"图层及它们之间的所有图层。按 Ctrl+E 组合键，合并图层并重命名为"效果"，如图 13-91 所示。

（10）按 Ctrl+N 组合键，新建一个文件，设置"宽度"为 1175 像素，"高度"为 500 像素，"分辨率"为 72 像素/英寸，"颜色模式"为 RGB，"背景内容"为白色，单击"创建"按钮，新建文档。选择"01"图像窗口中的"效果"图层。选择"移动"工具 ⊕，将图像拖曳到新建的图像窗口中适当的位置，效果如图 13-92 所示，"图层"控制面板中生成新图层，如图 13-93 所示。

（11）按 Ctrl+O 组合键，打开云盘中的"Ch13 > 素材 > 制作文化传媒类公众号封面首图 > 02"文件。选择"移动"工具 ⊕，将"02"图像拖曳到新建的图像窗口中适当的位置，效果如图 13-94 所示，"图层"控制面板中生成新图层，将其命名为"文字"。文化传媒类公众号封面首图制作完成。

图 13-91   图 13-92

图 13-93   图 13-94

13.1.16　锐化滤镜组

　　锐化滤镜组可以通过增强图像的对比度来使图像更加清晰，增强所处理图像的轮廓。此组滤镜可减轻图像修改后产生的模糊效果。锐化滤镜组的子菜单如图 13-95 所示。应用锐化滤镜组制作的图像效果如图 13-96 所示。

图 13-95

原图　　　　　　　USM 锐化　　　　　　防抖　　　　　　进一步锐化

锐化　　　　　　　锐化边缘　　　　　　智能锐化

图 13-96

13.1.17　视频滤镜组

　　视频滤镜组用于将以隔行扫描方式提取的图像转换为视频设备可接收的图像，以解决图像交换时产生的系统差异。视频滤镜组的子菜单如图 13-97 所示。应用不同滤镜制作出的效果如图 13-98 所示。

图 13-97

| 原图 | NTSC 颜色 | 逐行 |

图 13-98

13.1.18　像素化滤镜组

像素化滤镜组可以用于将图像分块或将图像平面化。像素化滤镜组的子菜单如图 13-99 所示。应用不同滤镜制作出的效果如图 13-100 所示。

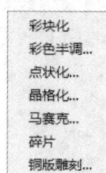

图 13-99

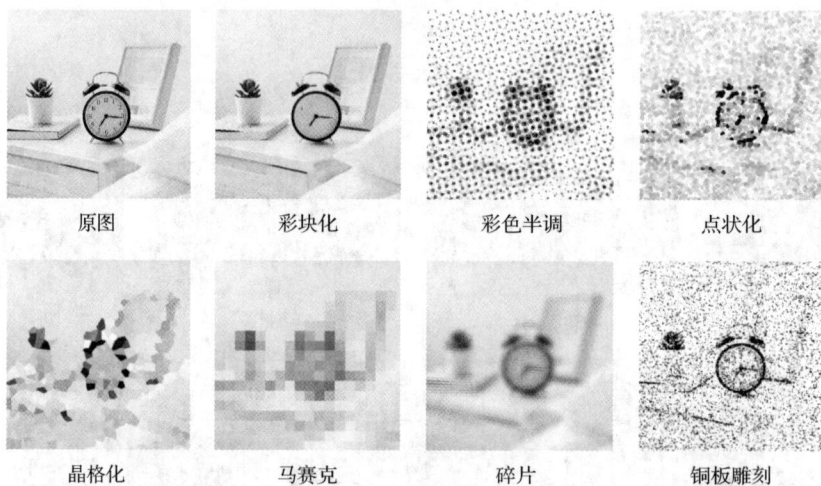

| 原图 | 彩块化 | 彩色半调 | 点状化 |
| 晶格化 | 马赛克 | 碎片 | 铜板雕刻 |

图 13-100

13.1.19　渲染滤镜组

渲染滤镜组可以用于在图像中产生不同的照明、光源和夜景效果。渲染滤镜组的子菜单如图 13-101 所示。应用不同滤镜制作出的效果如图 13-102 所示。

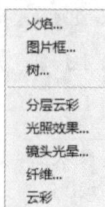

图 13-101

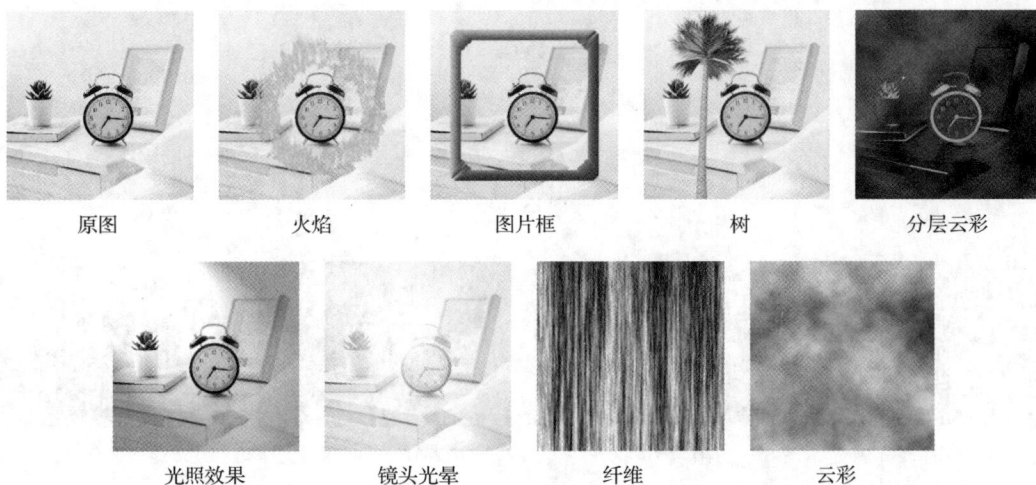

原图　　　　火焰　　　　图片框　　　　树　　　　分层云彩

光照效果　　　镜头光晕　　　纤维　　　　云彩

图 13-102

13.1.20　杂色滤镜组

杂色滤镜组可以用于在图像中添加或去除杂色、斑点、蒙尘或划痕等。杂色滤镜组的子菜单如图 13-103 所示。应用不同滤镜制作出的效果如图 13-104 所示。

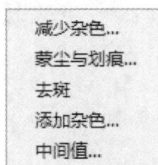

减少杂色...
蒙尘与划痕...
去斑
添加杂色...
中间值...

图 13-103

原图　　　　　减少杂色　　　　蒙尘与划痕

去斑　　　　　添加杂色　　　　中间值

图 13-104

13.1.21　"其它"滤镜组

"其它"滤镜组可以用于创建特殊的效果滤镜。"其它"滤镜组的子菜单如图 13-105 所示。应用"其它"滤镜组制作的图像效果如图 13-106 所示。

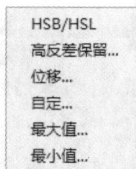

图 13-105

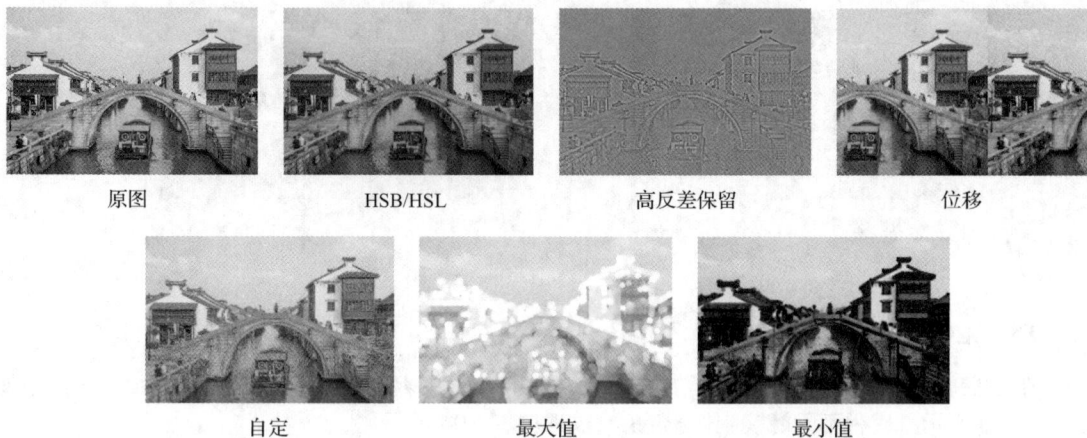

原图	HSB/HSL	高反差保留	位移

自定 最大值 最小值

图 13-106

13.2 滤镜的使用技巧

重复使用滤镜、对图像局部使用滤镜、对通道使用滤镜、转换为智能滤镜或对滤镜效果进行调整可以使图像产生更加丰富、生动的变化。

13.2.1 重复使用滤镜

如果在使用一次滤镜后，图像效果不理想，可以按 Ctrl+F 组合键重复使用滤镜。多次重复使用滤镜的不同效果如图 13-107 所示。

图 13-107

13.2.2 对图像局部使用滤镜

对图像局部使用滤镜是常用的处理图像的方法。在图像上绘制选区，如图 13-108 所示，对选区中的图像使用查找边缘滤镜，效果如图 13-109 所示。如果对选区进行羽化后再使用滤镜，就可以得到与原图融为一体的效果。在"羽化选区"对话框中设置羽化半径，如图 13-110 所示，单击"确定"按钮，再使用滤镜得到的效果如图 13-111 所示。

图 13-108

图 13-109

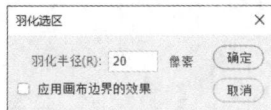
图 13-110

图 13-111

13.2.3　对通道使用滤镜

分别对图像的各个通道使用滤镜，结果和对原始图像直接使用滤镜的效果是一样的。对图像的部分通道使用滤镜，可以得到一些特别的效果。原始图像如图 13-112 所示，对图像的绿、蓝通道分别使用径向模糊滤镜后得到的效果如图 13-113 所示。

图 13-112

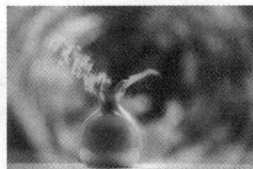
图 13-113

13.2.4　转换为智能滤镜

常用滤镜在应用后就不能改变滤镜的数值，而智能滤镜是针对智能对象使用的、可调节滤镜效果的一种应用模式。

在"图层"控制面板中选中需要的图层，如图 13-114 所示。选择"滤镜 > 转换为智能滤镜"命令，弹出提示对话框，单击"确定"按钮，"图层"控制面板中的效果如图 13-115 所示。选择"滤镜 > 模糊 > 动感模糊"命令，为图像添加动感模糊效果，在"图层"控制面板中，此图层的下方显示出滤镜名称，如图 13-116 所示。

双击"图层"控制面板中的滤镜名称，可以在弹出的相应对话框中重新设置参数。单击滤镜名称右侧的"双击以编辑滤镜混合选项"图标🍩，弹出"混合选项"对话框，在对话框中可以设置滤镜效果的模式和不透明度，如图 13-117 所示。

图 13-114

图 13-115

图 13-116

图 13-117

13.2.5　对滤镜效果进行调整

对图像应用"动感模糊"滤镜后，效果如图 13-118 所示。按 Shift+Ctrl+F 组合键，弹出"渐隐"对话框，调整不透明度并选择模式，如图 13-119 所示，单击"确定"按钮，滤镜效果产生变化，如图 13-120 所示。

图 13-118

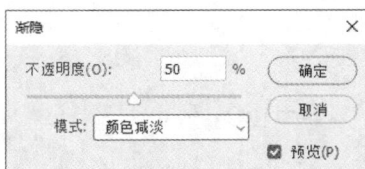
图 13-119

图 13-120

课堂练习——制作美妆护肤类公众号封面首图

练习知识要点

使用液化滤镜中的"向前变形"工具和"褶皱"工具调整脸型，使用"移动"工具添加文字和产品，最终效果如图 13-121 所示。

图 13-121

微课视频

制作美妆护肤类
公众号封面首图

效果所在位置

Ch13/效果/制作美妆护肤类公众号封面首图.psd。

课后习题——制作彩妆网店详情页主图

习题知识要点

使用"填充"命令和图层样式制作背景色，使用"椭圆选框"工具、"描边"命令、扭曲滤镜和"用画笔描边路径"按钮制作粒子光，最终效果如图 13-122 所示。

图 13-122

微课视频

制作彩妆网店详情页
主图

效果所在位置

Ch13/效果/制作彩妆网店详情页主图.psd。

14

第 14 章
动作的应用

本章介绍

本章主要介绍"动作"控制面板和"动作"命令的应用技巧，并通过多个实际应用案例讲解相关命令的操作。通过本章的学习，学习者能够快速地掌握动作的应用及创建动作的方法。

学习目标

- 了解"动作"控制面板并掌握动作的应用技巧。
- 熟练掌握创建动作的方法。

技能目标

- 掌握"娱乐类公众号封面首图"的制作方法。
- 掌握"文化类公众号封面首图"的制作方法。

素养目标

- 培养能够合理制订学习计划的自主学习能力。
- 培养能够正确理解他人问题的沟通交流能力。
- 培养敏锐的思维和强大的分析能力。

14.1 "动作"控制面板及动作的应用

应用"动作"控制面板及其弹出式菜单可以对动作进行各种处理和操作。

14.1.1 课堂案例——制作娱乐类公众号封面首图

案例学习目标

学习使用"动作"控制面板调整图像颜色。

案例知识要点

使用外挂动作制作公众号封面底图，最终效果如图 14-1 所示。

图 14-1

效果所在位置

Ch14/效果/制作娱乐类公众号封面首图.psd。

（1）按 Ctrl+O 组合键，打开云盘中的"Ch14 > 素材 > 制作娱乐类公众号封面首图 > 01"文件，如图 14-2 所示。选择"窗口 > 动作"命令，弹出"动作"控制面板，如图 14-3 所示。

图 14-2   图 14-3

（2）单击"动作"控制面板右上方的 ▤ 图标，在弹出的菜单中选择"载入动作"命令，在弹出的对话框中选择云盘中的"Ch14 > 素材 > 制作娱乐类公众号封面首图 > 02"文件，单击"载入"按钮，载入"动作"命令，如图 14-4 所示。单击"09"动作组左侧的按钮 ﹀，查看动作应用的步骤，如图 14-5 所示。

（3）选择"动作"控制面板中新动作的第一步，单击下方的"播放选定的动作"按钮 ▶，效果如图 14-6 所示。

（4）按 Ctrl+O 组合键，打开云盘中的"Ch14 > 素材 > 制作娱乐类公众号封面首图 > 03"文件。选择"移动"工具 ⊕，将"03"图像拖曳到"01"图像窗口中的适当位置，效果如图 14-7 所示，"图层"控制面板中生成新图层，将其命名为"文字"。娱乐类公众号封面首图制作完成。

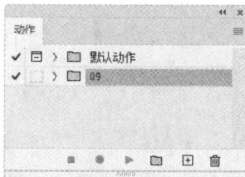

图 14-4 图 14-5

图 14-6 图 14-7

14.1.2 "动作"控制面板

"动作"控制面板用于对一批需要进行相同处理的图像执行批处理操作，以减少重复操作。选择"窗口 > 动作"命令，或按 Alt+F9 组合键，弹出图 14-8 所示的"动作"控制面板。面板下方有一排动作操作按钮，包括"停止播放／记录"按钮 ■ 、"开始记录"按钮 ● 、"播放选定的动作"按钮 ▶ 、"创建新组"按钮 ▢ 、"创建新动作"按钮 ⊡ 、"删除"按钮 🗑 。

单击"动作"控制面板右上方的 ☰ 图标，弹出其下拉命令菜单，如图 14-9 所示。

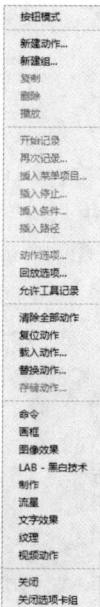

图 14-8 图 14-9

14.2 创建动作

14.2.1 课堂案例——制作文化类公众号封面首图

案例学习目标

学习使用"动作"控制面板创建动作。

案例知识要点

使用色相/饱和度、亮度/对比度和照片滤镜调整层调整图像颜色，使用"合并图层"命令和"阈值"命令制作黑白图像，使用图层的混合模式和不透明度制作特殊效果，使用"动作"控制面板记录动作，最终效果如图 14-10 所示。

微课视频　　　　扩展阅读

制作文化类公众号　　制作文化类公众号
封面首图　　　　　封面首图

图 14-10

效果所在位置

Ch14/效果/制作文化类公众号封面首图.psd。

（1）按 Ctrl + N 组合键，弹出"新建文档"对话框，设置"宽度"为 900 像素，"高度"为 383 像素，"分辨率"为 72 像素/英寸，"颜色模式"为 RGB，"背景内容"为白色，单击"创建"按钮，新建一个文件。

（2）按 Ctrl+O 组合键，打开云盘中的"Ch13 ＞ 素材 ＞ 制作文化类公众号封面首图 ＞ 01"文件。选择"移动"工具 ⊕，将"01"图像拖曳到新建的图像窗口中适当的位置并调整其大小，效果如图 14-11 所示，"图层"控制面板中生成新的图层，将其命名为"图片"。

（3）选择"窗口 ＞ 动作"命令，弹出"动作"控制面板，单击控制面板下方的"创建新动作"按钮 ⊞，弹出"新建动作"对话框，如图 14-12 所示，单击"记录"按钮。

图 14-11

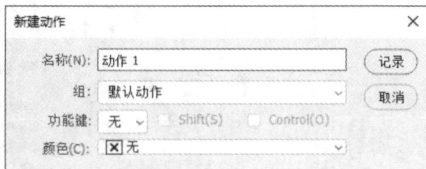

图 14-12

（4）单击"图层"控制面板下方的"创建新的填充或调整图层"按钮 ◎，在弹出的菜单中选择"色相/饱和度"命令，"图层"控制面板中生成"色相/饱和度 1"图层，同时弹出"色相/饱和度"面板，选项的设置如图 14-13 所示，按 Enter 键确定操作，图像效果如图 14-14 所示。

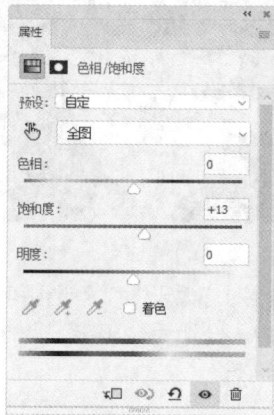

图 14-13

图 14-14

（5）单击"图层"控制面板下方的"创建新的填充或调整图层"按钮 ◎，在弹出的菜单中选择"亮度/对比度"命令，"图层"控制面板中生成"亮度/对比度 1"图层，同时弹出"亮度/对比度"面板，选项的设置如图 14-15 所示，按 Enter 键确定操作，图像效果如图 14-16 所示。

图 14-15

图 14-16

（6）单击"图层"控制面板下方的"创建新的填充或调整图层"按钮 ◎，在弹出的菜单中选择"照片滤镜"命令，"图层"控制面板中生成"照片滤镜 1"图层，同时弹出照片滤镜的属性面板，选项的设置如图 14-17 所示，按 Enter 键确定操作，图像效果如图 14-18 所示。

图 14-17

图 14-18

（7）按 Alt+Shift+Ctrl+E 组合键，向下合并可见图层，生成新的图层并将其命名为"黑白"。选择"图像 > 调整 > 阈值"命令，在弹出的对话框中进行设置，如图 14-19 所示，单击"确定"按钮，效果如图 14-20 所示。

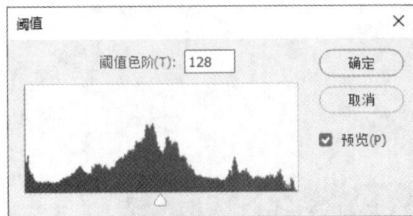

图 14-19

图 14-20

（8）在"图层"控制面板上方将该图层的混合模式选项设置为"柔光"，"不透明度"选项设置为 50%，如图 14-21 所示，按 Enter 键确定操作，效果如图 14-22 所示。单击"动作"控制面板下方的"停止播放/记录"按钮 ■，停止动作的录制。

图 14-21

图 14-22

（9）按 Ctrl+O 组合键，打开云盘中的"Ch14 > 素材 > 制作文化类公众号封面首图 > 02"文件。选择"移动"工具 ⊕，将"02"图像拖曳到图像窗口中适当的位置，效果如图 14-23 所示，"图层"控制面板中生成新图层，将其命名为"文字"。文化类公众号封面首图制作完成。

图 14-23

14.2.2　创建动作的方法

打开一幅图像，如图 14-24 所示。在"动作"控制面板的"面板"菜单中选择"新建动作"命令，弹出"新建动作"对话框，如图 14-25 所示进行设定。单击"记录"按钮，在"动作"控制面板中出现"动作 1"，如图 14-26 所示。

在"图层"控制面板中新建"图层 1"，如图 14-27 所示。"动作"控制面板中记录下了新建"图层 1"的动作，如图 14-28 所示。

在"图层 1"中填充渐变，效果如图 14-29 所示。"动作"控制面板中记录下了渐变的动作，如图 14-30 所示。

图 14-24

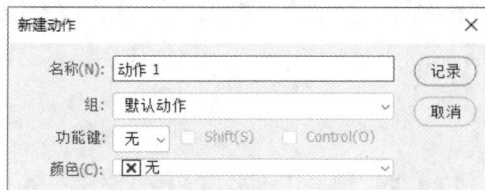
图 14-25

图 14-26

图 14-27

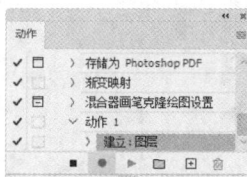
图 14-28

图 14-29

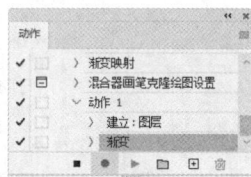
图 14-30

在"图层"控制面板中将"图层 1"的混合模式选项设为"叠加",如图 14-31 所示。"动作"控制面板中记录下了选择模式的动作,如图 14-32 所示。

对图像的编辑完成,效果如图 14-33 所示,在"动作"控制面板的"面板"菜单中选择"停止记录"按钮,"动作 1"的记录完成,如图 14-34 所示。"动作 1"中的编辑过程可以应用到其他的图像当中。

图 14-31

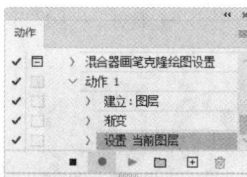
图 14-32

图 14-33

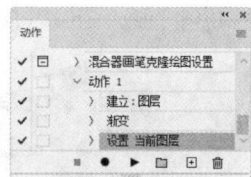
图 14-34

打开一幅图像,如图 14-35 所示。在"动作"控制面板中选择"动作 1",如图 14-36 所示。单击"播放选定的动作"按钮 ▶,图像编辑过程和效果就是刚才编辑图像时的编辑过程和效果,最终效果如图 14-37 所示。

图 14-35

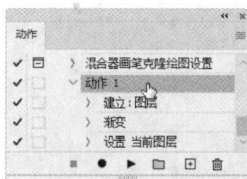
图 14-36

图 14-37

课堂练习——制作阅读生活公众号封面次图

🔗 练习知识要点

使用"动作"控制面板中的"油彩蜡笔"命令制作蜡笔效果，最终效果如图 14-38 所示。

微课视频

制作阅读生活公众号
封面次图

图 14-38

◎ 效果所在位置

Ch14/效果/制作阅读生活公众号封面次图.psd。

课后习题——制作影像艺术公众号封面首图

🔗 习题知识要点

使用"载入动作"命令制作公众号封面首图，最终效果如图 14-39 所示。

微课视频

制作影像艺术
公众号封面首图

图 14-39

◎ 效果所在位置

Ch14/效果/制作影像艺术公众号封面首图.psd。

15

第 15 章
综合设计实训

本章介绍

　　本章通过多个商业案例实训，进一步讲解 Photoshop 的特色功能和使用技巧，让学习者能够快速地掌握软件功能和知识要点，制作出变化丰富的设计作品。

学习目标

- 掌握 Photoshop 软件的使用方法。
- 了解 Photoshop 软件的常用设计领域。
- 掌握 Photoshop 软件在不同设计领域的应用。

技能目标

- 掌握"时钟图标"的制作方法。
- 掌握"旅游类 App 首页"的制作方法。
- 掌握"空调扇 Banner"的制作方法。
- 掌握"美妆类图书封面"的制作方法。
- 掌握"果汁饮料包装"的制作方法。
- 掌握"中式茶叶官网首页"的制作方法。

素养目标

- 培养自我管理和不断进步的自我提升能力。
- 培养积极进取的职业精神。
- 培养高度的责任感和协作沟通能力。

15.1　图标设计——制作时钟图标

15.1.1　项目背景及要求

1. 客户名称

微迪设计公司。

2. 客户需求

微迪设计公司是一家集 UI 设计、LOGO 设计、VI 设计为一体的设计公司，得到众多客户的好评。公司现阶段需要为新开发的时钟 App 设计一款图标，要求使用拟物化的形式表达出 App 的特征，要有极高的辨识度。

3. 设计要求

（1）拟物化的图标真实直观、辨识度高。

（2）图标简洁明了，颜色搭配合理。

（3）色彩简洁亮丽，增加画面的活泼感。

（4）设计规格为 1024 像素（宽）×1024 像素（高），分辨率为 72 像素/英寸。

15.1.2　项目创意及制作

1. 设计作品

设计作品效果所在位置：本书云盘中的 "Ch15/效果/制作时钟图标.psd"，如图 15-1 所示。

图 15-1

微课视频　　制作时钟图标

扩展阅读　　绘制记事本图标

2. 制作要点

使用"椭圆"工具、"减去顶层形状"命令和图层样式绘制表盘，使用"圆角矩形"工具、"矩形"工具和剪贴蒙版绘制指针和刻度，使用"钢笔"工具、"图层"控制面板和"渐变"工具制作投影。

15.2　App 页面设计——制作旅游类 App 首页

15.2.1　项目背景及要求

1. 客户名称

畅游旅游 App。

2. 客户需求

畅游旅游是一个在线票务服务公司，已创办多年，成功整合了高科技产业与传统旅游行业，为会员提供包括酒店预订、机票预订、商旅管理、特惠商户及旅游资讯在内的全方位旅行服务。现为美化公司 App 效果，需要重新设计该 App 首页，要求符合公司经营项目的特点。

3. 设计要求

（1）页面布局合理，模块划分清晰、明确。

（2）Banner 采用风景图与文字相结合的形式，突出主题。

（3）整体色彩鲜艳时尚，让人产生浏览兴趣。

（4）景点图与介绍性文字合理搭配、相互呼应。

（5）设计规格为 750 像素（宽）×2086 像素（高），分辨率为 72 像素/英寸。

15.2.2　项目创意及制作

1. 素材资源

素材所在位置：本书云盘中的"Ch15/素材/制作旅游类 App 首页/01～17"。

2. 设计作品

设计作品效果所在位置：本书云盘中的"Ch15/效果/制作旅游类 App 首页.psd"，如图 15-2 所示。

图 15-2

3. 制作要点

使用"圆角矩形"工具、"矩形"工具和"椭圆"工具绘制形状，使用"置入嵌入对象"命令置入图像和图标，使用剪贴蒙版调整图像显示区域，使用图层样式添加效果，使用"横排文字"工具输入文字。

15.3　Banner 设计——制作空调扇 Banner

15.3.1　项目背景及要求

1. 客户名称

戴森尔。

2．客户需求

戴森尔是一家电商用品零售企业，贩售平整式包装的家具、配件、浴室和厨房用品等。公司近期推出新款变频空调扇，需要为其制作一个全新的 Banner，要求起到宣传该新产品的作用，向客户传递清新和雅致的感受。

3．设计要求

（1）画面要求以产品图像为主体，模拟实际场景，给人直观的视觉感受。

（2）设计要求使用直观、醒目的文字来诠释广告内容，表现产品特色。

（3）整体色彩清新干净，与宣传主题相呼应。

（4）设计风格简洁大方，给人整洁、干练的感觉。

（5）设计规格为 1920 像素（宽）×800 像素（高），分辨率为 72 像素/英寸。

15.3.2 项目创意及制作

1．设计素材

素材所在位置：本书云盘中的"Ch15/素材/制作空调扇 Banner/01～03"。

2．设计作品

设计作品效果所在位置：本书云盘中的"Ch15/效果/制作空调扇 Banner.psd"，如图 15-3 所示。

图 15-3

3．制作要点

使用"椭圆"工具和高斯模糊滤镜为空调扇添加阴影效果，使用"色阶"命令调整图像颜色，使用"圆角矩形"工具、"横排文字"工具和"字符"控制面板添加产品品牌及相关功能介绍。

15.4　书籍装帧设计——制作美妆类图书封面

15.4.1 项目背景及要求

1．客户名称

文理青年出版社。

2．客户需求

文理青年出版社即将出版一本关于美妆的图书，名字叫《四季美妆私语》，目前需要为图书设计封面，在图书的出版及发售时使用，图书设计要求围绕美妆这一主题，能够通过封面吸引读者注意，要求将图书内容在封面中很好地体现出来。

3．设计要求

（1）使用可爱、漂亮的背景，注重细节的修饰和处理。

（2）整体色调美观舒适、色彩丰富、搭配自然。

（3）封面要表现出美妆的魅力和特色，与图书主题相呼应。

（4）设计规格为 466 毫米（宽）× 266 毫米（高），分辨率为 300 像素/英寸。

15.4.2 项目创意及制作

1. 设计素材

素材所在位置：本书云盘中的"Ch15/素材/制作美妆类图书封面/01～07"。

2. 设计作品

设计作品效果所在位置：本书云盘中的"Ch15/效果/制作美妆类图书封面.psd"，如图 15-4 所示。

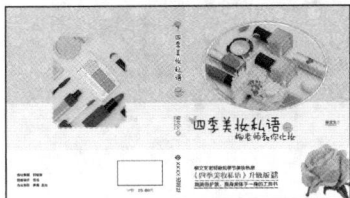

图 15-4

制作美妆类图书封面 1　制作美妆类图书封面 2　制作美妆类图书封面 3　制作花卉书籍封面

3. 制作要点

使用"新建参考线"命令添加参考线，使用"矩形"工具、"不透明度"选项和剪贴蒙版制作宣传图像，使用"椭圆"工具、"定义图案"命令和"图案填充"命令制作背景底图，使用"自定形状"工具绘制装饰图形，使用"横排文字"工具和"描边"命令添加相关文字。

15.5　包装设计——制作果汁饮料包装

15.5.1 项目背景及要求

1. 客户名称

天乐饮料有限公司。

2. 客户需求

天乐饮料是一家以纯天然果汁为主要产品的饮料企业。现要为公司设计一款有机水果饮料的包装，产品主要针对的是关注健康、注意营养膳食结构的人群。在包装设计上要体现出果汁来源于新鲜水果的概念。

3. 设计要求

（1）包装风格要求以米黄和粉红为主，体现出产品新鲜、健康的特点。

（2）字体要求简洁大气，符合整体的包装风格，让人印象深刻。

（3）设计以水果图像为主，图文搭配编排合理，视觉效果强烈。

（4）以真实、简洁的方式向观者传达产品信息。

（5）设计规格为 290 毫米（宽）×290 毫米（高），分辨率为 300 像素/英寸。

微课视频　制作果汁饮料包装 1　微课视频　制作果汁饮料包装 2
微课视频　制作果汁饮料包装 3　微课视频　制作果汁饮料包装 4
扩展阅读　制作洗发水包装

15.5.2 项目创意及制作

1. 素材资源

素材所在位置：本书云盘中的"Ch15/素材/制作果汁饮料包装/01～11"。

2. 设计作品

设计作品效果所在位置：本书云盘中的"Ch15/效果/制作果汁饮料包装.psd"，如图 15-5 所示。

图 15-5

3. 制作要点

使用"新建参考线"命令添加参考线，使用选框工具和绘图工具添加背景底图，使用"移动"工具、"蒙版"命令和"画笔"工具制作水果和自然图像，使用"横排文字"工具和"文字变形"命令添加宣传文字，使用"自由变换"命令和"钢笔"工具制作立体效果，使用"移动"工具制作广告效果。

15.6　网页设计——制作中式茶叶官网首页

15.6.1　项目背景及要求

1. 客户名称

品茗茶叶有限公司。

2. 客户需求

品茗茶叶是一家以制茶为主的企业，秉承"汇聚源产地好茶"的理念，在业内深受客户的喜爱，已开设多家连锁店。现为提升公司知名度，需要设计一款官网首页，要求体现公司内涵、传达企业理念，并能展示出主营产品。

3. 设计要求

（1）整体版面以中式风格为主。

（2）设计简洁大方，体现绿色生态的理念。

（3）以绿色和白色为主色调，和谐统一。

（4）要求体现主营产品的种类和种植环境。

（5）设计规格为 1920 像素（宽）× 4867 像素（高），分辨率为 72 像素/英寸。

15.6.2　项目创意及制作

1. 素材资源

素材所在位置：本书云盘中的"Ch12/素材/制作中式茶叶官网首页/01～24"。

2. 作品参考

设计作品参考效果所在位置：本书云盘中的"Ch12/效果/制作中式茶叶官网首页.psd"，最终效果如图 15-6 所示。

图 15-6

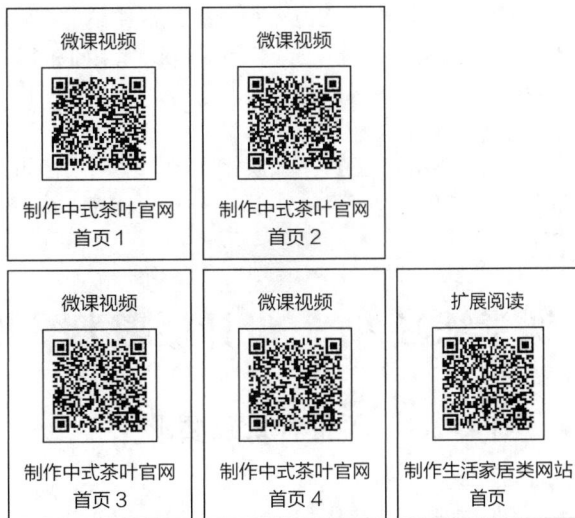

微课视频
制作中式茶叶官网
首页 1

微课视频
制作中式茶叶官网
首页 2

微课视频
制作中式茶叶官网
首页 3

微课视频
制作中式茶叶官网
首页 4

扩展阅读
制作生活家居类网站
首页

3. 制作要点

使用"新建参考线"命令建立参考线,使用"置入嵌入对象"命令置入图像,使用剪贴蒙版调整图像显示区域,使用"横排文字"工具添加文字,使用"矩形"工具和"圆角矩形"工具绘制基本形状。

课堂练习 1——设计女包类 App 主页 Banner

练习 1.1 项目背景及要求

微课视频
制作女包类 App
主页 Banner

1. 客户名称
晒潮流。

2. 客户需求
晒潮流是为广大年轻消费者提供服饰销售及售后服务平台。平台拥有来自全球不同地区、不同风格的服饰,而且为用户推荐极具特色的新品。现需要为女包类 App 设计一款 Banner,要求展现产品特色的同时,突出优惠力度。

3. 设计要求
(1)设计要以女包为主题。
(2)背景设计动静结合,具有视觉冲击力,营造出活力、热闹的氛围。
(3)画面色彩要使用富有朝气的颜色,给人青春洋溢的印象。
(4)标题设计醒目突出,达到宣传的目的。
(5)设计规格为 750 像素(宽)×200 像素(高),分辨率为 72 像素/英寸。

练习 1.2 项目创意及制作

1. 设计素材
素材所在位置:本书云盘中的"Ch15/素材/设计女包类 App 主页 Banner/01~04"。

2．设计作品

设计作品效果所在位置：本书云盘中的"Ch15/效果/设计女包类 App 主页 Banner.psd"，如图 15-7 所示。

3．制作要点

使用"移动"工具添加素材图像，使用"色阶"

图 15-7

命令、"色相/饱和度"命令和"亮度/对比度"命令调整图像颜色，使用"横排文字"工具添加广告文字。

课堂练习 2——设计摄影类图书封面

练习 2.1　项目背景及要求

1．客户名称

文安摄影出版社。

2．客户需求

文安摄影出版社是一家为广大读者及出版界提供品种丰富且内容优质的图书的出版社。该出版社目前有一本摄影类图书需要根据其内容特点设计封面及封底的内容。

3．设计要求

（1）要求使用优秀摄影作品为主要内容，吸引读者的注意。

（2）在画面中要添加推荐文字，布局合理，主次分明。

（3）封底与封面相互呼应，向读者传达主要的信息。

（4）整体设计要醒目直观，让人印象深刻。

（5）设计规格为 355 毫米（宽）×229 毫米（高），分辨率为 72 像素/英寸。

练习 2.2　项目创意及制作

1．设计素材

素材所在位置：本书云盘中的"Ch15/素材/设计摄影类图书封面/01～10"。

2．设计作品

设计作品效果所在位置：本书云盘中的"Ch15/效果/设计摄影类图书封面.psd"，如图 15-8 所示。

图 15-8

3．制作要点

使用"矩形"工具、"移动"工具和剪贴蒙版制作主体照片，使用"横排文字"工具和"字符"控制面板添加书籍信息，使用"矩形"工具和"自定形状"工具绘制标识。

课后习题 1——设计冰激凌包装

习题 1.1 项目背景及要求

1. 客户名称
怡喜。

2. 客户需求
怡喜是一家冰激凌公司，售卖悉尼之风、冰雪奇缘、鲜果塔、甜蜜城堡、马卡龙等甜品。主要口味有香草、抹茶、曲奇香奶、芒果、提拉米苏等。现推出新款草莓口味冰激凌，要求为其制作一款独立包装。设计要求与包装产品契合，抓住产品特色。

3. 设计要求
（1）整体色彩搭配合理，主题突出，给人舒适感。
（2）要表现出草莓酱与冰激凌球的搭配，带给人甜蜜、细腻的感觉，突显出产品的特色。
（3）字体的设计与宣传的主体相呼应，达到宣传的目的。
（4）整体设计简洁大方，让人产生购买欲望。
（5）设计规格为 200 毫米（宽）×160 毫米（高），分辨率为 150 像素/英寸。

习题 1.2 项目创意及制作

1. 设计素材
素材所在位置：本书云盘中的"Ch15/素材/设计冰激凌包装/01～06"。

2. 设计作品
设计作品效果所在位置：本书云盘中的"Ch15/效果/设计冰激凌包装.psd"，如图 15-9 所示。

图15-9

微课视频 设计冰激凌包装1

微课视频 设计冰激凌包装2

3. 制作要点
使用"椭圆"工具、图层样式、"色阶"命令和"横排文字"工具制作包装平面图，使用"移动"工具、"置入嵌入对象"命令和"投影"命令制作包装展示效果。

课后习题 2——设计中式茶叶官网详情页

习题 2.1 项目背景及要求

1. 客户名称
品茗茶叶有限公司。

2. **客户需求**

品茗茶叶是一家以制茶为主的企业，秉承"汇聚源产地好茶"的理念，在业内深受客户的喜爱，已开设多家连锁店。现为推广茶文化，需要设计官网详情页，要求着重体现品茶方法，并普及泡茶过程及制茶流程。

3. **设计要求**

（1）整体版面以中式风格为主。

（2）设计简洁大方，体现绿色生态的理念。

（3）以绿色和白色为主色调，和谐统一。

（4）要求体现品茶方法、泡茶过程及制茶流程。

（5）设计规格为 1920 像素（宽）× 7302 像素（高），分辨率为 72 像素/英寸。

习题 2.2　项目创意及制作

1. **素材资源**

素材所在位置：本书云盘中的"Ch12/素材/设计中式茶叶官网详情页/01～30"。

2. **设计作品**

设计作品效果所在位置：本书云盘中的"Ch12/效果/设计中式茶叶官网详情页.psd"，如图 15-10 所示。

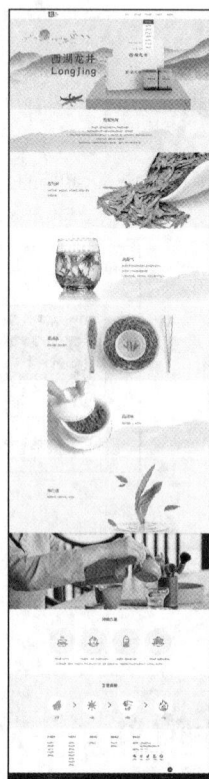

图 15-10

微课视频

设计中式茶叶官网
详情页 1

微课视频

设计中式茶叶官网
详情页 2

3. **制作要点**

使用"新建参考线"命令建立参考线，使用"置入嵌入对象"命令置入图像，使用剪贴蒙版调整图像显示区域，使用"横排文字"工具添加文字，使用"矩形"工具和"椭圆"工具绘制基本形状。